Pourquoi $E = mc^2$

Dans la même collection

L'histoire secrète des fleurs, François Parcy, 2019.
Pourquoi la Terre est ronde, Alain Riazuelo, 2019.
Pourquoi le Soleil brille, Roland Lehoucq, 2020.
Comment pensent les animaux, Loïc Bollache, 2020.
La folle histoire des virus, Tania Louis, 2020.
L'âge de l'Univers, Marc Lachièze-Rey, 2021.

Alain Riazuelo

Pourquoi $E = m c^2$

humenSciences

COMMENT A-T-ON SU

Collection dirigée par
Étienne Klein

Prolongez l'expérience avec la newsletter de Cogito sur www.humensciences.com

ISBN : 978-2-3793-1188-8

Dépôt légal : janvier 2022

170 bis, boulevard du Montparnasse, 75014 Paris
Tél. : 01 55 42 84 00
www.humensciences.com

«L'observation, quelquefois le hasard, découvrent les phénomènes; la méthode expérimentale les développe et détermine leurs lois physiques: mais le dernier mystère des forces élémentaires qui les produisent, ne peut être mis en évidence que par la force de la pensée.»

Jean-Baptiste Biot,
«Sur l'aimantation imprimée aux métaux
par l'électricité en mouvement»
Journal des Savans, avril 1821, p. 235

ICONIQUE ET POURTANT…

Le but de ce livre est de vous parler de l'équation la plus célèbre de la science, à savoir $E = mc^2$. C'est une formule calligraphiquement très simple. Tous les caractères qu'elle contient sont soit des chiffres, soit des lettres, soit un signe mathématique que tout le monde connaît (le égal), aussi tout un chacun peut prononcer cette formule. Mais ce qu'elle signifie ne saute pas aux yeux et pour cause : si vous ne savez pas à quoi correspondent ce E, ce m et ce c, impossible de comprendre de quoi elle parle. Pourtant, cette équation est omniprésente dans le monde qui nous entoure. C'est même la chose la plus indispensable à notre existence puisque c'est elle qui fait briller le Soleil et elle qui a permis à des générations passées d'étoiles de fabriquer les atomes dont la Terre et nous-mêmes sommes constitués. Mais pour en arriver là, il faut bien sûr expliquer le contexte dans lequel cette équation est apparue et évoquer son auteur, dont vous avez au moins une fois dans votre vie entendu parler : Albert Einstein. Il faut aussi en expliquer les conséquences, certaines directes – la source d'énergie du Soleil donc – et d'autres plus inattendues comme les trous noirs ou l'histoire de l'Univers.

C'est à cette exploration que j'ai essayé de me livrer, en gardant à l'esprit la collection « Comment a-t-on su ? » de humenSciences, à savoir parler de science en racontant son histoire, non pas de la façon érudite dont le ferait un historien, mais de celle plus personnelle (et néanmoins rigoureuse !) d'un scientifique qui utilise ces concepts dans son activité quotidienne. Et le tout en respectant l'autre caractéristique de cette collection, à savoir un ouvrage qui ne soit ni trop long, ni trop compliqué afin d'être accessible à tous. C'est le résultat de ce travail d'équilibriste que vous tenez entre les mains. Eu égard à la subtilité de certains concepts, certains passages seront sans doute plus ardus que d'autres mais le tout devrait, je l'espère, être à la portée du plus grand nombre, c'est en tout cas le but avoué de l'entreprise. Et si par manque de place certains concepts n'ont pas pu être développés autant qu'ils le méritent, sachez que le but n'était pas de vous en priver mais au contraire de vous donner l'envie d'en savoir plus.

INTRODUCTION

La découverte de l'équation $E = mc^2$ est l'épisode le plus célèbre de la grande quête scientifique visant à déterminer les lois physiques qui gouvernent notre monde. Cette quête a sans doute existé depuis des temps immémoriaux mais de façon rationnelle et avec un certain succès seulement à partir de l'Antiquité grecque. Cependant, ce n'est que bien plus tard et après de longues périodes de stagnation qu'elle a réellement pris son essor, grâce à celui qui longtemps fut considéré comme le plus grand des scientifiques, Isaac Newton (1643-1727). Même s'il est toujours difficile de comparer les époques et les individus, il n'y a sans doute qu'un seul autre homme qui puisse contester ce statut à Newton. C'est le plus célèbre d'entre tous, le seul qui puisse prétendre être universellement connu et reconnu : Albert Einstein (1879-1955). Comme nombre d'entre vous le savent déjà, c'est à Einstein que l'on doit le célèbre – quoique quelque peu mystérieux – $E = mc^2$ qui révolutionna notre conception du monde, ou en tout cas la conception que s'en faisaient les scientifiques d'alors. Mais ce que le grand public sait sans doute moins, c'est que cette équation et les raisons qui avaient mené à sa découverte annonçaient une faille dans le remarquable édifice bâti par Isaac Newton deux siècles plus tôt. Cette faille indiquait que ce qu'avait découvert le savant anglais n'était pas tout à fait exact et nécessitait donc d'être amendé. Ce que personne ne savait, c'est à quel point corriger ce qui semblait être un défaut mineur allait à nouveau changer notre représentation du monde. C'est encore une fois Albert Einstein qui en fut l'architecte, et c'est cette réalisation-là, bien plus que son iconique $E = mc^2$, qui l'a rendu à jamais célèbre et qui lui vaut d'être considéré comme le plus grand de tous. Les destins de Newton et Einstein sont ainsi indissolublement liés quand bien même ils vécurent à 250 ans d'écart. Mais pour ce qui concerne cet ouvrage, c'est le second nommé qui va focaliser toute notre attention.

Personnage central de cette pièce, Einstein n'en est pas pour autant le seul acteur. L'histoire qui va se dérouler devant vos yeux fait intervenir de nombreux protagonistes. Certains seront d'éphémères figurants, d'autres joueront un rôle important et seront bien plus que des doublures ou des faire-valoir.

Car la chose la plus importante que j'aimerais que vous reteniez, c'est que la science est d'abord et avant tout une œuvre altruiste et collective. Ceux ou celles qui permettent les plus grandes avancées n'en sont pas pour autant infaillibles. Ils ne peuvent réussir seuls dans toutes leurs entreprises ou toujours avoir les bonnes intuitions. Einstein offrira la quintessence de ces deux facettes, par ses immenses accomplissements bien sûr, mais aussi parce que ça ne l'empêchera pas d'être parfois dépassé par ses propres créations. Loin de ternir sa légende, ces (rares) mauvais choix donneront plus d'épaisseur, plus d'humanité au personnage.

Mais plus que les glorieux ou discrets accomplissements des uns et des autres, l'aspect qui à titre personnel me fascine le plus en science est cette capacité qu'elle donne à ses protagonistes de dialoguer à travers les siècles. Bien sûr les morts ne parlent pas, mais les vivants écrivent. Vous aurez plusieurs fois l'occasion de voir comment des scientifiques d'époques différentes ont en quelque sorte échangé par-delà leur brève existence. Ceux et celles des temps jadis ont légué à leurs successeurs des observations ou enseignements dont ces derniers se serviront longtemps après, et qui en retour en donneront une signification plus grande que celle imaginée par leurs prédécesseurs. Je me permettrai en quelques occasions de vous prévenir quand ce sera le cas. Dans d'autres, je vous laisserai la surprise de le découvrir.

Bref, vous l'aurez compris, à mes yeux parler de l'équation $E = mc^2$ sans expliquer d'où elle vient ou quelles en furent les conséquences n'a guère de sens : en science comme dans bien des domaines, énoncer des faits sans en présenter le contexte n'aide en rien à les appréhender mais, au contraire, contribue à en donner une idée fausse, ce qui serait un comble pour un ouvrage de vulgarisation scientifique. L'histoire de $E = mc^2$ va donc nécessiter quelques détours indispensables avant d'entrer dans le vif du sujet. Elle débute ainsi par une problématique avec laquelle cette équation n'entretient qu'un rapport en apparence très distant, à savoir la lumière. En effet, pour anticiper la suite de ce livre, dans $E = mc^2$, le E de l'équation représente de l'énergie et le m de la masse. Or la lumière est une entité qui certes possède de l'énergie... mais qui n'a pas de masse. Le lien entre la lumière et la fameuse équation apparaît donc très ténu à première vue. Pourtant, c'est par l'intermédiaire d'une stupéfiante propriété de la lumière que sera trouvée la fameuse équation. C'est donc par là que commence cette histoire...

CHAPITRE 1

TOUT COMMENCE PAR LA LUMIÈRE

Qu'est-ce que la lumière ? Comme souvent quand il s'agit de questions scientifiques fondamentales, c'est aux penseurs de la Grèce antique que l'on doit les premières réflexions abouties. S'agissait-il d'un « feu continu », ou d'une myriade de particules élémentaires ? Émergeait-elle des corps incandescents ou était-elle une propriété émanant de nos yeux ? Se propageait-elle instantanément ou alors à une vitesse finie ? Quantité d'hypothèses, souvent contradictoires, avaient été formulées sur ces questions et bien d'autres. Toutes n'étaient pas justes, loin de là, mais au moins le foisonnement intellectuel que permettait cette civilisation avait-il commencé à débroussailler le sujet.

Il n'est pas facile de détailler en quelques lignes toutes les étapes par lesquelles s'est élaborée la vision moderne du phénomène, mais certains jalons essentiels doivent être mentionnés. La question de la vitesse de la lumière est la première à être tranchée définitivement. En 1676, l'astronome d'origine danoise Ole Rømer (1644-1710 ; prononcez « Reumair ») observe des anomalies dans le mouvement des satellites de Jupiter. Bien que ceux-ci soient en apparence d'une remarquable régularité, certains événements que l'on peut dater de façon très précise, comme le moment où un satellite éclairé par le Soleil disparaît dans l'ombre de Jupiter ou émerge de celle-ci, ne se produisent pas à intervalles parfaitement réguliers, leur date semblant se décaler au cours de l'année d'une dizaine de minutes en avance ou en retard sur l'horaire attendu. Rømer finit par comprendre que la raison n'est pas à chercher du côté des mouvements des satellites, qui se font effectivement à une cadence de métronome, mais dans le délai avec lesquels on les observe. Si la lumière voyage à une vitesse grande mais finie, alors ce que nous percevons n'est pas le reflet du présent immédiat mais d'un passé plus ou moins lointain que nous voyons avec un délai d'autant plus grand que la lumière a voyagé longtemps, c'est-à-dire que la distance qui nous sépare du phénomène que nous observons est grande. Jupiter et la Terre tournent autour du Soleil le long de trajectoires à peu près circulaires mais à des vitesses et des distances différentes de notre étoile, aussi la distance entre la Terre et Jupiter varie-t-elle au cours de l'année. Si la lumière voyage à une vitesse finie, alors le ballet des satellites de Jupiter sera vu depuis une distance plus grande quand la Terre et Jupiter sont de part et d'autre du Soleil que quand elles sont du même côté. L'avance ou le retard apparents des phénomènes observés sont donc simplement liés à la variation de distance entre ces configurations planétaires, c'est-à-dire au fait que, selon les mots de Rømer, « la lumière demande du temps » pour parcourir cette distance supplémentaire. À l'époque de Rømer, la valeur de la distance entre la Terre et le Soleil n'est pas encore bien connue et la précision avec laquelle les phénomènes d'éclipses sont datés est, elle aussi, assez incertaine eu égard aux limitations des horloges. Aussi Rømer ne se risque-t-il pas à en donner de valeur. Celle-ci sera dans un premier temps estimée de l'ordre de 200 000 kilomètres par seconde (symbole km/s, on va souvent l'utiliser). Par la suite, des tentatives de plus en plus précises de mesures de la vitesse de la lumière seront faites, en particulier par les Français Hippolyte Fizeau (1819-1896) puis Léon Foucault (1819-1868) au milieu du XIXe siècle. Elles finiront par converger vers une valeur presque égale à 300 000 km/s. La valeur exacte importe peu dans ce qui va suivre, aussi j'utiliserai systématiquement cette valeur approchée de 300 000 km/s quand bien même la vraie valeur en diffère légèrement*.

La question de la vitesse de la lumière étant réglée, restait celle de sa nature. S'agissait-il d'une entité discrète, c'est-à-dire constituée de particules, ou d'une sorte de milieu continu ? Le débat existait depuis l'Antiquité et faisait écho à celui de la matière : était-elle constituée d'entités élémentaires, les atomes (nous y reviendrons), ou d'une substance divisible à l'infini ? Pour Platon (env. - 427 à - 348) par exemple, matière et lumière étaient des entités discrètes et la lumière était composée de myriades de minuscules tétraèdres se déplaçant dans l'espace (si vous vous demandez pourquoi diable des tétraèdres, ne vous inquiétez pas, vous aurez la réponse bientôt). Mais en ces temps reculés, il était impossible de trancher le débat et deux mille ans plus tard, à la fin du XVIIe siècle, celui-ci faisait encore rage entre tenants de la théorie corpusculaire et ceux en faveur d'une nature ondulatoire, c'est-à-dire défendant l'idée que

* Elle vaut exactement 299 792 458 mètres par seconde ou, si vous préférez, 299 792,458 km/s, de quoi faire plus de sept fois le tour de la Terre en une seconde. On comprend aisément pourquoi des observations sur des distances astronomiques sont plus efficaces pour mettre en évidence sa vitesse finie.

la lumière était une ondulation de quelque chose qui se propageait de proche en proche, comme les ronds dans l'eau quand on y jette un caillou. Le chef de file des seconds était le Néerlandais Christiaan Huygens (1629-1695), en face duquel se posait le plus grand scientifique de l'époque (et un des plus grands de l'Histoire, donc), Isaac Newton. Le premier était un opticien hors pair. Il a perfectionné à un très haut degré de précision pour l'époque la lunette astronomique inventée par Galilée (1564-1642). Grâce à ses instruments, il a découvert un satellite autour de Saturne, Titan. Il a aussi grandement amélioré la précision des horloges de son époque, très utile pour l'étude de certains phénomènes astronomiques... comme la mesure précise des mouvements des satellites de Jupiter. Ses travaux en optique l'amènent à expliquer une loi empirique trouvée au début de ce siècle par deux savants, son compatriote Willebrord Snell (1580-1626) et le Français René Descartes (1596-1650). La loi en question portait sur la réfraction, c'est-à-dire le fait que quand la lumière passe d'un milieu à un autre (par exemple de l'air à l'eau ou inversement), sa direction est déviée. C'est ce phénomène qui est à l'origine de la difficulté à évaluer la profondeur d'une piscine qui a toujours l'air moins profonde quand elle est remplie d'eau que quand elle est vide, et c'est aussi grâce à cela que fonctionnent beaucoup d'instruments optiques au premier chef desquels les lunettes de vue que vous portez peut-être sur le nez : la lumière est également déviée quand elle traverse le verre ou tout autre solide transparent, ce qui pour des lunettes de vue est utilisé pour corriger les imperfections de vos yeux. Huygens démontre que si la lumière est une onde, alors il est possible d'expliquer les lois de la réfraction. Mais s'oppose à lui Isaac Newton. Ce dernier est surtout connu pour avoir formulé en 1687 les lois de la gravitation universelle – j'y reviendrai – qui, comme leur nom l'indique, sont universelles entre autres parce qu'elles expliquent à la fois des phénomènes de la vie courante (l'exemple le plus illustre étant la fameuse pomme qui tombe d'un arbre) et les phénomènes célestes, de la trajectoire de la Lune autour de la Terre à la course des planètes autour du Soleil. Newton a lui aussi étudié la lumière. Il a notamment réussi à montrer que la lumière produite par une source lumineuse est bien souvent composée d'une multitude de lumières élémentaires qui ont chacune une couleur précise. Les gouttes d'eau peuvent naturellement décomposer la lumière en la somme de ses lumières élémentaires : c'est le phénomène bien connu de l'arc-en-ciel, qui nous dit que la lumière du Soleil que nos yeux perçoivent comme étant blanche est en fait composée de tout un ensemble de couleurs qui vont du rouge au violet en passant par le orange, le jaune, le vert et le bleu. Newton est de son côté convaincu que la lumière est composée de minuscules particules. Il n'en a pas de preuve décisive ou même convaincante, mais au jeu du prestige et de l'influence, Newton l'emporte largement sur Huygens et c'est donc sa vision qui va s'imposer pendant plus d'un siècle. Mais en science, si celui qui parle le plus fort peut un temps mener la danse, il vient toujours un moment où celui qui gagne est celui qui a raison. Nous allons d'ailleurs en voir plusieurs exemples dans les chapitres qui vont suivre. Et à ce jeu, c'est Huygens qui finira par gagner, fût-ce à titre posthume... et pour un temps seulement.

Le coup décisif aux idées de Newton sur la lumière est porté plus d'un siècle plus tard par un de ses compatriotes, Thomas Young (1773-1829). Celui-ci sait, comme tous les scientifiques de son époque, que quand on fait passer la lumière par une minuscule ouverture, cette dernière semble se comporter comme une nouvelle source de lumière : au lieu que la lumière se propage uniquement le long de la direction qui relie la source de lumière à l'ouverture, celle-ci s'étale sur un éventail de directions une fois l'ouverture passée, l'étalement étant d'autant plus important que l'ouverture est petite. C'est ce qu'on appelle le phénomène de diffraction de la lumière. C'est lui qui est à l'origine des «croix» que l'on voit en lieu et place des étoiles brillantes sur les clichés astronomiques, ou bien de ce même type d'effet quand on regarde de nuit l'éclairage urbain à travers un rideau très fin. Avec non plus de la lumière mais de l'eau, on peut fabriquer ce même phénomène avec des vagues que l'on génère du côté d'un bassin séparé de l'autre côté par une paroi verticale percée d'une petite ouverture. Quand les vagues passent par l'ouverture, elles s'étalent aussi dans toutes les directions. Les vagues sont des ondes, c'est-à-dire un phénomène se propageant de proche en proche via les variations de telle ou telle grandeur physique (ici, la hauteur de l'eau), et elles diffractent, tout comme le fait la lumière. Il y a peut-être là une indication sur la nature de la lumière qui pourrait bien être une onde étant donné qu'elle possède une propriété semblable à un autre type d'onde. Mais cette similitude ne suffit pas à le démontrer. Après tout, de minuscules corpuscules de lumière heurtant le bord de l'ouverture pourraient eux aussi partir dans toutes les directions et causer ce phénomène de diffraction.

Aux alentours de l'année 1800, Young réalise ses propres expériences. Il fait passer la lumière à travers une plaque percée non pas d'un trou, mais de deux, puis il projette le tout sur un écran. Si la lumière était composée de particules, l'éclairement que l'on verrait sur l'écran serait la somme de ceux produits par la lumière quand elle passe par l'une des ouvertures alors que l'autre est obstruée et vice-versa. Mais ce n'est pas ce qu'observe Young. Il voit sur l'écran une alternance de bandes claires et de bandes sombres. Young comprend alors que c'est la preuve que la lumière est une onde. En effet, si tel est le cas ce sont les mêmes fronts d'onde qui passent à travers les deux ouvertures, aussi les fronts d'onde diffractés une fois les ouvertures franchies ne sont-ils pas indépendants : ils gardent la mémoire de leur origine commune. À cause de cela, les deux présentent simultanément une crête (ou un creux) si on les observe alors qu'ils ont parcouru la même distance, fût-ce en empruntant des chemins différents. Et quand on les projette ensemble sur un écran, on peut observer ce qu'il se passe d'un point à l'autre, quand la différence de trajet entre les deux fronts d'onde à nouveau réunis se décale progressivement. Il y a ainsi des zones où les deux fronts d'ondes diffractés sont tous les deux des bosses ou des creux de l'ondulation. Leurs intensités s'additionnent et on a une zone plus claire. Si, en revanche, les deux fronts d'onde se rencontrent en un point où la différence de longueur de leur trajet fait que l'un est à une crête et l'autre à un creux, alors les amplitudes s'annulent et on ne voit pas de lumière du tout. La figure résultante sur l'écran s'appelle une figure d'interférence : les deux faisceaux se sont recombinés d'une façon qui en certains points a accentué leur effet individuel et l'a diminué dans d'autres. Vous trouverez diverses illustrations visuelles du phénomène sur la Toile. N'hésitez pas à les consulter au besoin, on en reparlera un peu au chapitre 3. Quoi qu'il en soit, ce qui nous intéresse ici, c'est que Young démontre ainsi de façon éclatante (si l'on peut dire) que la lumière est une onde, une conclusion à laquelle arrive quelques années après le Français Augustin Fresnel (1788-1827) par d'autres expériences publiées entre 1815 et 1818 *. Notons en passant que s'il fallait une preuve du prestige d'Isaac Newton, elle se trouve dans les articles de Thomas Young qui se voyant obligé de contredire les affirmations de son éminent prédécesseur fait preuve à son égard d'une révérence certaine, comme s'il lui en coûtait de devoir donner

* Dans les faits, Fresnel n'a pas tant confirmé les résultats de Young qu'il ne les a redécouverts indépendamment. En effet, en raison du conflit entre la France napoléonienne et l'Angleterre, le blocus imposé par la France empêcha pendant de nombreuses années les idées des savants d'outre-Manche d'atteindre le continent.

tort à son illustre confrère... et compatriote. Peut-être parce qu'il est Français, Fresnel, de son côté, prend moins de gants pour critiquer le parti pris finalement bien peu étayé de Newton en faveur d'une nature corpusculaire de la lumière. Victoire de Huygens, donc... pour l'instant. Car l'histoire est loin d'être finie.

Dans ce contexte, les expériences de Newton sur la décomposition de la lumière trouvaient une explication simple. En effet, on avait compris dès cette époque que les phénomènes de réfraction décrits par Snell et Descartes s'expliquaient si la lumière se déplaçait à des vitesses différentes dans les deux milieux considérés. Par exemple, la lumière se déplace 25 % plus lentement dans l'eau que dans l'air *. Plus cet écart de vitesse est important, plus la réfraction l'est aussi. Mais rien n'empêchait que la vitesse de propagation de la lumière dans un milieu autre que l'air ne soit pas exactement la même pour des lumières de couleurs différentes. Ainsi, partant d'un mélange de plusieurs lumières (c'est-à-dire composé de plusieurs couleurs différentes) se déplaçant de conserve dans la même direction, celles-ci seraient déviées dans des directions légèrement différentes les

* À 225 000 km/s, donc.

unes des autres, donnant à voir les composantes de ce mélange. C'est exactement ce qu'il se produit quand la lumière traverse des gouttelettes d'eau sphériques où elle y est réfractée deux fois (une fois en entrant dans la goutte et une fois en sortant), ce qui explique *in fine* (et après quelques calculs bien sûr) l'apparition d'arches colorées concentriques mais de tailles différentes, c'est-à-dire un arc-en-ciel.

Voilà donc pour l'explication ondulatoire de la décomposition de la lumière. Restait à comprendre en quoi les ondulations d'une couleur donnée (le rouge par exemple) différaient de celles d'une autre couleur (le bleu). Dans tout phénomène ondulatoire, une onde peut se caractériser par sa fréquence (le nombre de fois que l'ondulation se produit chaque seconde en un point donné) ou sa longueur d'onde (la distance qui sépare deux crêtes consécutives de l'onde à un instant donné). Fréquence et longueur d'onde ne sont pas indépendantes l'une de l'autre. L'une est d'autant plus grande que l'autre est petite et inversement. Si on considère le son qui en réalité est une vibration de l'air, ce que l'on perçoit comme un son grave est produit par des ondes sonores de basse fréquence, c'est-à-dire de grande longueur d'onde. Les sons aigus sont au contraire des ondes à plus haute fréquence et donc de plus courte longueur d'onde.

C'est la raison pour laquelle, tout paramètre étant identique, une corde vibrante produira un son d'autant plus aigu que ses deux extrémités sont rapprochées l'une de l'autre puisque c'est la longueur de la corde qui détermine la longueur d'onde du son. Vous reconnaissez ici le principe de fonctionnement de nombre d'instruments à cordes : sur une guitare par exemple, le son d'une corde sera d'autant plus aigu que l'endroit où l'on appuie sur la corde est proche de la caisse de résonance puisqu'on raccourcit alors d'autant la longueur de la corde que l'on pince. Pour la lumière, si on considère l'arc-en-ciel, l'équivalent du « grave » est le rouge et l'« aigu » est du côté du bleu et du violet. Et comme pour le son, rien ne garantit que toutes les lumières soient perceptibles par nos sens. De même qu'il existe des infrasons (trop graves pour être audibles), il existe de la lumière dite infrarouge et l'équivalent lumineux des ultrasons (trop aigus) s'appelle, assez logiquement, le rayonnement ultraviolet. Tous deux avaient du reste été découverts au tournant du XIXe siècle, les infrarouges en 1800 par le Britannique William Herschel (1738-1822 ; accessoirement, il est surtout connu pour avoir découvert Uranus en 1781 – j'en parlerai plus tard), et les ultraviolets tout juste un an après, par Johann Ritter (1776-1810). Par la suite, on découvrira d'autres types de lumière, certaines dont la longueur d'onde est encore plus grande que l'infrarouge, à savoir les micro-ondes et les ondes radio ; et bien sûr il existe des lumières de plus courte longueur d'onde que l'ultraviolet : ce sont les rayons X et, au-delà, les rayons gamma.

Pour autant, le fait de savoir que la lumière est une onde ne permettait en rien de deviner la nature précise de l'ondulation. Quelle était l'entité, la substance, la grandeur physique qui en se propageant de proche en proche produisait ce phénomène perceptible par nos yeux et que nous appelons « lumière » ? Il n'y avait à l'époque aucune expérience qui permettait de le savoir, et c'est par un chemin détourné que sa nature fut élucidée soixante ans après Young par un grand nom de la science, quoique relativement peu connu du grand public, James Clerk Maxwell (1831-1879). La riche carrière de Maxwell a culminé à 30 ans quand il a découvert la bonne forme des lois dites de l'électromagnétisme, qui comme leur nom l'indique font la synthèse des phénomènes électriques et magnétiques. Ces deux types de phénomènes étaient connus de longue date. Les phénomènes électriques recouvrent l'électricité statique (ce que vous ressentez quand vous frottez une règle en plexiglas avec un chiffon) et la foudre, par exemple. Le phénomène magnétique le plus connu est bien sûr le comportement d'une boussole qui pointe toujours vers le nord, étant influencée par le champ magnétique de la Terre. Dans la seconde moitié du XIXe siècle on devinait que les phénomènes électriques étaient produits par ce qu'on appelait des charges électriques, qui engendraient un champ électrique selon une loi déterminée empiriquement en 1785 par le Français Charles Augustin Coulomb (1736-1806). Il n'y avait en revanche pas de charges magnétiques isolées, un phénomène que nous connaissons tous : les aimants ont toujours deux pôles magnétiques et, même si on casse un aimant en deux, chaque morceau se comporte comme un nouvel aimant, avec à nouveau deux pôles magnétiques. Ces deux pôles font que quand on approche deux aimants en changeant l'orientation de l'un par rapport à l'autre, il y a toujours des orientations pour lesquelles ils s'attirent et d'autres où ils se repoussent. Il n'y a jamais d'aimants qui s'attirent l'un l'autre dans tous les cas, ou qui se repoussent dans tous les cas comme ce peut être le cas avec des charges électriques. En revanche, on avait compris que les courants électriques (c'est-à-dire des déplacements de charges électriques) engendraient des champs magnétiques, ceux auxquels les boussoles et n'importe quel aimant sont sensibles. La loi reliant les unes aux autres est un peu plus compliquée et plus difficile à mettre en évidence que celle pour les charges et champs électriques et fut sans surprise trouvée plus tard, en l'occurrence en 1820 par les Français Jean-Baptiste Biot (1774-1862) et Félix Savart (1791-1841), pour être ensuite précisées par André-Marie Ampère (1775-1836). Au passage, retenez bien ce nom de Jean-Baptiste Biot. Il jouera dans un tout autre contexte un rôle aussi inattendu que décisif vers la fin de cet ouvrage. Peu après on découvrit que champs électriques et magnétiques n'étaient pas indépendants : un champ magnétique qui variait au cours du temps générait un champ électrique. C'est le phénomène d'induction découvert en 1831 par l'anglais Michael Faraday (1791-1867) et dont une application essentielle dans notre vie de tous les jours est l'alternateur : en faisant tourner un aimant (et donc en générant un champ magnétique variable), on produit un champ électrique qui va exercer une force sur des charges électriques et les déplacer, produisant ainsi un courant électrique qui va, au choix, alimenter le phare de votre vélo ou vous permettre de recharger votre smartphone en voiture.

Malgré tout, du temps de Maxwell, ce bel édifice n'est élégant qu'en apparence car il se heurte à une autre loi bien établie, celle de la conservation des charges électriques. Quelle que soit leur nature, inconnue à l'époque, les charges électriques ne semblent pas apparaître ou disparaître spontanément. Si le nombre de charges dans une région donnée varie au cours du temps, c'est que certaines sont entrées ou sorties de la zone en question. Vous pouvez comparer cela à ce qu'il se passe dans un stade ou un grand magasin. Si vous voulez savoir combien de personnes s'y trouvent alors qu'il y a de nombreuses allées et venues, nul besoin d'y compter les gens en permanence. Il suffit de les compter une unique fois et ensuite de comptabiliser les entrées et sorties. À un instant ultérieur, le nombre de personnes dans le stade ou le magasin sera égal au nombre de personnes que l'on a comptées au départ, plus le nombre de personnes qui sont entrées depuis, moins le nombre de personnes qui sont sorties*. C'est assez logique, mais il se trouve que ces lois dictant la conservation de la charge sont incompatibles avec l'ensemble des lois, établies par de nombreuses expériences, décrivant les phénomènes électriques et magnétiques. C'est donc à Maxwell que l'on doit la solution à ce paradoxe. C'est en effet lui qui remarque que les lois jusqu'alors établies font jouer des rôles un peu

* Interdiction est donc faite aux femmes enceintes d'accoucher, ou aux vieillards de décéder et se faire incinérer sur place : pas de génération ou de disparition « spontanée » d'individus !

différents aux champs électriques et magnétiques. Un champ magnétique variable peut générer un champ électrique (c'est le phénomène d'induction), mais l'inverse n'a jamais été observé : un champ électrique variable n'a jamais généré de champ magnétique. Or, note Maxwell, si un champ électrique variable pouvait lui aussi générer un infime champ magnétique (fût-il bien trop petit pour être détectable), alors les équations qui les décrivent tous les deux deviendraient bien plus élégantes, plus symétriques, et en prime elles ne contrediraient plus le principe de la conservation de la charge. Mais comment être sûr que c'était là la bonne solution ? Pour cela, il faudrait que des instruments puissent détecter d'infimes champs magnétiques produits par des champs électriques ordinaires, ou alors que l'on sache produire d'immenses champs électriques rapidement variables, mais ni l'une ni l'autre de ces possibilités ne sont envisageables avec les technologies de l'époque. C'est alors que Maxwell fait une observation décisive : si un champ magnétique variable génère un champ électrique (c'est le phénomène d'induction) et qu'un champ électrique variable peut lui aussi générer un champ magnétique (c'est l'hypothèse de Maxwell), alors... il n'est plus besoin d'utiliser des charges et des courants magnétiques pour produire ces champs !

Plus précisément, une fois ces champs produits, ils peuvent s'autoreproduire eux-mêmes et se propager de proche en proche sous la forme d'infimes ondulations. Maxwell réalise que si ses hypothèses sont vraies, alors il doit exister des *ondes électromagnétiques*, c'est-à-dire des ondulations couplées d'un champ électrique et d'un champ magnétique ! Mais à quelle vitesse se déplacent-elles ?

Maxwell calcule que cette vitesse de propagation est liée à l'intensité des phénomènes électriques et magnétiques (l'intensité d'un champ électrique produit par des charges et celle d'un champ magnétique produit par des courants). Ces intensités sont déjà bien connues à l'époque, en particulier grâce aux mesures récentes de deux scientifiques allemands, Rudolph Kohlrausch (1809-1858) et Wilhelm Weber (1804-1891), ce qui permet à Maxwell de *prédire* la vitesse de ces ondes électromagnétiques et, vous l'avez peut-être deviné, cette vitesse s'avère à peu près égale à la vitesse de la lumière ! Selon ses mots, « la vitesse des ondulations transverses [des champs électriques et magnétiques] [...] calculée à partir des expériences électro-magnétiques de MM. Kohlrausch et Weber, est tellement en accord avec la vitesse de la lumière calculée par les expériences optiques de M. Fizeau, que nous pouvons difficilement éviter la conclusion selon laquelle *la lumière consiste en des ondulations du même milieu qui est la cause des phénomènes électriques et magnétiques* ». (L'emphase en italique figure dans l'article de Maxwell.) En fait, le résultat n'est pas complètement inattendu : en combinant les différents paramètres de leurs mesures, Kohlrausch et Weber avaient déjà remarqué qu'on pouvait faire émerger une quantité qui pouvait s'identifier à une vitesse, et dont la valeur (310 000 km/s) était étonnamment proche de la vitesse de la lumière mesurée par Fizeau (314 000 km/s à l'époque). Mais là où on pouvait ne voir qu'une intrigante coïncidence numérique, Maxwell va bien plus loin : il *démontre* qu'il existe effectivement un phénomène électromagnétique se propageant à cette vitesse de 310 000 km/s. La citation de Maxwell que j'ai faite il y a quelques lignes fait partie d'une série de quatre articles qu'il publie en 1861 et 1862. Il en publiera des synthèses plus abouties en 1865 puis 1873, raison pour laquelle ce sont souvent ces deux dernières dates qui sont données en guise d'année de naissance des lois de l'électromagnétisme, mais le pas décisif avait été franchi par Maxwell en 1861. C'est à ce moment-là que l'on peut considérer qu'il a démontré, à la façon d'un théoricien tout du moins, que la lumière est une onde électromagnétique. Reste alors à en établir une preuve expérimentale indiscutable, par exemple en produisant dans un milieu contrôlé des variations de champs électriques et magnétiques, puis en constatant que ces variations sont détectées à distance après s'être propagées d'un endroit à l'autre. C'est ce que fait Heinrich Hertz (1857-1894) en 1887, soit quelques années après la mort de Maxwell. Il parvient à produire des ondes radio et à les transmettre à quelques mètres de distance. Surtout, Hertz démontre que ces ondes électromagnétiques possèdent des propriétés que l'on connaît déjà à la lumière : réflexion et réfraction notamment. La nature de la lumière est désormais élucidée.

CHAPITRE 2

VOUS CROYIEZ QU'ON AVAIT COMPRIS ? EH BIEN NON…

Édifice cohérent et remarquable, les équations de Maxwell possédaient toutefois une propriété des plus intrigantes. La perception que l'on a d'un phénomène électromagnétique dépend en partie du mouvement de celui qui l'observe. Imaginez que vous ayez devant vous des charges électriques immobiles par rapport à vous. D'après les lois synthétisées par Maxwell, ces charges vont être à l'origine d'un champ électrique, mais comme elles ne se déplacent pas, elles ne génèrent pas de champ magnétique. Si maintenant vous vous déplacez par rapport à ces charges, alors de votre point de vue ce sont les charges électriques qui sont en mouvement. Donc elles génèrent *aussi* un champ magnétique. Ces deux entités, champ électrique et champ magnétique, se transforment donc l'une en l'autre selon le point de vue. Cette observation n'est pas gênante en elle-même, mais d'après les lois trouvées par Maxwell, il y a quelque chose qui ne change pas : c'est l'intensité des forces électriques et magnétiques. Or c'est cette intensité-là qui fixe la vitesse de propagation des ondes électromagnétiques. Autrement dit les équations de Maxwell prédisaient cette situation étrange, à savoir que la vitesse à laquelle vous verrez passer une onde électromagnétique (c'est-à-dire de la lumière) sera *toujours la même* quel que soit votre déplacement par rapport à la source de lumière. C'est là une propriété très inattendue : si une source de lumière émet un signal lumineux qui s'en éloigne à 300 000 km/s, alors un observateur qui se déplace vers cette source devrait voir passer la lumière émise à une vitesse un peu plus grande, là où un observateur qui s'en éloignerait verrait toujours passer la lumière devant lui, mais cette fois à une vitesse moindre. Or ce n'est pas ce qu'indiquaient les équations de Maxwell. Elles prédisaient quelque chose de différent et qui heurtait le bon sens : la lumière devait toujours être vue se déplaçant à une vitesse fixe, quel que soit le mouvement dont est animé celui qui mesure sa vitesse.

Curieusement, cela ne constituait pas un paradoxe pour Maxwell et ses contemporains. En effet, tout le monde en ce temps-là considérait que, de la même façon que le son a besoin de s'appuyer sur l'air pour se propager*, la lumière devait elle aussi s'appuyer sur quelque chose d'autre pour faire de même. Cette interprétation « mécaniste » des phénomènes électromagnétiques est évidente à la lecture de la brève citation de Maxwell que j'ai écrite au chapitre précédent : « la lumière consiste en des ondulations du même *milieu* qui est la cause des phénomènes électriques et magnétiques », affirmait-il juste après en avoir élucidé la nature. Ainsi, pensait-on, les équations de Maxwell n'étaient exactes que si l'on était immobile par rapport à ce milieu et devaient être changées (d'une façon assez simple, du reste) si l'on se déplaçait par rapport à lui. Ce milieu-là existait partout puisqu'on n'observait aucun endroit où la lumière ne se propageait pas. Les scientifiques décidèrent de l'appeler l'*éther*.

L'éther est un concept ancien en philosophie et mérite bien qu'on parle de son origine. Non pas pour l'idée rétrospectivement farfelue ayant mené à son invention, mais pour le cheminement logique qui pour la première fois fut mis en œuvre

* Le son n'est rien d'autre que des vibrations de l'air qui nous entoure. En conséquence, sans air, pas de son, n'en déplaise aux bruyants vaisseaux de *Star Wars*, fussent-ils en train de foncer dans une galaxie très très lointaine.

et dont nous verrons plusieurs exemples, cette fois très féconds, dans la suite de ce livre. Comme pour beaucoup d'idées scientifiques, celle-ci remonte à l'Antiquité grecque. Parmi les nombreuses idées brassées en ce temps-là quant à la nature de la matière, il en est une qui connut un succès très durable: la théorie des quatre éléments. Remontant au moins à Empédocle (env. - 490 à - 430), elle stipule que le monde qui nous entoure est composé de quatre substances, ou quatre éléments; à savoir le feu, la terre, l'eau et l'air, capables de se transformer les uns en les autres. La théorie des quatre éléments, abondamment reprise par Platon dans son écrit le *Timée* est une théorie atomiste: chacune de ces substances est composée d'entités élémentaires, qui eu égard au fait que notre monde est à trois dimensions, sont des objets tridimensionnels. Dans le monde grec aucune science n'était aussi vénérée que la géométrie, aussi Empédocle eut-il l'idée d'associer les formes des particules élémentaires des éléments à des formes géométriques simples, pures, en un mot, *élémentaires*. C'est ainsi qu'il proposa que celles-ci soient ce qui plus tard serait appelé les solides de Platon, à savoir des polyèdres possédant un seul type de face et dont tous les sommets seraient communs au même nombre de faces. Le cube est le solide de Platon le plus connu: il possède six faces carrées dont les sommets sont communs à deux autres faces. À l'inverse, une pyramide à base carrée n'est pas un solide de Platon puisque les faces de la pyramide sont des triangles alors que la base est carrée. En revanche, une pyramide dont la base est triangulaire est un solide de Platon pourvu que les quatre triangles qui la composent soient équilatéraux. C'est ce qu'on appelle un tétraèdre régulier (ou tétraèdre; j'omettrai le qualificatif de régulier par la suite). Du temps d'Empédocle, quatre solides de Platon étaient connus. Il y avait le cube, donc, plus le tétraèdre, ainsi que l'octaèdre et l'icosaèdre. L'octaèdre est relativement facile à imaginer: prenez deux pyramides identiques à base carrée et dont les faces sont des triangles équilatéraux, et collez ces deux pyramides par leur base, vous obtenez un solide à huit faces, toutes composées de triangles équilatéraux. L'icosaèdre est un peu plus difficile à visualiser, mais si vous avez récemment vu la série *Stranger Things*, c'est ce bizarre dé assez rond qu'utilisent les jeunes protagonistes lors de leurs parties de *Donjons & Dragons*, à savoir un solide à vingt faces triangulaires dont les sommets sont partagés avec quatre autres faces. Si vous ne le visualisez pas, ce n'est pas grave, votre moteur de recherche favori se fera un plaisir de vous aider.

Restait à associer chacun de ces quatre solides aux quatre éléments. Mais suivant quels critères ? La stabilité de la terre serait associée à celle du cube et les trois autres solides seraient associés aux trois autres éléments par ordre croissant de taille et de densité : le plus petit solide, le tétraèdre, sera donc associé au feu ; si vous vous demandiez pourquoi j'ai pris tout à l'heure la peine de vous dire que, pour Platon, la lumière était composée de petits tétraèdres, vous avez la réponse ! Ensuite, le solide le plus grand, l'icosaèdre, sera associé au corps restant le plus dense, à savoir l'eau, l'air récupérant donc l'octaèdre. À partir de cette matrice-là, les changements d'un élément à l'autre – l'eau qui en s'évaporant se transforme en air, par exemple – étaient liés à la façon dont les faces de ces solides se détachaient, se déformaient éventuellement et se réassemblaient entre elles, tel un jeu de construction géant. Et l'éther dans tout ça ? Si le terme de solide de Platon vous est familier, vous savez peut-être que cette construction naïve mais néanmoins élégante souffre d'une faille : il n'existe pas quatre solides de Platon, mais *cinq* car même si Empédocle l'ignorait, il faut adjoindre à ceux déjà cités le dodécaèdre avec ses douze faces pentagonales. On aurait pu penser que la découverte de ce solide supplémentaire postérieurement à Empédocle allait faire vaciller l'ensemble, mais au contraire il fut l'acte de naissance d'un des concepts les plus féconds de toute la science : l'aller-retour entre le réel et sa modélisation. Ce que fait Empédocle avec sa théorie des quatre éléments, c'est de *modéliser* le réel, complexe, en une représentation plus abstraite mais aussi plus simple. Ainsi propose-t-il d'associer aux quatre éléments concrets du monde réel ces quatre entités abstraites que sont les solides de Platon à partir desquelles il tire une modélisation qui lui paraît plutôt convaincante puisque les quatre solides semblent posséder des propriétés qui les associent élégamment à celles de leurs alter ego du monde réel. Lui ou ses successeurs explorent ensuite le modèle, c'est-à-dire le *concept* des solides de Platon, et se rendent compte qu'il n'en existe pas quatre, mais cinq. *Donc, si* le modèle est vrai, *alors* il suggère, indique, laisse entrevoir *qu'il n'existe pas que quatre éléments, mais aussi un cinquième* dans le monde réel. Ce cinquième élément, ou cinquième essence, pour reprendre la terminologie des alchimistes européens du Moyen Âge *, avait jusqu'alors échappé à toute détection. C'est donc un élément fin et subtil,

* C'est là l'origine du terme de « quintessence », passé dans le langage courant.

inaccessible à l'observation directe, mais qui existe forcément, le modèle – dont la cohérence nous rend confiant quant à sa pertinence – nous le dit. C'est lui qu'on surnommera l'*éther* et s'il est indétectable, rien ne l'empêche d'être présent partout. Pour Aristote (- 384 à - 322), c'est dans cet éther que baigne toute chose, tout l'Univers même, et il est responsable du mouvement des astres comme il l'affirme dans son *Traité du ciel*: « Il est de toute nécessité qu'il existe un corps simple dont la nature soit de se mouvoir selon la translation circulaire, conformément à sa propre nature... En dehors des corps qui nous entourent ici-bas, il existe un autre corps, séparé d'eux, et possédant une nature d'autant plus noble qu'il est plus éloigné de ceux de notre monde. »

Rétrospectivement cette vision peut paraître bien naïve puisque les Anciens confondaient la phase dans laquelle se trouve la matière (solide, liquide, gazeuse) avec sa nature : l'eau n'est pas de l'air liquéfié, par exemple, pas plus que l'air n'est uniquement composé de vapeur d'eau. Mais l'essentiel est ailleurs : c'est à partir du point de départ de cette idée que le réel doit être modélisé pour mieux pouvoir être étudié par le biais de l'exploration du modèle qu'on en a fait. Dans les chapitres qui vont suivre, on en verra de nombreux exemples. Mais pour en revenir aux quatre (ou cinq) éléments de la pensée grecque, leur prééminence perdura jusqu'au XVIIIe siècle et au moment où les chimistes parviendront à montrer que l'air est en fait composé de différents gaz et qu'il en existe d'autres qui ne sont pas présents dans l'air. Le dioxyde de carbone sera découvert en 1750 par Joseph Black (1728-1799), suivi de l'hydrogène en 1766 par Henry Cavendish (1731-1810), l'azote en 1772 par Daniel Rutherford (1749-1819), l'oxygène vers 1774 par Carl Wilhelm Scheele (1742-1786) et Joseph Priestley (1733-1804) et l'argon en 1785, encore par Cavendish *... Exit donc l'eau, l'air, la terre et le feu comme éléments constitutifs du monde qui nous entoure, et, par voie de conséquence, exit aussi l'éther. Mais un petit siècle plus tard, les lois de l'électromagnétisme le ressuscitèrent : il y avait, pensait-on, besoin d'un milieu sur lequel devaient s'appuyer les champs électriques et magnétiques, milieu qui possédait des propriétés semblables à l'éther antique (omniprésent mais jusqu'alors indétectable), il sera donc nommé de la même façon... et pour subir un sort identique.

---

* C'est ce même Cavendish qui quelques années plus tard sera en mesure de « peser la Terre », dont il déduira ensuite la masse du Soleil et des autres planètes du Système solaire, voir *Pourquoi la Terre est ronde*, paru chez humenSciences.

CHAPITRE 3

L'ÉCHEC «LE PLUS FRUCTUEUX DE L'HISTOIRE DES SCIENCES»

Au début des années 1880, l'histoire semblait cousue de fil blanc: les lois de Maxwell s'accordaient naturellement avec l'existence de ce mystérieux éther. Les formules trouvées par le physicien n'étaient exactes que si on était immobile par rapport à l'éther et il fallait les modifier légèrement quand on se déplaçait par rapport à lui. Or ce déplacement existe forcément: dans sa course autour du Soleil, la Terre change progressivement de direction. Même si à un moment donné le hasard peut faire qu'elle se trouve immobile par rapport à l'éther, elle en déviera chaque jour un peu plus. Et ce mouvement a des conséquences observables. En effet, si la lumière se déplace à la même vitesse dans toutes les directions du point de vue d'un observateur immobile par rapport à l'éther, alors pour un autre observateur qui cette fois se déplace par rapport à l'éther, la lumière se déplacera à des vitesses différentes selon sa direction (si vous ne voyez pas pourquoi, ne vous inquiétez pas, je vous donnerai un exemple au prochain paragraphe). L'éther pouvait donc être indirectement détecté par ce biais. Les lois de l'électromagnétisme seraient confirmées et tout irait pour le mieux dans le meilleur des mondes scientifiques. Tout cela était évident et la seule inconnue était le temps que prendrait la mise en évidence de ce mouvement de la Terre.

C'est dans ce contexte que l'Américain Albert Michelson (1852-1931) s'attaque à ce problème. Pour cela, il invente un appareil, l'interféromètre, qui sera à jamais associé à son nom. Le principe d'un interféromètre est simple : on envoie un faisceau lumineux en incidence oblique sur un miroir qui a la propriété de ne réfléchir que partiellement la lumière. Une partie du faisceau traverse donc le miroir sans changer de direction alors que l'autre est déviée après réflexion sur le miroir. Ces deux sous-faisceaux se déplacent désormais dans deux directions différentes, souvent perpendiculaires (mais ce n'est pas indispensable), et qu'on appelle les « bras » de l'interféromètre. Au bout d'une certaine distance, les faisceaux sont tous deux réfléchis par des miroirs, qu'ils atteignent cette fois en incidence normale, et ils repartent donc dans la direction opposée, vers le miroir semi-réfléchissant. Là, chacun est à nouveau éclaté en deux sous-faisceaux. Deux de ces sous-faisceaux sont envoyés vers la source lumineuse et ne présentent plus d'intérêt. Ce sont les deux autres qui vont focaliser l'attention. Un simple schéma permet de voir que ces deux sous-faisceaux sont désormais combinés en un seul, que l'on peut ensuite projeter sur un écran. Autrement dit, on a séparé en deux puis réuni un faisceau lumineux en lui faisant dans l'intervalle parcourir des chemins différents. C'est exactement le genre de chose qu'avait réalisée Thomas Young 80 ans plus tôt, et cela donne le même effet : une fois projeté sur l'écran, le faisceau recombiné donne à voir une figure d'interférence. Il est parfaitement possible d'ajuster la distance des miroirs situés au bout des bras afin que les deux chemins empruntés aient exactement la même longueur. Pour autant, ont-ils été parcourus pendant la même durée ? Si on considère que la lumière se déplace à une vitesse fixée par rapport à l'éther, le temps qu'elle met à joindre deux points séparés par une distance fixe dépend à la fois de la distance qui sépare les deux points et de la vitesse de ces deux points par rapport au milieu dans lequel la lumière se propage. C'est là un effet bien connu de ceux qui s'amusent à parcourir à contresens les escaliers mécaniques du métro, ou qui essaient de traverser à la nage une rivière qui présente un faible courant. Supposez par exemple que vous nagiez à 2,5 km/h dans une rivière dont le courant va à 1,5 km/h. Il vous faudra 1 h 15 pour faire l'aller-retour entre deux points situés à un kilomètre en aval l'un de l'autre et du même côté de la rive. En effet, quand vous allez vers l'aval, votre vitesse par rapport au courant s'additionne avec celle de la rivière. Vous vous déplacez donc à 4 km/h par rapport à la berge et il ne vous faut que 15 minutes pour arriver à destination, un kilomètre plus loin. Sur le chemin du retour, les deux vitesses se soustraient : vous ne vous déplacez qu'à 1 km/h par rapport à la rive, et il vous faut donc une heure pour effectuer le trajet retour d'un kilomètre, pour un total de 1 h 15. Supposez maintenant que les deux points sont au même niveau du cours d'eau, mais de part et d'autre de celui-ci, large d'un kilomètre. Si vous essayez de nager depuis l'autre côté en visant le point situé au même niveau vers la rive d'en face, vous allez être emporté par le courant. Cela ne vous empêchera pas d'atteindre l'autre rive, mais vous vous retrouverez en aval de là où vous vouliez aller (de 600 m en l'occurrence avec les chiffres donnés ici). Pour arriver à destination, il vous faut traverser en essayant de viser un point situé 600 m en amont afin de compenser l'entraînement par le cours d'eau. À ce jeu-là, vous progresserez dans la direction voulue, mais au prix de vous déplacer plus lentement, en l'occurrence ici à la vitesse de 2 km/h, et vous effectuerez donc les deux kilomètres de l'aller-retour en exactement une heure. Le point important est donc là : cet autre trajet est parcouru en un temps moindre que les 1 h 15 du premier trajet, et ce malgré le fait que, vue depuis la rive, la distance parcourue est la même. Ce qu'il se passe pour le nageur se passera à l'identique pour la lumière : comparée à notre exemple, elle joue le rôle du nageur et le courant représente le déplacement relatif de la Terre (la rive) par rapport à l'éther (l'eau).

C'est cet effet-là qu'Albert Michelson veut mettre en évidence. Dans son interféromètre, un des bras représente l'aller-retour amont-aval, l'autre bras correspond à la traversée de la rivière d'une rive à l'autre. Ajuster la taille des bras de l'instrument, c'est comme modifier la distance entre les deux points amont-aval ou alors la largeur de la rivière. Ce faisant, on peut toujours ajuster l'une par rapport à l'autre pour que ce soient non plus les distances qui demeurent identiques, mais les temps de trajet. Dans notre exemple, c'est ce qu'il se passera si on diminue la longueur du trajet amont-aval de 200 m, ce qui fera passer le temps aller-retour correspondant de 1 h 15 à 1 h. C'est en fait exactement cela que permet de faire l'interféromètre : les motifs lumineux que produit sur l'écran le faisceau après recombinaison vous permettent de savoir si les deux sous-faisceaux ont voyagé ou non pendant la même durée, et vous pouvez ajuster la longueur des deux bras pour que ce soit le cas. Maintenant, imaginez que vous tourniez le dispositif d'un quart de tour. C'est comme si vous échangiez les deux distances dans le problème de la rivière. Elle fait désormais seulement 800 m de large et les deux points du premier trajet sont toujours sur la même rive mais à nouveau espacés de 1 km. Autrement dit, vous avez raccourci un des trajets tout en rallongeant l'autre. Les temps pour faire les deux allers-retours ne peuvent plus logiquement être les mêmes. Dans notre exemple, le trajet amont-aval se fait comme dans le tout premier exemple en 1 h 15, et celui de rive à rive en 48 minutes. Il en sera de même dans l'interféromètre : si vous ajustez les deux bras pour que les temps de trajet soient les mêmes, alors en pivotant le dispositif, ce ne sera plus le cas, ce que vous indiqueront les motifs du faisceau recombiné projeté sur l'écran. L'effet ne se produit que s'il existe ce courant dans la rivière : s'il n'y a pas de courant, seule la distance parcourue fixe la durée des trajets, quelle que soit leur orientation.

Albert Michelson est un expérimentateur méticuleux, une qualité indispensable pour réaliser ce genre d'expériences, très sensibles aux perturbations extérieures, comme les courants d'air, les variations de température dans le laboratoire, ou bien, à l'époque, les vibrations du sol causées... par les chocs des sabots des chevaux sur les pavés de la chaussée. Tout seul puis aidé de son compatriote Edward Morley (1838-1923), il fait de nombreuses expériences entre 1881 et 1887 et *toutes* aboutissent à un même résultat : il n'y a *jamais* de mise en évidence du mouvement de la Terre par rapport à l'éther, et ce malgré un dispositif expérimental largement en mesure de le mettre en évidence, puisque l'amplitude de l'effet recherché est déjà connue. En effet, elle dépend uniquement de la vitesse de la lumière, déjà fort bien déterminée à l'époque, et de celle de la Terre autour du Soleil, connue elle aussi avec une précision raisonnable depuis près de deux siècles...

Il est important d'insister sur le fait que ce résultat négatif n'est pas dû à un problème expérimental. Ce n'étaient pas les instruments qui étaient trop imparfaits pour mettre en évidence le mouvement de la Terre par rapport à l'éther. À la rigueur, cela aurait peut-être été le cas en 1881, mais certainement pas en 1887. Leurs performances étaient alors parfaitement bien maîtrisées par Michelson et Morley. Non, ce qu'il se passait était vraiment déroutant. Tout se passait... comme si la Terre était constamment immobile par rapport à l'éther. Du temps de Galilée, une telle idée aurait sans doute été parfaitement recevable : la Terre, créée par Dieu et pour les hommes était forcément au centre de l'Univers, donc nécessairement immobile*. Mais ces temps-là étaient révolus et des générations de scientifiques avaient montré que seule la vanité humaine pouvait prétendre à ce que nous occupions une place aussi privilégiée dans le vaste Univers. Malgré tout, l'expérience de Michelson et Morley semblait démontrer de façon indiscutable que la lumière se déplaçait à la même vitesse dans toutes les directions par rapport à la Terre, pourtant animée de son mouvement de révolution autour du Soleil. L'expérience de Michelson et Morley avait donc échoué à montrer un effet attendu, mais ce n'était pas un échec, bien au contraire. Cette expérience avait fait bien plus, bien mieux que cela : elle avait laissé entrevoir que la nature du monde qui nous entoure n'était pas celle que nous avions cru

* Comme on n'est jamais aussi bien servi que par soi-même, je vous invite à consulter à ce sujet mon précédent ouvrage paru dans la même collection, *Pourquoi la Terre est ronde.*

jusqu'alors. Un échec fructueux donc, et même « le plus fructueux de l'histoire des sciences » comme le présentent désormais scientifiques et historiens, car il va permettre de changer à jamais notre vision du monde.

CHAPITRE 4

1905, ANNÉE MIRACULEUSE

En science, l'expérience est le juge ultime. On peut éventuellement douter d'un résultat très inattendu si on a des raisons de penser que le protocole expérimental utilisé est défaillant, mais s'il existe toutes les raisons objectives possibles de penser que le dispositif est robuste, alors le verdict qu'il donne, surtout s'il est répété plusieurs fois, doit être accepté. D'après Michelson et Morley, bien que la Terre se déplace par rapport à l'éther, rien ne met en évidence ce déplacement alors qu'il devrait en être différemment. Comme il n'est pas envisageable que la Terre soit immobile, et donc qu'il n'est pas envisageable que la Terre ne se déplace pas par rapport à l'éther, l'idée qui germa dans l'esprit de plusieurs scientifiques fut d'imaginer que loin d'être un milieu parfaitement neutre dans lequel baignait tout l'Univers, l'éther avait une réelle influence sur celui-ci. Si, par exemple, un objet se voyait comprimé dans le sens de son déplacement par rapport à l'éther, alors la variation de la vitesse de la lumière par rapport à l'objet pouvait être exactement compensée par le fait que la distance à parcourir était modifiée par cet effet de contraction. C'est l'hypothèse que firent indépendamment l'un de l'autre l'Irlandais George FitzGerald (1851-1901) et le Néerlandais Hendrik Lorentz (1853-1928). Si la façon dont la contraction dépendait de la vitesse obéissait à une certaine loi, alors il était possible de rendre compte de l'incompréhensible résultat des expériences de Michelson et Morley. Mais s'agissait-il d'un succès? Pas vraiment, car rien ne permettait d'expliquer pourquoi ce phénomène de contraction se produisait. Comment aussi expliquer que l'éther altère jusqu'à la forme des objets sans pour autant entraver leur mouvement? Finalement, tout cela posait bien plus de questions que cela n'apportait de réponses, signe peut-être que ce n'était pas la bonne explication. Autrement dit, les pièces du puzzle étaient peut-être toutes là, mais elles n'étaient probablement pas correctement assemblées. Et c'est donc là qu'entre en scène un homme jusqu'alors inconnu, mais qui ne va pas le rester longtemps.

En une année, cet homme va tout révolutionner. Et le mot ici n'est pas galvaudé. En douze petits mois, il va, ni plus ni moins, expliquer la nature de la lumière, puis celle de la matière. Il va ensuite expliquer ce qui nous intéresse ici, à savoir ce que sont l'espace et le temps, et comment, loin d'être deux entités indépendantes, ils se fondent en un concept unique. Et pour finir, il expliquera le lien qui unit la masse et l'énergie. À peu près tous les concepts les plus élémentaires de ce que nous considérons comme le réel et que chacun croit connaître vont être redéfinis, réinventés. Notre appréhension de leur nature va changer à jamais. L'homme à l'origine de tous ces bouleversements, vous le connaissez tous, c'est Albert Einstein. Et chose extraordinaire, il le fait alors qu'il est très jeune* – il fête ses 26 ans cette année-là – et surtout totalement inconnu du monde scientifique.

Pourtant, jusqu'à cette année, Albert Einstein n'a pas montré de prédispositions laissant penser qu'il

* Il n'est sans doute pas inutile d'insister sur ce point : au moment de ses plus grandes découvertes, Einstein est encore jeune : 26 ans en 1905 et à peine dix ans de plus quand il atteindra l'apogée de sa carrière (voir chapitre 10). Certes l'immense majorité des clichés les plus connus du physicien ont été pris au crépuscule de sa vie, donnant peut-être à tort l'impression que c'est quand il était devenu un vieux sage qu'il avait révolutionné le monde. Mais comme pour bien d'autres grands esprits, c'est dans ses jeunes années qu'il a atteint la plénitude de ses capacités. Cela étant, il n'y a pas à observer bien longtemps les clichés d'Einstein jeune pour reconnaître le personnage : la même moustache, le même regard, souvent rêveur, parfois malicieux, et bien sûr le même soin très... relatif apporté à sa coiffure.

allait transformer le monde de la science comme personne ne l'avait fait avant lui et comme, probablement, personne ne le fera jamais. Né en 1879 à Ulm en Allemagne, Einstein est plutôt bon élève mais il se sent mal à l'aise dans le système éducatif allemand auquel il reproche d'inciter à apprendre plus qu'à comprendre. Il s'agit en fait d'un malaise plus profond: Einstein est d'origine juive et ne peut supporter l'antisémitisme, déjà très marqué, de la société allemande et qui la ferait sombrer quelques décennies plus tard. Pour cette raison, il décide à seize ans de poursuivre ses études à l'étranger, en l'occurrence en Suisse, à l'école polytechnique fédérale de Zurich (ou ETHZ) mais il échoue à l'examen d'entrée. Il peut tout de même poursuivre ses études à Aarau, dans le nord du pays, où il trouve enfin des enseignants qui devinent son potentiel. Il réussit à intégrer l'ETHZ à sa seconde tentative, en 1896, date à laquelle il choisit d'abandonner la nationalité allemande. Pour autant, il reste encore loin de donner sa pleine mesure et obtient d'ailleurs son diplôme de justesse quatre ans plus tard, en 1900, après avoir beaucoup travaillé en autodidacte. Dans ces conditions, il peine à entamer une carrière dans le monde académique et, malgré quelques articles scientifiques publiés à partir de 1901, il échoue à trouver un poste d'enseignant à l'université. Il se résout donc à changer de voie et trouve en 1902 un emploi à l'office fédéral des brevets à Berne. Son travail là-bas consiste à évaluer la recevabilité des demandes de brevets, un exercice intellectuel qui lui convient fort bien car il lui permet de stimuler son esprit déjà aiguisé, et qui surtout lui laisse suffisamment de temps libre pour réfléchir à ce qui le passionne toujours autant : la nature du monde qui nous entoure. Il invite ainsi régulièrement chez lui quelques amis proches avec lesquels il échange sur certaines de ses idées qui vont converger de façon spectaculaire en cette année 1905.

Le premier acte de cette symphonie résulte dans l'explication de ce qu'on appelle l'effet photoélectrique, un phénomène décrit en 1887 par l'Allemand Heinrich Hertz, dont je vous ai déjà parlé : c'est lui qui a confirmé que la lumière était une onde électromagnétique. Mais ce n'est plus ce qui nous intéresse ici. La même année qu'il confirme les prédictions de Maxwell, Hertz observe que certains métaux émettent des étincelles quand ils sont éclairés, un phénomène que personne à l'époque n'est en mesure d'expliquer en raison des circonstances d'apparition du phénomène. En effet, celui-ci se produit uniquement si la lumière incidente possède une longueur d'onde inférieure à une certaine valeur critique, située dans le domaine ultraviolet. Pour les longueurs d'ondes supérieures et quelle que soit l'intensité de la lumière incidente, rien ne se passe. En dessous d'un certain seuil en revanche, le phénomène se produit, et ce avec une amplitude d'autant plus grande que l'intensité est forte. Cet effet de seuil est difficilement explicable dans l'interprétation alors en vigueur de la lumière. Si la lumière est une onde comme de nombreuses expériences l'indiquent, il ne peut y avoir de différence fondamentale entre un faisceau de lumière très intense et d'une longueur d'onde donnée, et celui, tout aussi intense, d'une longueur d'onde à peine moindre. Les flux d'énergie transportés par les deux faisceaux devaient être quasi identiques, aussi comment expliquer qu'ils aient un effet aussi différent sur la matière ?

Einstein résout le problème en ayant le génie d'envisager de ne plus tenir compte de la *certitude* que la lumière est une onde. Si, libéré de ce postulat, on imagine que la lumière peut, au moins dans certains cas, être considérée comme constituée d'une myriade de particules et que chacune d'elles est dotée d'une énergie uniquement déterminée par la fréquence de la lumière, alors l'effet photoélectrique s'explique aisément : c'est l'énergie individuelle de ces grains de lumière qui va déterminer leur capacité à interagir ou non avec la matière. Si elle n'est pas assez importante, alors quel que soit le nombre de ces grains que l'on envoie sur le métal, rien ne se produira. À l'inverse, si on n'envoie que quelques grains à peine, mais qu'ils ont, individuellement, une énergie suffisante, quelque chose est susceptible de se produire. À un niveau macroscopique, imaginez que vous lanciez des balles de tennis sur une planche en contreplaqué. Même en y allant de toutes vos forces et par milliers, les balles vont toutes rebondir sur la planche. En revanche, si vous tirez une unique balle de fusil sur la planche, la balle la traversera sans difficulté. En d'autres termes, et contrairement à ce qu'il se passe dans les sociétés humaines, l'effet collectif des projectiles n'a strictement aucune importance, la force du nombre ne sert à rien. Ce sont les qualités individuelles qui priment.

Ainsi, explique Einstein, il semble vraisemblable que sous certaines conditions la lumière ne se comporte plus comme une onde mais comme une collection de particules, qu'il qualifiera dans un premier temps de « quantum de lumière », ou de « quantum d'énergie ». Plus tard, dans le courant des années 1920, c'est le terme *photon* qui s'imposera pour décrire ces particules de lumière. Ce faisant, Einstein introduit une des idées les plus fructueuses de toute la physique (autant vous prévenir, ce ne sera pas la dernière) : au niveau microscopique, une entité (ici la lumière) peut, selon les circonstances, être décrite *soit* comme un ensemble de particules (ici, les photons), *soit* comme une onde (les ondes électromagnétiques de Maxwell). En d'autres termes, Maxwell puis Hertz n'avaient pas *démontré* que la lumière était nécessairement et uniquement une onde, ils avaient mis en évidence que c'en était une description satisfaisante *sous certaines conditions*. Ce point n'est en rien anodin car il illustre une des grandes difficultés de la science. En physique, nous établissons des lois qui décrivent les phénomènes dans un certain cadre et nous les testons aussi dans un certain cadre. Mais on ne peut pas tout tester, aussi on fait l'hypothèse que l'on peut *extrapoler* ce qu'on modélise et qu'on observe, mais cette fois dans des conditions dans lesquelles on n'a pas testé explicitement l'exactitude de ces lois. Dans beaucoup de situations, cette extrapolation ne pose pas de problème. Quand Isaac Newton comprend qu'une pomme et la Lune sont soumises au même phénomène (les lois de la gravitation), il fait presque immédiatement une généralisation au fait que les lois qu'il en déduit sont aussi valables sur des distances immensément plus grandes, celles qui séparent les planètes, voire celles qui séparent les étoiles dans une galaxie, autant d'extrapolations qui seront effectivement vérifiées. Mais rien ne garantit que ce soit toujours le cas. Le génie d'Einstein aura ici été de remettre en cause un fait devenu évident tant il semblait impossible de voir contredites dans un contexte différent les preuves qui confirmaient son omniprésence. Or justement, l'effet photoélectrique représentait ce contexte différent, car ce qui compte ici, ce ne sont plus les propriétés à grande échelle de la lumière, mais la façon dont elle interagit à un niveau microscopique avec la matière, une chose dont personne n'avait jusqu'alors réalisé qu'elle était très différente de toutes les situations où les lois de l'optique avaient été testées.

En définitive, la lumière est un mélange entre ondes et particules. Dans le match entre Huygens et Newton, Newton n'a pas perdu, mais il n'a pas gagné non plus : la lumière est, selon les conditions dans lesquelles elle se manifeste, soit une onde, soit un ensemble de particules. Einstein a sauvé la mise à Newton. Mais sans le savoir, il va quelques mois plus tard découvrir quelque chose qui fera vaciller LA grande œuvre du savant britannique, à savoir ses lois de la gravitation universelle. Mais personne ne le sait à ce moment-là, pas même Einstein. Pour l'instant, ce qu'il vient d'établir porte les prémices d'une autre immense révolution conceptuelle en étant la première illustration de ce qu'on appellera bientôt la

« dualité onde-particule » et à partir de laquelle s'avéreront être bâties les lois régissant le monde microscopique. Ce jeu de lois, que l'on baptisera du nom assez abscons de mécanique quantique, sera découvert une vingtaine d'années plus tard grâce à un effort collectif de plusieurs chercheurs. En 1905, Einstein donne sans le savoir le coup d'envoi de cette quête à laquelle curieusement il ne participera guère, je vous en reparlerai brièvement plus tard (en l'occurrence au chapitre 14). La conséquence principale de ces lois est qu'à très petite échelle, *toutes* les particules connues telles que les protons, neutrons et électrons qui constituent les atomes que nous connaissons, sont également des entités qui selon les cas sont des particules ou des ondes et à ce titre ne peuvent pas être parfaitement localisées dans l'espace. Mais avant d'en arriver là, encore faut-il prouver que la matière est effectivement composée de ces entités microscopiques élémentaires, les atomes. Et pour cela, c'est encore Albert Einstein qui va jouer le rôle décisif... à peine quelques semaines après avoir élucidé la nature de la lumière.

Plus encore que la nature de la lumière, celle de la matière a suscité de nombreuses réflexions depuis au moins l'Antiquité. C'est généralement à Démocrite (env. - 460 à - 370) ou son mentor Leucippe (env. - 460 à - 370) que l'on attribue l'idée que la matière ne soit pas indéfiniment divisible, mais qu'il existe au bout du bout des entités élémentaires impossibles à diviser, d'où le nom d'atome*. Mais comment tester l'hypothèse ? La difficulté tient à ce que les atomes sont petits, très petits même : moins d'un millionième de millimètre, au point qu'au début du XXe siècle, aucun microscope de l'époque n'est en mesure d'approcher un pouvoir de grossissement suffisant pour espérer les distinguer**. L'idée d'Einstein pour élucider la nature microscopique de la matière est d'utiliser une sonde intermédiaire. Il s'agira d'objets suffisamment gros pour être vus au microscope et suffisamment petits pour être sensibles à la nature discrète des atomes. Cette sonde, Einstein n'a pas besoin de la découvrir par lui-même car elle l'a déjà été dans la première moitié du XIXe siècle, et ce non pas par des physiciens mais par des botanistes. Elle se situe à l'intérieur des grains de pollen. Ces objets sont déjà petits (typiquement entre un vingtième et un cinquantième de millimètre), mais dès cette époque, il était possible d'en voir des détails. Plusieurs

* Le mot est dérivé du verbe grec *tomein*, qui signifie couper, précédé d'un a privatif.

** Ce n'est du reste pas possible pour diverses raisons qui relèvent de la mécanique quantique.

scientifiques dont l'Écossais Robert Brown (1773-1858) rapportèrent avoir distingué dans des grains des zones probablement remplies de liquide au sein desquelles se trouvaient de minuscules particules animées d'un mouvement erratique. Celui-ci était composé de séquences rectilignes et uniformes et ponctué de brusques changements de direction et de vitesse. Dans un premier temps, ces observations n'éveillèrent guère l'attention des physiciens, peut-être parce qu'elles émanaient de structures biologiques et qu'elles étaient éventuellement spécifiques au monde du vivant. Il fallut plusieurs décennies pour en saisir l'aspect fondamental. Ces mouvements n'ont en effet aucun rapport avec l'existence d'un mystérieux « élan vital » à l'origine de toute forme de vie : on les observe en fait avec tout type de particules en suspension dans l'eau ou de nombreux autres liquides, pourvu que ces particules soient suffisamment petites et qu'elles ne s'agrègent pas les unes aux autres ni ne se collent aux parois. C'est la raison pour laquelle ce n'est que plus de 50 ans après les observations de Brown que leur importance est réalisée, par le Français Louis Georges Gouy (1854-1926). C'est lui qui en 1888 insiste sur l'importance de ces « trépidations » comme il les évoque, dont « tout se passe, en un mot, comme si elle[s] [sont] soumise[s] à une suite d'impulsions absolument fortuites, orientées dans tous les sens indifféremment».

De nombreuses hypothèses furent envisagées pour expliquer le mouvement brownien, comme il fut appelé en l'honneur d'un de ses découvreurs. Il pouvait s'agir de mouvements à l'intérieur du fluide, comme ceux qui font voleter les poussières dans l'air et que l'on voit danser dans un rayon de Soleil traversant une pièce sombre. Ou alors il pouvait s'agir de perturbations extérieures, vibrations ou autres. Mais même avec les conditions d'observation les mieux contrôlées, ce mouvement persistait sans que son amplitude ne semble dépendre d'un quelconque paramètre extérieur. Ces mouvements ne révélaient donc rien de moins qu'une *propriété intrinsèque* de la matière. Cette propriété, les chimistes la prenaient de plus en plus au sérieux depuis un siècle: lors de nombreuses réactions chimiques, la matière semblait se comporter comme si elle était composée de petites entités élémentaires – les atomes – qui le plus souvent s'associaient pour former d'autres structures sans doute légèrement plus grandes – les molécules. Il était établi par exemple que l'eau était vraisemblablement composée de deux types de substances «élémentaires», l'hydrogène et l'oxygène, que la première était, en nombre, deux fois plus abondante que la seconde, mais l'était huit fois moins en masse*. Il était alors tentant d'imaginer que ces deux substances, l'oxygène et l'hydrogène, étaient elles-mêmes composées d'entités élémentaires (les atomes, donc) et qu'à un niveau microscopique, l'eau soit composée par l'assemblage de deux atomes d'hydrogène et un atome d'oxygène – c'est le sens du H_2O qu'on utilise pour donner sa formule chimique –, ce dernier étant seize fois plus massif que chaque atome d'hydrogène. On pouvait procéder de même pour tous les autres gaz connus et une image plutôt cohérente s'en dégageait, mais avec aussi des zones d'ombre, la nature de la liaison entre atomes étant mystérieuse, par exemple. Et surtout, personne n'avait pu identifier formellement le moindre atome.

Plus tard, plusieurs physiciens parmi lesquels Ludwig Boltzmann (1844-1906) élaborèrent une interprétation particulaire du comportement des gaz, mais suivant une tout autre approche. Durant tout le XIXe siècle, de nombreux efforts avaient été faits pour comprendre la nature de la chaleur. À l'évidence, la chaleur était une forme d'énergie puisqu'on pouvait l'utiliser pour mettre en mouvement des objets,

* C'est un résultat obtenu par Henry Cavendish, découvreur entre autres de l'hydrogène en 1766, voir chapitre 2.

c'est-à-dire produire ce qu'on appelle de l'énergie mécanique. Mais de quelle nature était l'énergie portée par la chaleur? Boltzmann et plusieurs autres parmi lesquels James Clerk Maxwell formalisèrent peu à peu l'hypothèse qu'au niveau microscopique, la matière était composée de ces atomes qui dans un gaz étaient tous en mouvement. En général, ces mouvements sont désordonnés et la chaleur reflète l'intensité moyenne de ces mouvements erratiques, indistinguables individuellement. Sous certaines conditions cependant, on peut transformer une partie de ces mouvements chaotiques en mouvements ordonnés: la chaleur se transforme en énergie mécanique. C'est ce que fait une machine à vapeur, à l'origine de la Révolution industrielle qui bouleversa l'Europe en quelques décennies. Mais si l'explication semblait satisfaisante, il manquait à nouveau la preuve directe de l'existence de ces atomes d'autant que malgré son efficacité prédictive la théorie atomiste gardait de très nombreux adversaires, ne serait-ce que parce que c'était une idée très ancienne et à ce titre considérée comme archaïque, naïve et désuète par ses détracteurs.

En portant les observations de Robert Brown à l'attention de ses confrères physiciens, Louis Georges Gouy fait surtout le lien avec les idées de

Boltzmann: les mouvements erratiques observés par Brown résultent peut-être du fait que si, pour un objet de grande taille, le nombre d'atomes environnant est tel qu'il y en a de proportions identiques qui le heurtent d'un côté ou de l'autre, les choses changent quand l'objet est suffisamment petit car il arrive un moment où le nombre d'atomes qui le heurtent à chaque instant est tellement faible que l'objet en question va sans cesse être ballotté dans une direction ou une autre, au gré du hasard. Un phénomène jusque-là inexplicable qui pouvait être interprété par une hypothèse jusque-là improuvable, voilà l'état des lieux encourageant et incertain au début du XXe siècle. Mais pour réellement faire le lien entre atomes et mouvement brownien, encore faut-il prouver que l'agitation des atomes reproduit exactement le comportement des particules microscopiques dans un liquide.

Pour comprendre ce qu'il se passe, imaginez un type de mouvement à une seule dimension et que vous disposez pour le mesurer d'une immense règle graduée avec un nombre arbitrairement grand de graduations. Imaginez encore que vous numérotiez toute ces graduations, en attribuant 0 à la graduation centrale, et en ajoutant 1 à chaque graduation quand vous allez vers la droite, et en retranchant 1 quand vous allez vers la gauche. Imaginez ensuite un objet que vous placez sur la graduation centrale, notée 0. Puis, prenez une pièce de monnaie et effectuez un tirage à pile ou face. Si le tirage est pile, vous déplacez l'objet d'une graduation vers la droite et si c'est face, vous faites de même mais vers la gauche. Procédez ensuite de la même façon en déplaçant l'objet depuis sa nouvelle position et ainsi de suite. Quel sera sur le long terme le déplacement de l'objet ? Le premier réflexe est de se dire que l'objet va plus ou moins osciller autour de sa position de départ : s'il y a autant de chances que la pièce tombe sur pile ou sur face, tout cela devrait s'équilibrer et l'objet, en moyenne, ne devrait guère bouger. Mais si le mouvement de l'objet est dicté à chaque étape par le hasard, ce hasard suit des lois qui ne sont pas forcément conformes à notre intuition. Si vous lancez deux fois votre pièce (et donc que l'objet se déplace deux fois), la probabilité qu'il se retrouve à nouveau dans sa position initiale est de 50 % : parmi les quatre tirages possibles, à savoir pile-pile, face-face, pile-face ou face-pile, seuls les deux derniers cités causent autant de déplacements à gauche qu'à droite. La probabilité de n'avoir pas bougé à l'issue de ces quatre tirages est donc de 50 %. Mais plus on augmente le nombre de tirages, plus la probabilité qu'il y ait *exactement* autant de piles que de faces diminue. Avec dix tirages par exemple, la probabilité de faire 5 piles et 5 faces quel que soit l'ordre où ils surviennent tombe à un peu moins de 25 % (252 tirages sur 1024 possibles, vous pouvez vérifier). Au bout de 100 tirages, on descend à 8 % et seulement 2,5 % au bout de 1 000 tirages. Même si c'est peu intuitif, il s'avère que si la *proportion* de piles et de faces que vous aurez tirées a de plus en plus de chances de tendre vers 50 %-50 % à mesure qu'on multiplie le nombre de tirages, l'*écart* entre le nombre de piles et le nombre de faces va, lui, augmenter en moyenne. Bien sûr, l'objet ne va pas systématiquement dériver vers la gauche et vers la droite. Il sera de temps en temps à gauche de la position de départ (environ la moitié du temps) et de temps en temps à droite (l'autre moitié), mais pour autant, si l'on considère la distance qui le sépare de sa position de départ, cet écart, même s'il va s'annuler de temps à autre, va néanmoins présenter une tendance à croître au cours du temps et la probabilité que l'objet repasse par sa position de départ s'amoindrit à mesure que le temps passe, sans jamais s'annuler cependant. Einstein calcule ces probabilités. Puis il les généralise au cas où l'objet peut se déplacer non pas uniquement suivant une ligne mais suivant les trois directions de l'espace. Autrement dit, il calcule ce qu'il se passe si, à chaque itération, on ne lance pas une mais trois pièces, l'une déterminant le mouvement sur notre axe gauche-droite, une autre déterminant le mouvement en profondeur et la troisième en hauteur. Cette fois, Einstein calcule que la probabilité pour que l'objet revienne exactement à sa position initiale est essentiellement nulle. La distance moyenne va croître au cours du temps, certes assez lentement, mais inexorablement. Enfin, Einstein comprend qu'il faut ajouter un dernier ingrédient absolument crucial à sa modélisation: les objets qu'il modélise sont certes suffisamment petits pour être sensibles aux interactions individuelles avec les atomes, mais ils sont aussi suffisamment gros pour subir l'effet collectif du fluide dans lequel ils sont plongés. En particulier, ils seront d'autant plus mobiles que le fluide est peu visqueux. Einstein propose que c'est cet ensemble de phénomènes qui doit être à l'œuvre pour décrire les trépidations des particules dans les grains de pollen si celles-ci sont dues aux collisions avec des atomes, et surtout il en déduit comment relier les caractéristiques des «trépidations» de Gouy à la taille et la masse individuelle des atomes ou molécules du liquide.

Stricto sensu, Einstein n'explique pas le mouvement observé puisqu'il ne dispose pas des données précises compilées par ceux qui l'ont observé. Il ne peut pas non plus le vérifier par l'expérience puisqu'il travaille en solitaire, sur son temps libre, et sans les moindres moyens financiers pour faire une quelconque expérience. Mais il détermine quelles sont les caractéristiques attendues du phénomène, laissant à d'autres, mieux équipés, et plus au fait des techniques expérimentales à mettre en œuvre, le soin de vérifier si ses prédictions sont justes. Son article n'est donc pas aussi définitif que celui de l'effet photoélectrique mais en un sens il est encore meilleur : plutôt que d'expliquer un phénomène dont les caractéristiques lui sont déjà connues, il *prédit* le détail d'un processus dont il ne connaît pas les propriétés précises. Et en science, il est toujours plus convaincant d'arriver à prédire ce qu'on n'a pas encore observé plutôt qu'expliquer ce qui l'a déjà été. Celui qui se chargera de la vérification expérimentale est le Français Jean Perrin (1870-1942) dans une série d'expériences réalisées entre 1907 et 1909. Ce n'est donc qu'avec un peu de retard que l'apport d'Einstein sur la question de la nature de la matière sera reconnu mais c'est un apport absolument décisif. Voilà donc pour la nature de la matière. Et ce n'est pas fini, car le meilleur – qui accessoirement est l'objet de ce livre – reste encore à venir.

CHAPITRE 5

LA RELATIVITÉ RESTREINTE

Ses deux premiers articles de l'année 1905 auraient largement suffit à assurer à Einstein sa place dans le gotha scientifique mais le spectacle n'est pas terminé. Car après la matière et la lumière, Einstein s'attaque à ce qui va à jamais le faire entrer au panthéon des sciences : l'espace et le temps. Au début de l'année 1905, c'est désormais un fait établi que la lumière semble toujours se déplacer à 300 000 kilomètres par seconde, quelle que soit la vitesse relative entre celui qui effectue la mesure et la source lumineuse. Aucune démonstration simple ne semble pouvoir expliquer cette bizarrerie tant elle heurte le bon sens. Si un voyageur à bord d'un train se déplace, disons, à 100 km/h et qu'il marche dans les wagons d'un bon pas (à 5 km/h) en se dirigeant vers l'avant du train, il est bien évident qu'il verra défiler le paysage à 105 km/h, ou alors à 95 km/h si à l'inverse il se dirige vers l'arrière du train: quand les deux vitesses – celle du train par rapport au paysage et le voyageur par rapport au train – sont alignées, la vitesse relative résultante – lui par rapport au paysage – se déduit par addition ou soustraction des deux vitesses. De même, le chef de gare voyant passer le train devant lui mesurera que le voyageur se déplace par rapport à lui à 95 ou 105 km/h. Mais pour la lumière, cela ne se passe pas comme cela: si le voyageur dans le train est immobile et envoie un faisceau lumineux vers l'avant du train, alors des voyageurs assis mesureront que le faisceau lumineux se déplace à 300 000 km/s, mais le chef de gare mesurera *aussi* que ce faisceau se déplace, de son point de vue, à 300 000 km/s. C'est ce que disent de façon certaine les expériences de Michelson et Morley. Comment donc la lumière accomplit-elle un tel miracle?

Jusqu'ici, les tentatives d'explications de FitzGerald et Lorentz se fondaient sur le fait que la lumière se déplace « naturellement » à 300 000 km/s quand elle est immobile par rapport à l'éther, que cette vitesse est différente du point de vue d'un observateur se déplaçant par rapport à l'éther, mais que, « par miracle », un objet se déplaçant par rapport à l'éther se trouve déformé (comprimé dans la direction du déplacement), de sorte que si on imagine que l'objet est une règle, notre perception des longueurs s'en trouve faussée (la règle se déforme) et que la lumière *semble* se déplacer à 300 000 km/s alors qu'en réalité ce n'est pas le cas. Si vous êtes perdu, sachez qu'il en était de même pour de très grands esprits à l'époque. Pour résoudre ce problème, Einstein, dans un éclair de génie (le terme n'est ici pas usurpé !), réalise alors que l'explication donnée par FitzGerald et Lorentz était purement opérationnelle : elle permettait de *rendre compte* des phénomènes, mais elle *n'expliquait* strictement rien. Cependant, remarque surtout Einstein, cette interprétation implique que l'éther est une entité totalement indétectable : il n'existe *aucun* moyen d'identifier son déplacement par rapport à nous puisqu'il affecte la structure des objets qui se déplacent en son sein… afin de donner la parfaite illusion qu'ils ne s'y déplacent pas. Ainsi, poursuit Einstein, on a envisagé, comme cela semblait naturel, que l'éther existât au motif qu'il fallait bien que la lumière s'appuie sur quelque chose pour se propager. Mais finalement, cet éther est impossible à détecter. Dès lors, quel sens cela a-t-il d'imaginer que quelque chose existe alors qu'il est, par construction, absolument indétectable ? Einstein arrive à la conclusion qu'il n'existe *aucune raison objective* d'imaginer que l'éther existe, et donc peut-être… qu'il n'existe purement et simplement pas ! Einstein part donc dans une direction totalement nouvelle, inexplorée : exit l'éther, imaginons que la lumière peut très bien se propager sans s'appuyer sur quoi que ce soit. Pourquoi pas, mais cela n'explique toujours pas pourquoi sa vitesse est toujours la même quel que soit le déplacement de la source de lumière par rapport à celui qui l'observe. Einstein prend, à nouveau, le problème sous un angle radicalement différent. Il considère cette invariance de la vitesse de la lumière comme un *fait d'observation* qui révèle quelque chose sur la nature du monde, et essaie de voir ce que l'on peut *déduire* de cette observation, plutôt qu'essayer de l'*expliquer.* Il remarque alors – et c'est là que se situe le nœud du problème – que quand nous avons calculé la vitesse du voyageur par rapport au chef de gare, connaissant la vitesse du train par rapport à ce chef de gare et la vitesse du voyageur par rapport au train, nous avons fait une hypothèse implicite, tellement implicite même que personne ne l'a discutée ou même remarquée jusqu'ici : nous avons supposé que le *temps* qui s'écoule pour le voyageur qui se déplace dans le train est le *même* que celui qui s'écoule pour un autre voyageur, immobile et qui est cette fois assis dans le train, et que ces deux temps (qui n'en font qu'un, pense-t-on) sont aussi les mêmes que celui du chef de gare.

Mais s'il n'en est pas ainsi, que se passe-t-il? Einstein comprend alors que rien n'*oblige* à faire cette hypothèse et que l'on peut explorer, à l'aide d'équations relativement simples du reste, ce que l'on peut dire de ces trois temps en se fondant sur l'unique fait d'observation que la vitesse de la lumière est toujours la même. Finalement, Einstein arrive à la conclusion que *si* la vitesse de la lumière ne dépend pas de la vitesse de celui qui la mesure, alors *le temps s'écoule nécessairement de façon différente* entre des observateurs dotés de vitesses différentes. Et non seulement il en arrive à cette conclusion, mais en plus il *démontre* qu'il n'existe qu'une formule qui relie tous ces temps entre eux.

Il est important d'insister sur ce point: l'assertion selon laquelle le temps ne s'écoule pas de la même façon pour des observateurs en mouvement les uns par rapport aux autres *n'est pas une hypothèse*: c'est une *nécessité*, impliquée par l'observation – surprenante mais indiscutable – du fait que la lumière se déplace toujours à 300 000 km/s. Il ne peut en être autrement. Cette idée de temps relatifs (puisque c'est ainsi qu'on le dit dans le langage courant) n'est pas une élucubration fumeuse faite par un esprit déconnecté du monde réel. Au contraire, c'est une *description précise* du réel, une description certes bien peu intuitive, mais aussi pertinente qu'efficace.

Pourquoi donc jusqu'ici personne, à défaut de l'imaginer, n'avait-il tout simplement *constaté* que le temps ne s'écoulait pas toujours au même rythme ? Pour une raison simple, répond Einstein : parce que tant que les vitesses en jeu sont très faibles, ces différences d'écoulement sont totalement imperceptibles. Imaginez par exemple un train parcourant un trajet fermé à une vitesse constante de 100 km/h. Avant que le train ne démarre, le conducteur du train et le chef de gare s'assurent que leurs montres (rigoureusement identiques par ailleurs) indiquent exactement la même heure. Ensuite, le train va parcourir un trajet fermé de 1 000 km et revenir dix heures plus tard à son point de départ en s'étant toujours déplacé à la vitesse constante de 100 km/h. Une fois le trajet effectué, chef de gare et conducteur comparent l'heure indiquée par leur montre. Seront-elles identiques ? En apparence oui, mais en réalité l'horloge du conducteur sera très (très, très) légèrement en retard sur celle du chef de gare : elle retardera de... 0,15 milliardième de seconde. C'est une différence totalement imperceptible par nos sens et impossible à mesurer avec la technologie de ce début de XXe siècle, mais l'écart existe nécessairement, comprend Einstein. Autre conséquence immédiate de ses calculs, Einstein comprend que ces différences d'écoulement du temps vont se répercuter sur les vitesses relatives. Quand le voyageur se déplace à 5 km/h vers l'avant du train qui lui-même se déplace à 100 km/h par rapport au quai, le voyageur et le chef de gare n'auront pas une vitesse relative de 105 km/h, mais très (très, très) légèrement inférieure : quelque chose comme 104,9999999999998 km/h, un écart parfaitement imperceptible lui aussi. Ce n'est que quand les vitesses en jeu augmentent que les écarts augmentent aussi, au point de devenir perceptibles. Supposons un train fictif (ou vraiment très futuriste !) se déplaçant à 10 800 km/h et un voyageur bionique vraiment très pressé se déplaçant à la même vitesse vers l'avant du train. La logique voudrait que le voyageur s'approche du chef de gare à la vitesse de 21 600 km/h, mais c'est faux. Le chef de gare ne le verra pas avancer à 21 600 km/h, mais à 21 599,999998 km/h. Pas bien spectaculaire pour l'instant, direz-vous. Si on multiplie par dix les vitesses du train et du voyageur (108 000 km/h, de quoi tout de même faire le tour de la Terre en moins d'une demi-heure), la vitesse relative n'est pas de 216 000 km/h mais de 215 999,998 km/h. Il y a besoin de moins de chiffres après la virgule pour exprimer l'écart, c'est bon signe ! Multiplions encore les deux vitesses par dix (1 080 000 km/h). Cette fois la vitesse relative n'est pas de 2 160 000 km/h, mais de 2 159 998 km/h.

Peut-être à ce moment-là vous demandez-vous pourquoi j'ai choisi ce chiffre un peu curieux de 10 800 km/h. La raison est assez simple, en fait. Quand on considère des vitesses importantes, l'unité des kilomètres par heure n'est guère commode car des vitesses importantes exprimées dans cette unité comportent beaucoup de chiffres. Il est plus simple de raisonner en kilomètres par seconde. Ainsi, 10 800 km/h correspondent à 3 kilomètres par seconde, une formulation qui permet aisément de comparer la vitesse en question à celle de la lumière : elle est 100 000 fois plus petite. La vitesse la plus grande évoquée au paragraphe précédent (1 080 000 km/h) correspond, elle, à 300 km/s, soit un millième de la vitesse de la lumière. Continuons maintenant notre exploration. Le train et le voyageur dans le train se déplacent maintenant dix fois plus vite encore, soit 3 000 km/s (un centième de la vitesse de la lumière, donc), la vitesse du voyageur par rapport au chef de gare n'est pas de 6 000 km/s, mais « seulement », si l'on peut dire, de 5999,4 km/s. Encore un (gros) coup d'accélérateur pour atteindre les 30 000 km/s (soit un dixième de la vitesse de la lumière), et la vitesse relative s'écarte franchement des 60 000 km/s attendus : elle est de 59 406 km/s. Multiplions cette fois les vitesses non pas par dix, mais par huit : 240 000 km/s, soit 80 % de la vitesse de la lumière. La vitesse relative ? Plus du tout 480 000 km/s, mais... 292 683 km/s.

Ici, deux choses se produisent : tout d'abord, la vitesse relative s'éloigne de plus en plus de la valeur attendue, mais surtout, elle s'approche, sans pour autant les dépasser, des 300 000 km/s de la vitesse de la lumière. Et ce n'est pas un hasard. Car Einstein montre que plus les vitesses en jeu s'approchent de la vitesse de la lumière, plus la vitesse relative, au lieu de correspondre à la somme des deux vitesses... s'approche aussi de celle de la lumière ! Si on imagine que le train et le voyageur du train ont une vitesse égale à 99 % de celle de la lumière (quasiment égale à cette dernière, donc), alors le chef de gare ne verra pas le voyageur se déplacer à 198 % de la vitesse de la lumière (c'est-à-dire près du double), mais à 99,995 % de celle-ci.

C'est là le résultat le plus fascinant qu'obtient Einstein : à partir du moment où on observe qu'il existe quelque chose (en l'occurrence la lumière, mais peu importe en fait) qui se propage toujours à la même vitesse, quel que soit le mouvement de l'observateur par rapport à la source qui a « émis » ce quelque chose, alors *rien* ne peut aller plus vite que le quelque chose en question. Il existe une limite absolue, indépassable, définitive, à la vitesse de tout déplacement, vitesse limite qui, nous révèle l'observation, s'avère être égale à celle de la lumière. Là encore, il s'agit d'une assertion bien peu intuitive. On a envie de dire : si je me déplace à 99,9999 % de la vitesse de la lumière et que j'accélère suffisamment, qu'est-ce qui peut bien m'empêcher d'atteindre, voire de dépasser la vitesse de la lumière ? En effet, il est bien connu que plus on accélère longtemps, plus la vitesse augmente. Par exemple, peut-être vous souvenez-vous avoir appris au lycée ou à l'université que si vous subissez une accélération constante, votre vitesse va croître linéairement au cours du temps. Par exemple, si vous vous jetez du haut d'un pont pour faire du saut à l'élastique, alors au bout d'une seconde de chute, vous aurez atteint une vitesse de 35,3 km/h car vous êtes attiré par la Terre. Une seconde plus tard, la vitesse sera de 70,6 km/h, une seconde encore plus tard, 35,3 km/h de plus que la seconde d'avant, soit 105,9 km/h. Quant à ce qu'il se passe une seconde après, il vaut mieux pour vous que l'élastique commence à freiner votre chute, sans quoi vous êtes bon (au mieux) pour un contact très violent avec le sol… Mais sinon, en poursuivant notre expérience de pensée (ou alors si le pont est vraiment très haut !), votre vitesse sera de 141,2 km/h et ainsi de suite : à chaque seconde elle augmente de 35,3 km/h. On serait donc en droit de penser que si on attend suffisamment longtemps, une telle accélération devrait finir par nous permettre d'atteindre, puis immédiatement après de dépasser, la vitesse de la lumière, mais il n'en est rien. Tout d'abord, n'espérez pas faire l'expérience : au bout de quelques secondes, si ce n'est pas l'élastique ou le sol qui vous freinent plus ou moins brusquement, ce seront les frottements avec l'air qui s'en chargeront. Ceux qui sautent en parachute savent bien qu'au-delà de quelques secondes la vitesse de chute se stabilise autour des 200 km/h. Mais imaginons pour l'exemple que nous soyons à bord d'une fusée dans le vide spatial et que cette fusée possède une très hypothétique source d'énergie lui permettant de produire une poussée suffisante pour maintenir une accélération constante pendant un temps arbitrairement long (là où les moteurs de fusée ne fonctionnent guère que pendant une dizaine de minutes). Imaginons enfin que l'accélération constante de la fusée soit de 1 g, soit une force suffisante pour nous faire ressentir l'équivalent de notre propre poids que nous ressentons sur Terre. C'est cette même accélération qui dans l'exemple précédent permettait d'augmenter votre vitesse de 35,3 km/h à chaque seconde de chute libre. Une telle augmentation se produira-t-elle indéfiniment ? Non, répond Einstein. Plus vous allez vite, plus il est difficile d'aller encore plus vite. Mais pour s'en rendre compte, il faut aller vraiment très vite, et avec la poussée somme toute très modérée de notre fusée cela prendra du temps : entre six mois et un an. Au bout d'un mois en effet, là où un calcul naïf indique que votre vitesse devrait atteindre la valeur fort respectable de 91,44 millions de kilomètres par heure (ce qui vous permettrait de faire le trajet Terre-Soleil en moins de 1 h 40), Einstein prédit que votre vitesse sera plutôt de 91,33 millions de kilomètres par heure. Au bout de six mois, la difficulté d'augmenter se fait croissante, on ne va « que » à 506 millions de kilomètres par heure au lieu des 549 millions attendus. Avec une accélération constante, votre vitesse devrait atteindre celle de la lumière en un peu moins de 355 jours, et la dépasserait (de 3 %) au bout d'un an. Mais en fait, elle sera à ce moment-là 23 % moindre. Et au bout de quatre ans, là où Isaac Newton aurait prédit que l'on devrait aller un peu plus de quatre fois plus vite que la lumière, votre vitesse restera inférieure à cette dernière, quoique de très peu, d'environ 0,05 %. Et vous pourrez accélérer un an de plus, dix ans, dix siècles ou même dix milliards d'années, *jamais* votre vitesse n'atteindra *exactement* la vitesse de la lumière. C'est une limite absolue, indépassable. Mais pourquoi donc ? Quand un objet est doté d'une certaine vitesse, il possède une certaine énergie, qu'on appelle l'énergie cinétique. Cette énergie augmente avec la vitesse, elle augmente de plus en plus vite, même, mais pas trop vite : quand vous doublez la vitesse, vous multipliez l'énergie cinétique par quatre. Rien ne vous empêche *a priori* de dépenser suffisamment d'énergie pour atteindre, voire dépasser la vitesse de la lumière. Mais Einstein montre que la formule utilisée jusqu'alors pour l'énergie cinétique n'est qu'une approximation. Tant que la vitesse considérée est « petite », c'est-à-dire petite comparée à la vitesse de la lumière, alors la formule marche effectivement. Mais quand la vitesse augmente, il devient nécessaire de la remplacer par une nouvelle formule qu'il déduit de la façon dont la variation de l'écoulement du temps se fait avec la vitesse, variation elle-même contrainte par la seule observation que la lumière se propage toujours à la même vitesse. Elle est donc établie de façon certaine. Avec sa nouvelle formule, faire atteindre la vitesse de la lumière à un objet de masse non nulle nécessite une quantité *infinie* d'énergie. Or si vous accélérez uniformément un objet, la quantité d'énergie dont vous avez besoin à chaque seconde est toujours finie : impossible de lui conférer une énergie infinie en un temps fini. L'objet n'atteindra donc jamais la vitesse de la lumière, CQFD. Mais pourquoi donc la lumière va-t-elle plus vite que n'importe quel objet doté d'une masse ? Parce que les entités qui composent la lumière, les photons dont Einstein a prouvé l'existence pas plus tard qu'il y a quelques semaines, sont des objets... sans masse. Quelle que soit leur énergie, leur vitesse est toujours la même, égale à la vitesse limite que les objets massifs n'atteindront jamais. Quand on considère un photon, changer son énergie ne change pas sa vitesse. Elle change une autre de ses propriétés, à savoir sa fréquence ou, si vous préférez, sa couleur.

L'article d'Einstein, tout comme les deux qui le précèdent en cette année 1905, est remarquablement clair et concis. Il n'y a point de considérations superflues ou d'hypothèses hasardeuses. Si on excepte quelques termes techniques qui ont changé depuis et quelques notations qui ne sont plus en vogue (par exemple, il note la vitesse de la lumière avec un V majuscule alors que de nos jours elle est universellement notée avec un c minuscule – y compris donc dans $E = mc^2$!), un bon étudiant de niveau universitaire n'aurait guère de difficulté à les comprendre sans même avoir préalablement suivi de cours sur le sujet. Ces articles ont un côté presque intemporel. Les lire, c'est se laisser embarquer dans un raisonnement élégant et implacable, c'est avoir la révélation de l'inéluctabilité des lois de la physique. Mais il n'y a rien de contraignant dans tout cela. Au contraire, le propos est remarquablement fluide. Tout semble couler de source. Ce que ces articles nous donnent à voir, c'est ce que Galilée décrivait poétiquement comme « [ce] grand livre de l'Univers [qui] demeure constamment ouvert devant notre regard admiratif et étonné », un livre qui ne peut se comprendre, expliquait Galilée trois siècles plus tôt, que si on en comprend le langage, à savoir les mathématiques et, aurait-il pu ajouter, si l'on comprend quelle est la bonne façon d'aborder le problème. Mais ces mathématiques-là sont finalement assez simples (du niveau du premier cycle universitaire) et le raisonnement qui permet de comprendre lesquels parmi les outils mathématiques sont à utiliser l'est aussi. La Nature n'apparaît pas plus complexe à la lecture de ces articles, mais au contraire plus simple, plus lisible, plus cohérente. La force de ces articles, c'est d'offrir ce contraste surprenant, presque déroutant même, entre des explications ingénieuses – car personne n'y avait pensé avant – et le fait qu'une fois connues elles semblent relever d'une sorte d'évidence. La seule chose qui n'est pas évidente à vrai dire, c'est ce nom assez curieux que donne Einstein à cette nouvelle vision du monde : la relativité restreinte. Patience, je vous expliquerai plus tard d'où il vient.

Le nom mis à part, les caractéristiques de son article – importance et concision – auraient largement suffi à le singulariser, mais ce qui le distingue encore plus, c'est un point cette fois vraiment unique. Ce qui le différencie des autres articles scientifiques… c'est ce qui ne s'y trouve pas. D'ordinaire, un article scientifique crée un savoir nouveau qui se bâtit à partir d'autres articles déjà publiés. Les nouveaux sont ainsi des pierres supplémentaires à un édifice en perpétuelle construction. Si vous lisez un article scientifique, vous vous rendrez vite compte qu'il ne se comprend bien que si on connaît l'état des connaissances, qui n'est pas rappelé dans l'article lui-même (ou alors très succinctement). Pour cette raison, l'article est toujours doté d'une bibliographie à laquelle le lecteur est renvoyé s'il veut connaître l'origine de tel ou tel résultat à partir duquel on travaille. Tous les articles scientifiques sont construits de cette façon. Presque tous, en fait, car les trois premiers d'Einstein publiés cette année-là n'en font pas partie. À aucun moment ils ne se fondent sur d'autres articles. Ils ne reprennent pas non plus d'hypothèses déjà ébauchées ou des calculs pas encore terminés. Ils partent de zéro. L'article sur la relativité est à ce titre édifiant.

Einstein ne se réfère pas aux explications opérationnelles de FitzGerald ou Lorentz, il ne cite aucun autre article. Tout au plus y figure une phrase sibylline, la dernière de l'article: «En terminant, je tiens à souligner que mon ami et collègue M. Besso m'a prêté son concours pendant que je travaillais au problème discuté ici, et que je lui suis redevable de suggestions précieuses.» On cherchera en vain un M. Besso parmi les auteurs d'articles scientifiques parus à cette époque ou dans les personnels enseignants des universités d'Europe ou d'ailleurs. Et pour cause, ce Michele Besso (1873-1955) n'est pas un chercheur, mais un proche d'Einstein. Il fait partie de ce petit groupe d'amis avec lesquels il se réunissait à l'occasion pour parler de sciences. En fait, les deux hommes se connaissaient depuis plusieurs années, depuis l'arrivée d'Einstein à l'ETHZ où ils s'étaient rencontrés en 1897. Einstein avait alors 17 ans, Besso, 23. Par la suite, Besso, qui a suivi une formation d'ingénieur, a pu obtenir grâce à l'entremise d'Einstein un poste au bureau des brevets à Berne, où ils travailleront ensemble de 1904 à 1908. Besso est plus qu'un ami pour Einstein, il est un confident. C'est à lui qu'Einstein se confiera quelques années plus tard au sujet de son mariage qui bat de l'aile ou de ses difficultés avec ses enfants. Mais Besso est encore plus que cela.

Il est à la fois son contradicteur et un commentateur avisé des idées auxquelles son ami le soumet. De lui, Einstein dira bien des années plus tard qu'il était « la meilleure caisse de résonance d'Europe ». Einstein le qualifiera aussi d'« éternel étudiant », un terme qu'on pourrait penser dédaigneux mais qui est en fait très laudateur : un étudiant qui s'intéresse à ce qu'on lui dit, réagit, pose des questions et oblige son interlocuteur à préciser sa pensée. C'est tout ce dont a besoin Einstein en 1905, lui qui ne dispose pas de confrères avec qui échanger sur ses idées et avec lesquels il aurait peut-être été plus inhibé qu'avec un véritable ami. Besso n'a jamais eu la prétention d'être un bon chercheur. Mais il a noué avec Einstein une relation particulière d'où a découlé une alchimie unique sans laquelle Einstein n'aurait probablement pas su élaborer avec autant de talent et de rapidité tout ce qu'il a fait en 1905.

CHAPITRE 6

NOTORIÉTÉ ET INCRÉDULITÉ

Le temps est relatif. Affirmation mystérieuse et fascinante, passée dans le langage courant. Ce n'est pas une hypothèse, mais un *fait*. Pour autant, un fait tellement inattendu, si contraire à l'intuition qu'il suscite depuis le début une forme de stupeur jamais estompée. Pas dans le monde scientifique, ou en tout cas celui des physiciens et des mathématiciens car la démonstration d'Einstein ne souffre pas la moindre contestation, mais en dehors une forme de trouble persiste. Nous avons tous un rapport personnel au temps. Nous savons tous que notre perception dépend du contexte, que les bons moments passent trop vite et que ceux qui sont pénibles ou douloureux semblent ne jamais se terminer. Mais nous savons que si l'on met de côté nos émotions, nos ressentis, le «vrai» temps, celui indiqué par les horloges, est stable, immuable, unique. Nos sens peuvent mentir, mais les horloges ne mentent pas. Donc si celles-ci sont toujours d'accord entre elles, le temps ne peut être relatif, le bon sens, l'intuition, l'évidence nous le disent. C'est tout cela qu'Einstein fait voler en éclats. Cette notion la plus élémentaire, celle sur laquelle nous construisons nos représentations du monde, en est à jamais modifiée. De nos jours, l'idée que le temps soit relatif est tout aussi choquante, mais nous l'acceptons car nous *savons* plus ou moins confusément que c'est un fait établi, que des générations de scientifiques ne sont pas revenues sur l'infaillible démonstration d'Einstein. En d'autres termes, même si nous ne comprenons pas forcément le pourquoi du comment, le fait de savoir que les gens qui ont réfléchi à la question sont tous d'accord entre eux nous amène à accepter le fait, fût-ce avec quelques réticences. Mais en 1905, la situation est différente. Dire du jour au lendemain que le temps n'est pas, n'est plus, et ne sera plus jamais ce que l'on s'imaginait qu'il était, représente un bouleversement conceptuel et philosophique si considérable qu'il est difficile de l'imaginer. Vous comprendrez donc aisément que, dans certains cercles intellectuels, les travaux d'Einstein aient produit une déflagration immense, comme Charles Darwin (1809-1882) avait pu le faire quelques décennies plus tôt avec sa théorie de l'évolution.

L'exemple le plus emblématique de ce temps relatif a été donné quelques années plus tard, en 1911, par le physicien français Paul Langevin (1872-1946). Imaginez, dit-il, deux personnes qui ont le même âge, des jumeaux par exemple. Le fait que les deux personnes soient jumelles n'est pas nécessaire, mais rend l'exemple encore plus saisissant. Imaginez donc que nous disposions d'une fusée futuriste, capable d'atteindre des vitesses très élevées. (Les chiffres choisis par Langevin ne sont pas exactement les mêmes que ceux qui vont suivre, mais cela ne va rien changer à la conclusion de l'expérience.) Notre fusée va par exemple être en mesure d'atteindre 99,87 % de la vitesse de la lumière en quelques secondes et, accessoirement, permettre à son occupant de survivre à une telle accélération (ce qui n'est pas possible, mais oublions ce « détail » ici). Mettons l'un des deux jumeaux dans la fusée que nous envoyons faire un aller-retour en direction de l'étoile Arcturus, une des deux plus brillantes du ciel d'été sous nos latitudes et située à 37 années-lumière *. Pendant ce temps, son frère reste sur Terre. Pour le frère sédentaire, les choses sont très simples. L'étoile étant à

* Une année-lumière est, comme son nom le suggère, la distance parcourue par la lumière en un an. Elle vaut environ 10 000 milliards de kilomètres.

37 années-lumière, une fusée qui va quasiment à la vitesse de la lumière aura besoin de deux fois 37 années pour faire l'aller-retour, soit 74 ans. Mais pour l'autre jumeau, celui qui est dans la fusée, les choses sont très différentes. À la vitesse à laquelle il se déplace, le temps s'écoule vingt fois plus lentement que pour son frère immobile. Pour lui, le voyage aller-retour ne dure que quelques années. Quand il descend de la fusée une fois celle-ci revenue sur Terre, il est à peine plus âgé que lors de son départ. Son frère, lui, est un vieillard presque centenaire. Les voyages forment la jeunesse, disait Montaigne. Il ne croyait pas si bien dire. Langevin explique qu'ils ralentissent le vieillissement... pourvu qu'on aille vraiment très vite et donc que l'on dispose d'une énergie considérable. La jeunesse a un prix !

Cette description vous fera peut-être froncer les sourcils. Si le jumeau fait l'aller-retour vers Arcturus en quelques années, il n'en demeure pas moins qu'il parcourt deux fois 37 années-lumière. Sa vitesse est donc, de son point de vue, largement supérieure à celle de la lumière. N'y a-t-il pas contradiction ? En fait non, disent les équations découvertes par Einstein, car la façon dont on définit ou dont on mesure une *distance* entre deux points dépend elle aussi du fait que l'on se déplace ou non par rapport à eux. La notion de distance qui nous est familière s'entend par la distance entre deux points que l'on mesure si on est effectivement immobile par rapport à ces deux points. Cette distance sera par exemple définie à partir du temps mis par la lumière pour effectuer un aller-retour. Si j'envoie un faisceau lumineux vers Arcturus et qu'un hypothétique observateur le renvoie avec un miroir, je mesurerai un temps d'aller-retour égal à 74 ans et en déduirai une distance de 37 années-lumière. Mais si les deux points, le point de départ (la Terre) et le point d'arrivée (Arcturus) se déplacent par rapport à moi, alors ma perception des distances s'en trouvera modifiée elle aussi. Pour le jumeau voyageur, s'il ne lui faut que quelques années pour faire l'aller-retour (3,7 années avec la vitesse indiquée plus haut), c'est que pour lui Arcturus et la Terre sont séparées de seulement 1,85 année-lumière. En d'autres termes, plus vous allez vite, plus votre perception des distances se trouve faussée, et sous-évaluée par rapport à la valeur que mesurerait un observateur immobile par rapport aux deux points dont on veut évaluer la distance.

Ceci vous dit peut-être quelque chose. Cela ressemble vaguement à l'hypothèse qu'avaient faite FitzGerald et Lorentz, selon laquelle les objets étaient comprimés dans le sens de leur déplacement par rapport à l'éther. Il y a effectivement des points communs avec ce que dit Einstein car ces deux approches avaient pour but de rendre compte d'un même phénomène, à savoir l'invariance de la vitesse de la lumière. Mais sur le plan conceptuel, ce que fait Einstein n'a rien à voir avec ses prédécesseurs. Là où ils imaginaient que pour une raison mystérieuse une substance indétectable altérait la forme, la structure des objets s'y déplaçant, Einstein est à la fois plus conservateur et plus radical : inutile que les objets se déforment (voilà pour le côté conservateur), en revanche, la perception qu'on a de l'espace et de l'écoulement du temps est modifiée (c'est l'aspect radical, révolutionnaire même, de l'approche). Cette approche est bien plus élégante que celle de FitzGerald et Lorentz : elle n'a pas besoin de la présence de l'éther et surtout elle explique pourquoi tout le monde aura sa perception de l'espace altérée de la même façon. En effet, pour FitzGerald et Lorentz, non seulement l'éther devait comprimer les objets dans la direction de leur déplacement (sans que cette déformation semble logiquement découler d'un quelconque principe physique sous-jacent), mais en prime, cette déformation devait être rigoureusement la même pour n'importe quel objet, quelles que soient sa composition ou sa structure. Pour Einstein, les choses sont plus simples : tout le monde voit le même espace, donc tout le monde en aura une perception altérée de la même façon.

Mais revenons à l'expérience de Langevin et à son jumeau voyageur pour qui la Terre et Arcturus sont séparés de 1,85 année-lumière au lieu des 37 estimées par son frère sédentaire. Quelle est la « bonne » valeur de la distance ? Cela dépend du point de vue. Si on considère que la distance s'entend naturellement comme la distance qui nous est familière, la « bonne » valeur est celle mesurée quand on est immobile par rapport à ce que l'on mesure, soit 37 années-lumière pour la distance Terre-Arcturus. En d'autres termes, même si la notion de distance est relative, elle est indissoluble du mouvement de celui qui la mesure. Et pour le temps ? C'est exactement pareil. Le temps mis par le voyageur pour faire l'aller-retour Terre-Arcturus dépend du mouvement de celui qui le mesure. Il y a autant de valeurs possibles que de trajectoires différentes. Mais il en est une qui est spécifique à l'observateur qui effectue le trajet : c'est celle vécue par ce voyageur-là. Ainsi, on peut définir ce qu'on appelle le temps propre d'un observateur. C'est ni plus ni moins le temps qu'indique la montre ou le chronomètre qu'il transporte avec lui quand il effectue ce mouvement. Pendant la durée du voyage, le temps propre du jumeau voyageur augmente de 3,7 années, celui de son frère de 74 années. Le premier n'est pas meilleur que le second, il est juste *adapté* au voyageur, là où le second est adapté au sédentaire. Le temps et l'espace sont des entités perçues différemment en fonction des trajectoires de chaque individu, mais ces différences ne se font pas de façon indépendante ; la perception de ces deux quantités est toujours altérée de sorte qu'il est une chose qui ne varie jamais : la vitesse à laquelle on voit la lumière se déplacer. C'est là le sens de ce terme d'« espace-temps » qui est associé aux travaux d'Einstein : la fusion de deux entités distinctes, le temps et l'espace, qui ne se conçoivent désormais que comme les deux parties d'un tout.

Tout ceci expliqué sans équation peut paraître déconcertant, et vous aurez peut-être l'impression en faisant telle ou telle expérience de pensée que vous aurez mis à jour une incohérence dans ce qui précède. Mais croyez-le ou non, il n'y en a pas. Cependant, pour s'en convaincre, ou si vous ne voulez pas croire sur parole ce que vous racontent les scientifiques, il n'y a pas alternatives hormis étudier en détails les équations qui sous-tendent tout cela. Ce n'est pas quelque chose d'insurmontable car cela relève du niveau de première ou seconde année d'université, mais si vos études sont loin ou si vous n'avez pas fait d'études scientifiques, vous tirerez un peu la langue pour y arriver. La compréhension fine des lois de la physique a un prix, elle aussi...

De ce fait, plusieurs non-scientifiques restent interdits devant cette expérience de pensée. Le plus connu d'entre eux est le philosophe français Henri Bergson (1859-1941). Il échangera brièvement avec Einstein lors d'une visite à Paris de ce dernier en avril 1922. Mais malgré la pédagogie et l'indéniable patience dont fait preuve Einstein, Bergson n'accepte purement et simplement pas cette idée comme en témoigne un ouvrage qu'il publie cette année-là, intitulé *Durée et simultanéité – À propos de la théorie d'Albert Einstein*. Il passe des pages et des pages à discuter du paradoxe des jumeaux, mais on peine à voir où il veut en venir. Là où quelques pages auraient suffi à expliquer ce qu'il en est, surtout si on peut y adjoindre quelques équations, Bergson donne en réalité l'étrange impression de tourner en rond, sans jamais vraiment livrer le fond de sa pensée. Et sans concéder sa crainte pourtant évidente que les scientifiques soient peut-être en train de déposséder les philosophes d'une sorte de droit inaliénable d'être les seuls autorisés à discourir de certains concepts qui relèveraient on ne sait pourquoi de leur domaine réservé. Signe de son ambivalence, il suggère l'idée que la relativité serait peut-être « une métaphysique greffée sur la science, [et qui] n'est pas de la science », mais affirme plus loin que « la théorie de la Relativité ne peut pas exprimer toute la réalité », tout en concédant immédiatement, et du bout des lèvres, cet aveu « Mais il est impossible qu'elle n'exprime pas quelque réalité »... Sans doute touche-t-on ici à la limite de ce que disait Galilée. Le grand livre de la Nature ne peut se lire que si on en maîtrise le langage, à savoir les mathématiques. Sans celui-ci, terminait Galilée, « nous sommes condamnés à errer dans un noir labyrinthe ». Bergson en est l'exemple le plus célèbre. Son incrédulité compréhensible, excusable même, doublée de son manque de maîtrise des mathématiques l'y condamnent. Eût-il été mathématicien, il se serait peut-être écrié, en comprenant la démonstration : « Je le vois mais je ne le crois pas ». Mais il l'aurait finalement acceptée, fût-ce de mauvaise grâce, car il en aurait saisi la justesse. On trouve des exemples de mathématiciens ayant réagi ainsi à tel ou tel résultat inattendu dans leur discipline. Mais sans pouvoir *voir* et sans être enclin à accepter ce résultat, Bergson ne peut que dire : « Je ne le vois pas, *donc* je ne le crois pas et je ne l'accepte pas. » Fort heureusement, l'incrédulité et l'attitude du philosophe restent minoritaires, et les contemporains de Bergson ne sont pour la plupart guère cléments avec lui. Une critique aussi policée que cinglante de son propos a par exemple été faite en 1923 par le mathématicien belge Charles-Jean de La Vallée Poussin (1866-1962) : « L'illustre académicien commet plusieurs erreurs de principe dans son interprétation de la Relativité restreinte... Malgré toute l'inspiration que nous inspire le grand talent de M. Bergson et le respect que nous professons pour son autorité incontestée, il nous est impossible d'accepter quoi que ce soit de ses thèses de la Relativité. »

Décédé en 1941, Bergson n'eut pas la chance de savoir que la vérification expérimentale directe de l'expérience des jumeaux de Langevin venait d'être concrétisée. Bien sûr, elle ne le fut pas avec des êtres de chair et d'os mais avec des entités bien plus petites. Cependant, l'expérience réalisée fut conceptuellement la même: observer que ces entités se déplaçant à de très hautes vitesses (c'est-à-dire très proches de celle de la lumière) étaient capables de parcourir des distances bien plus grandes que ce que leur espérance de vie aurait dû leur permettre de faire suivant un raisonnement naïf. Les entités en question sont les muons. Découverts en 1936, les muons sont des sortes de cousins germains des électrons. Ils possèdent la même charge électrique mais s'en distinguent sur deux points importants. D'abord, ils sont bien plus massifs (d'environ 207 fois) et surtout ils sont instables. Leur espérance de vie moyenne n'est que de 2,2 millionièmes de seconde. Avec une existence aussi brève, la logique voudrait que même en se déplaçant à une vitesse proche de celle de la lumière ils ne soient guère en mesure de parcourir plus de 600 ou 700 mètres, pourtant la réalité est tout autre. En 1912, le physicien autrichien Victor Hess (1883-1964) découvre lors d'un vol en montgolfière à 5 300 mètres d'altitude que la proportion d'atomes de l'atmosphère terrestre qui sont dépouillés d'un ou plusieurs électrons y est trois fois plus élevée qu'au niveau de la mer. Il en déduit que des particules énergétiques dont il ignore la nature sont à l'origine de ce processus : en heurtant les atomes de l'atmosphère, elles vont à l'occasion les déshabiller d'un ou plusieurs électrons. Et si le phénomène est d'autant plus présent que l'on s'élève en altitude, c'est la preuve que ces rayonnements proviennent de l'espace. Ces « rayons cosmiques » comme on les appelle alors sont en réalité majoritairement des petits atomes (principalement d'hydrogène) dépouillés de leurs électrons et surtout dotés d'une très, très haute énergie. Dès qu'ils pénètrent dans la haute atmosphère, ils interagissent violemment avec les atomes qui s'y trouvent et se désintègrent en formant toute une gerbe de particules diverses et variées et d'énergie encore très élevée, parmi lesquelles ces muons. À l'inverse des rayons cosmiques qui leur ont donné naissance, les muons ont la propriété de très peu interagir avec l'atmosphère qu'ils peuvent donc traverser sans dommage… jusqu'au niveau du sol, soit des kilomètres plus bas que la zone où ils ont été produits, c'est-à-dire à une distance largement supérieure à celle qu'un objet d'une espérance de vie de 2,2 millionièmes de seconde devrait pouvoir parcourir. La réponse à ce paradoxe – qui donc n'en est pas un – réside dans ce double phénomène de dilation des durées et de contraction des longueurs consubstantiel à la relativité restreinte : pour un observateur situé à la surface de notre planète, le temps « vécu » par ces muons très rapides semble s'écouler plus lentement, leur conférant une espérance de vie rallongée d'autant, suffisante pour atteindre le sol ; pour ces derniers, c'est la distance qui sépare la haute atmosphère du sol qui se trouve diminuée, ce qui leur permet d'atteindre la surface de notre planète dans le temps imparti. C'est le premier de ces deux phénomènes qui fut vérifié dans une série d'expériences réalisées au début des années 1940 par le physicien américain d'origine italienne Bruno Rossi (1905-1993). Il put ainsi mesurer avec une excellente précision pour l'époque à la fois l'énergie de ces muons et la décroissance de leur flux à mesure que l'altitude diminue, puis en déduire à la fois la masse de ces muons et le fait que leur espérance de vie en fonction de leur vitesse se trouvait rallongée suivant la loi prédite par les lois de la relativité restreinte des décennies plus tôt.

Nul ne peut dire comment Bergson aurait alors réagi s'il avait été témoin de cette expérience. Mais en tout état de cause, pour les physiciens, la situation est très différente. Aussi révolutionnaires que soient les idées d'Einstein, les raisonnements que le savant expose sont limpides et ne laissent guère de place à l'hypothèse qu'il est dans l'erreur, sans même devoir attendre 35 ans et la vérification de Bruno Rossi. Si tant est que ses deux autres articles ne l'avaient pas déjà fait, ce nouveau texte assure à son auteur une renommée internationale dans le monde académique. Mais curieusement, Einstein n'obtient pas immédiatement un emploi dans le monde universitaire et il continue de travailler comme si de rien n'était au bureau des brevets jusqu'en 1908, date où il va (enfin!) obtenir à l'université de Berne un poste de *Privatdozent* (soit le plus bas niveau dans la hiérarchie universitaire), lui donnant le droit d'enseigner à l'université… mais sans garantie de salaire: avec ce statut, la rémunération de l'enseignant est exclusivement celle que veulent bien lui accorder ses étudiants, rien de plus. Fort heureusement, il obtient un an plus tard un poste universitaire plus décent à Zurich avant de naviguer d'université en université en fonction de ses préférences personnelles et de l'intérêt des offres qui lui seront faites. Mais avant cela, il lui faut déjà clore cette année 1905 en découvrant la plus célèbre de toutes les formules scientifiques. Il s'agit donc, vous l'avez deviné, de la fameuse $E = mc^2$.

CHAPITRE 7

ET DONC… $E = mc^2$

Nous voilà donc au dernier chapitre de cette folle année. En expliquant que le temps ne s'écoule pas de la même façon pour tout le monde, Einstein ne fait que dégrossir les lois de la relativité restreinte. Il n'a pas le temps d'en tirer toutes les conséquences, chose qui sera faite dans les années suivantes par lui et quelques autres chercheurs dont Hermann Minkowski (1864-1909). C'est à ce dernier du reste et non à Einstein que l'on doit le terme d'« espace-temps » pour désigner l'entité qui découle de la relativité restreinte : l'espace et le temps ne sont pas des entités indépendantes et immuables, mais forment un tout qui ne peut être séparé en deux notions distinctes, une conclusion qu'il résumera en 1908 dans une phrase célèbre, aussi pertinente qu'élégante : « L'espace en lui-même, le temps en lui-même, sont condamnés à s'évanouir telles de simples ombres, et seule une sorte d'union des deux préserve une réalité indépendante. » Mais fin 1905, de nombreuses conséquences de la relativité restent à explorer et c'est l'une d'elles qu'Einstein met à jour dans un article au titre un peu abscons pour le profane (comme souvent) : « L'inertie d'un corps dépend-elle de son contenu en énergie ? ». Passons le titre, la première phrase est déjà plus lisible : « Les résultats [...] publiés par moi récemment dans cette revue scientifique mènent à une conclusion intéressante que je vais détailler ici. » Allons voir de plus près cette « conclusion intéressante »...

Ce qu'Einstein va détailler, c'est la conséquence dans le cadre de sa nouvelle théorie de ce qui est appelé depuis trois siècles le principe de relativité. Ce principe est l'œuvre de Galilée qui, en s'interrogeant sur l'existence ou non d'un mouvement de la Terre autour du Soleil, contredit des arguments donnés par Aristote censés prouver que la Terre est immobile*. Il fait remarquer que si vous êtes à fond de cale dans un bateau, il vous est impossible de savoir si le bateau est immobile (amarré au quai, par exemple) ou en train de voguer à vitesse constante, poussé par le vent. Si le bateau change de vitesse (parce qu'il a heurté un obstacle, par exemple) vous le ressentirez, mais tant que sa vitesse est constante, vous ne saurez pas déterminer s'il est ou non immobile par rapport

* Voir *Pourquoi la Terre est ronde.*

au rivage ni dans l'affirmative à quelle vitesse il se déplace par rapport à lui. En termes techniques, Galilée dit qu'il n'existe pas de moyen de détecter une sorte de mouvement « absolu » des objets par rapport à un hypothétique espace de référence. Les mouvements ne peuvent donc s'interpréter que *relativement* les uns aux autres. Cette idée avait accompagné tous les développements de la physique depuis lors... jusqu'à ce que les équations de Maxwell laissent à penser qu'il existait en fait un espace absolu, celui de l'éther sur lequel s'appuyaient les champs électriques et magnétiques dans leur propagation. *Que nenni*, répond Einstein une quarantaine d'années plus tard, l'éther n'existe pas, et il n'y a pas d'espace absolu. Il remet ainsi ce principe de relativité à sa juste place et réaffirme un résultat fondamental déjà énoncé par Galilée, à savoir qu'un objet soumis à aucune force est animé d'un mouvement de vitesse et de direction constantes, tant en valeur qu'en direction – un mouvement rectiligne et uniforme selon la terminologie des physiciens. C'est à ces considérations remontant à près de trois siècles que le terme de « relativité restreinte » doit son nom : « relativité » parce qu'il n'existe pas d'espace absolu (ni de temps, ajoute Einstein) et « restreinte » parce que les travaux d'Einstein ne considèrent que certaines situations, en ne prenant pas en compte par exemple les phénomènes gravitationnels. Mais c'est une autre histoire, qui sera abordée un peu plus loin dans cet ouvrage. Pour l'instant, à l'automne 1905, Einstein constate qu'en démontrant que l'écoulement du temps et la perception de l'espace ne sont pas des notions absolues, alors l'expression mathématique que faisait Galilée de ce principe de relativité méritait d'être réexaminée et éventuellement amendée. C'est dans ce contexte qu'il fait une de ses plus célèbres « expériences de pensée », comme il les appelait.

L'idée d'Einstein est un poil plus complexe que ce qui va suivre, mais on peut en décrire les conséquences avec une situation plus commune. Supposez que vous disposiez d'un canon et que ce canon lance un projectile dans une direction. Supposons que le système qui propulse le boulet ne soit pas une réaction chimique, mais un simple ressort, de sorte qu'il n'y a aucun gaz qui s'échappe du système lors du lancement, et donc aucune perte de matière dans le processus. Les lois de l'inertie, pressenties par Galilée et formalisées par Newton, disent que le canon va reculer dans la direction opposée à celle du projectile. C'est aussi le principe de la fusée : en éjectant à grande vitesse les gaz vers le bas, la fusée s'élève vers le haut. Chez les physiciens, on appelle cela la conservation de la quantité de mouvement. La quantité de mouvement, aussi appelée de façon plus imagée « impulsion », c'est ce qui détermine la difficulté qu'il y a à changer la vitesse d'un objet. Il est évident qu'il est plus facile par exemple de changer la direction d'une bille qui roule à 5 km/h que celle d'un train qui roule à la même vitesse : la quantité de mouvement dépend non seulement de la vitesse mais aussi de la masse de l'objet. Dire que la quantité de mouvement se conserve, c'est dire que partant d'un canon chargé et immobile, si le projectile part dans une direction (et donc acquiert de la quantité de mouvement), le canon va partir dans la direction opposée (car il doit être doté d'une quantité de mouvement opposée). Mais à ce jeu, comme il est plus massif, il reculera beaucoup plus lentement.

Complexifions un tout petit peu le problème et supposons maintenant que l'on accole deux canons dos à dos et qu'ils lancent simultanément deux projectiles identiques à des vitesses identiques mais dans des directions opposées. Cette fois les deux effets de recul des canons vont exactement s'annuler et ils vont rester immobiles. Par ailleurs, dans le processus, la masse du système formé par les deux canons et les deux projectiles est conservée (il en était déjà ainsi dans le cas d'un seul canon et d'un seul projectile). Autrement dit, les deux canons avant et après avoir lancé leurs projectiles respectifs auront exactement la même masse puisque aucune forme de matière n'a été perdue dans le processus. Jusqu'ici, rien de particulier ne se produit. Einstein envisage alors la même expérience, mais cette fois perçue du point de vue d'un observateur qui se déplace suivant un mouvement rectiligne et uniforme par rapport au canon. En un sens, il envisage une variante de l'expérience des voyageurs qui se déplacent dans le train : on remplace le train par les deux canons, et les projectiles remplacent des voyageurs qui se déplaceraient l'un vers l'avant et l'autre vers l'arrière du train. La principale différence est que les projectiles ne s'appuient pas sur le plancher du train comme le faisaient les voyageurs, mais à part ça, rien de radicalement nouveau. Pour Galilée et Newton, si on suppose par exemple que l'ensemble formé par les deux canons se déplace à 100 km/h par rapport à l'observateur et que les deux projectiles sont expulsés à 300 km/h par rapport aux canons, l'observateur, que l'on suppose se déplacer le long de l'axe défini par les deux projectiles, les verra se déplacer, l'un à 200 km/h dans un sens, l'autre à 400 km/h dans l'autre sens. En d'autres termes, les deux vitesses différeront de la vitesse de deux canons *de façon parfaitement symétrique*, puisque c'était déjà le cas quand les deux canons étaient immobiles. Mais Einstein comprend que dans le cadre de la relativité restreinte, ce ne sera pas exactement le cas : le fait que les temps de chaque projectile diffèrent entre eux et avec celui des deux canons, les vitesses ne seront pas distribuées *exactement* de part et d'autre de celle du canon. Mais connaissant ces vitesses et les masses en jeu, on peut calculer la quantité de mouvement de chacun des objets du système : celle de chaque projectile et celle des deux canons. Et comme la quantité de mouvement se conserve, on sait que leur somme est égale à celle de départ. La quantité de mouvement des deux projectiles est facile à calculer. La formule diffère légèrement de celle connue du temps de Galilée et de Newton, mais Einstein a démontré de combien dans son précédent article. Il n'y a donc aucun arbitraire à ce niveau. Cependant, la nouveauté arrive juste après : en soustrayant ces deux quantités de mouvement à celle de départ (l'ensemble des deux canons plus les deux projectiles avant le lancement, tous dotés collectivement d'une même vitesse de 100 km/h), on en *déduit* celle des deux canons une fois qu'ils ont lancé leur projectile. Or, comme je vous l'ai dit à l'instant, la quantité de mouvement d'un objet ne dépend que de deux choses : sa masse et sa vitesse. La vitesse des deux canons est connue : c'est toujours celle qu'ils avaient avant le lancement des projectiles, soit 100 km/h. Reste donc leur masse, qu'on déduit de la quantité de mouvement et de la vitesse. Et là, Einstein arrive à un résultat des plus surprenants : *la masse des canons a diminué* à l'instant où ils ont lancé leur projectile. Attention, à nouveau, il ne s'agit pas d'une perte de matière : c'est un système purement mécanique (des ressorts) qui a lancé les projectiles. La quantité de matière est donc *exactement la même*. Mais *pas* la masse.

L'expérience que fait Einstein est très légèrement différente de ce qui précède, mais peut-être encore plus saisissante. Au lieu d'imaginer que les projectiles tirés par les canons sont des objets dotés d'une certaine masse, il imagine que ce sont deux photons, particules sans masse dont il a lui-même prouvé l'existence il y a à peine quelques mois. Et il trouve exactement le même résultat : le dispositif qui a produit ces deux photons dans des directions opposées a vu sa masse diminuer. Et de combien ? Le résultat ne vous surprendra pas : la diminution de masse du système (que l'on va noter... m) est donnée par l'énergie des deux photons (que l'on notera E), divisée par la vitesse de la lumière (conventionnellement notée c) multipliée par elle-même (c fois c, qu'on note c^2, si vous vous souvenez de vos cours de mathématiques au collège). Autrement dit, $m = E / c^2$. Le Maître résume cette formule en une phrase, presque dénuée de signes mathématiques : « La masse d'un corps est une mesure de son énergie ; si son énergie change de E, sa masse change de la même façon de E / c^2. » Eh oui, l'immortel $E = mc^2$ *ne figure pas* dans l'article ! C'est $m = E / c^2$ qui est écrit ! Mais peu importe, cela veut dire exactement la même chose puisqu'il suffit de multiplier ou de diviser chaque membre de l'égalité par c^2 pour passer d'une formulation à l'autre. Einstein note aussi que, eu égard au fait que la vitesse de la lumière est très élevée, même une très grande variation d'énergie donne lieu à une minuscule variation de masse. Il précise donc qu'il faudra tester cela sur des corps « dont le contenu en énergie varie à un très haut degré », à savoir quelque chose qui produise à masse donnée énormément d'énergie. De tels objets sont connus depuis peu : ce sont les substances radioactives, notamment le radium que cite Einstein, découvert quelques années plus tôt par Pierre et Marie Curie (1859-1906, 1867-1934). S'il n'a pas encore de preuve de l'exactitude de son équation, il sait que cela va arriver bientôt.

CHAPITRE 8

LE FEU DES ÉTOILES

Le plus grand best-seller de la vulgarisation scientifique est un ouvrage de Stephen Hawking intitulé *Une brève histoire du temps* (1988). Dans cet ouvrage assez ardu qui traite des lois de la gravitation et de l'histoire de l'Univers, Hawking s'efforce de ne jamais donner d'équations. « À chaque équation que vous rajouterez, le nombre de lecteurs sera divisé par deux », lui aurait dit en substance (et à raison) son éditeur. Mais Hawking fera tout de même une exception à cette injonction : il gardera $E = mc^2$. D'abord parce que cette équation « ne compte pas ». En effet, tout le monde la connaît déjà. Ce n'est qu'un rappel, pas une nouveauté ! Mais plus fondamentalement, parce qu'il est vraiment difficile de parler d'astronomie sans faire appel de près ou de loin à cette équation. Car elle est omniprésente. Sortez de chez vous et levez les yeux au ciel. Qu'il fasse jour ou qu'il fasse nuit, vous allez voir cette équation en face. Car que vous voyiez les étoiles (la nuit) ou le Soleil (le jour), vous avez la preuve visuelle de cette équation: le Soleil et les étoiles brillent grâce à $E = mc^2$, et accessoirement la vie existe grâce à cette même équation.

Ce que dit $E = mc^2$, c'est que la masse peut représenter de l'énergie et que l'on peut transformer de la masse en énergie, beaucoup d'énergie, même. Pour les physiciens, l'énergie se mesure en joules. Une énergie d'un joule, c'est celle qu'il faut pour soulever de dix centimètres un objet d'un kilogramme (ou soulever d'un mètre un objet de cent grammes, etc., c'est le produit de la masse par la hauteur qui compte ici). C'est aussi l'énergie que vous pouvez récupérer si vous faites tomber ces objets de ces hauteurs. C'est le principe d'une centrale hydraulique: l'eau s'écoule du barrage vers la centrale en contrebas, et l'énergie qu'elle acquiert en tombant sert à faire tourner une turbine qui produit de l'électricité (via le phénomène d'induction découvert par Faraday, vous vous souvenez?). Utiliser une chute d'eau pour produire de l'énergie est simple et non polluant, et néanmoins assez peu efficace: si vous essayez de récupérer l'énergie d'un litre d'eau (correspondant à une masse d'un kilogramme) avec une conduite d'eau de 100 mètres de haut, vous ne récupérerez que 1000 joules, à peine de quoi faire marcher votre four micro-ondes à 1000 watts pendant... une seconde.

L'hydroélectricité ne marche que parce qu'on a beaucoup d'eau à disposition : un litre par seconde de cuisson de votre aliment favori si la hauteur du barrage est de 100 m.

Les énergies fossiles produisent leur énergie autrement, en effectuant une réaction chimique qui détruit le combustible, en général en produisant du dioxyde de carbone (ou CO_2) et de la vapeur d'eau, ainsi que divers autres résidus plus ou moins toxiques qui n'interviendront pas dans la discussion qui va suivre. À masse égale, l'énergie produite par ces réactions chimiques est considérablement plus grande que celle produite par un barrage. Le gaz naturel produit aux alentours de 50 mégajoules (c'est-à-dire 50 millions de joules) par kilogramme. C'est à la louche 50 000 fois plus d'énergie produite par unité de masse que l'hydroélectricité, mais bien sûr au coût de produire une masse de CO_2 environ trois fois plus grande que le gaz de départ et dont l'accumulation dans l'atmosphère est responsable de la catastrophe climatique à venir. Les autres combustibles fossiles sont un peu moins bons, mais du même ordre. Le charbon est aux alentours de 30 mégajoules par kilogramme, le bois un peu en dessous de 20. Quant au célèbre TNT, c'est un explosif très puissant, mais il est franchement moins bon : à peine plus de 4 mégajoules par kilogramme. Le chiffre vous surprendra peut-être car le TNT est associé à quelque chose de très violent, donc en apparence très énergétique. Mais il ne faut pas confondre l'énergie *totale* que l'on peut récupérer par une réaction chimique et le *rythme* auquel cette réaction va produire cette énergie. La combustion du bois, du charbon est lente car elle nécessite l'apport de l'oxygène de l'air pour se produire, et elle ne peut donc se faire qu'à la surface du combustible. Sauf à pulvériser celui-ci en poussière ou en fines gouttelettes (comme dans un moteur thermique), la combustion ne pourra se faire rapidement. À l'inverse, le TNT, ainsi que tout autre explosif, n'a pas besoin d'oxygène pour se consumer... car il en contient déjà. Grâce à cela, la réaction est bien plus rapide, plus violente donc, mais aussi moins efficace. Une des raisons tient à ce que l'oxygène nécessaire à la réaction est déjà contenu dans le réactif. Le TNT a un faible rendement parce qu'il est handicapé, si l'on peut dire, par le fait que cet oxygène fait déjà partie du bilan de masse, là où un carburant fossile quelconque « triche » en prélevant l'oxygène de l'air (raison pour laquelle la masse du CO_2 produit est supérieure à celle du combustible brûlé). L'autre raison est que le TNT ne contient pas assez d'oxygène pour que son autocombustion soit complète, aussi une partie du carbone qu'il contient ne réagit pas (ou pas instantanément).

Et $E = mc^2$ dans tout ça ? La formule nous dit immédiatement qu'un kilogramme de matière peut se voir associer une énergie de presque... cent millions de milliards de joules, un 1 suivi de dix-sept zéros, si vous préférez. C'est un chiffre incomparablement plus grand, presque deux milliards de fois plus que le gaz naturel. Il nous indique que les réactions chimiques sont bien peu efficaces pour produire de l'énergie en regard de la valeur ultime que représente $E = mc^2$, et ce résultat ouvre de nombreuses perspectives – il permet en particulier d'expliquer la source d'énergie des étoiles. Effectuons pour cela un petit retour en arrière à la fin du XIXe siècle. En ce temps où personne ne connaît $E = mc^2$, il y a une question essentielle que se posent les géologues et astronomes, et même des naturalistes comme Charles Darwin : quelle est donc la source d'énergie du Soleil ? La problématique est assez simple. Grâce aux lois de la gravitation, on connaît la masse du Soleil. Sa valeur ? Astronomique, bien sûr : 2 milliards de milliards de milliards de tonnes (un 2 suivi de 27 zéros, donc). Mais connaissant le flux d'énergie qu'il nous envoie, on peut calculer la puissance qu'il émet sous forme de lumière et de chaleur. Là encore, le chiffre est... astronomique : 400 millions de milliards de milliards de watts (un 4 suivi de 26 zéros). Ces deux chiffres sont très grands, mi-impressionnants, mi-abstraits même, mais en les combinant, on obtient un autre chiffre, bien plus commensurable et qui révèle un point essentiel. Si on divise le second par le premier, on détermine quelle est la puissance rayonnée par le Soleil par unité de masse. Verdict : 0,2 watt par tonne. Quand en cours de master un de mes professeurs, Jean-Pierre Chièze, avait mentionné ce chiffre, il avait ajouté, réprimant un sourire : « Vous prenez un gramme de Soleil, vous n'avez pas de quoi vous faire cuire un œuf ! ». Le résultat peut surprendre. Le Soleil est chaud, très chaud même : près de 5 500 °C en surface et bien plus au centre, aussi une tonne de matériau solaire, même en provenance de sa surface contient une quantité considérable de chaleur, donc d'énergie, largement de quoi se faire cuire un œuf et même quantité d'omelettes. Que signifient donc ces 0,2 watt par tonne ? Il ne s'agit pas de l'énergie *stockée* par le Soleil (qui est effectivement très grande, puisqu'il est très chaud), mais de celle qu'il *produit* chaque seconde pour maintenir sa température. Le Soleil est chaud donc il rayonne de la chaleur. Si rien ne se passait de plus, il se refroidirait « lentement » au sens astronomique du terme, à savoir en quelques dizaines de millions d'années. Pour le maintenir en température, il faut donc une source d'énergie qui produise à chaque seconde l'énergie qu'il perd en surface. On pourrait penser que la surface du Soleil étant immense, il faut beaucoup d'énergie pour le maintenir à température. C'est vrai, mais comme le Soleil est très gros, il est aussi très massif. À ce jeu-là, l'énergie à produire pour le maintenir à température augmente certes avec sa taille, mais l'énergie à produire rapportée à sa masse diminue. Par exemple, quand vous augmentez la taille d'un objet d'un facteur 2, sa surface augmente d'un facteur 4, mais son volume augmente encore plus vite, d'un facteur 8. À densité constante, le volume et donc la masse augmentent plus vite que la surface, et l'énergie à produire par unité de masse diminue, au point d'atteindre, pour le Soleil, ce chiffre finalement assez faible de 0,2 watt par tonne.

Ce chiffre signifie qu'à chaque seconde, il faut qu'une tonne de matériau solaire produise 0,2 joule pour se maintenir en température. Cela paraît bien peu, mais en fait c'est beaucoup. Supposons que le Soleil puise sa source d'énergie par des réactions chimiques. Celles-ci permettent de produire comme je l'ai dit au paragraphe précédent quelques dizaines de mégajoules par kilogramme, ou bien si l'on préfère quelques dizaines de milliards de joules par tonne. Si le Soleil régule sa production à raison de 0,2 joule par tonne et par seconde, il pourra briller pendant un temps donné par la quantité disponible (les dizaines de milliards de joules par tonne, disons vingt milliards) divisée par le rythme auquel il l'utilise (0,2 joule par tonne et par seconde). Résultat: cent milliards de secondes. En matière d'ordre de grandeur, une année correspond à 30 millions de secondes et donc un siècle équivaut à 3 milliards de secondes. L'espérance de vie du Soleil est donc de quelques milliers d'années tout au plus. Un tel résultat ravit sans doute les créationnistes qui prétendent que la Terre n'est âgée que de quelques milliers d'années, *dixit* la Bible, mais cela fait plus de deux siècles que les scientifiques ont trouvé à la surface de notre planète des traces de processus divers (fossiles, formations géologiques, etc.) qui indiquent que la Terre est, au bas mot, vieille de plusieurs dizaines de millions d'années. C'est de là que vient le paradoxe: on a la preuve que la Terre est au moins 1000 à 10000 fois plus vieille que l'âge du Soleil déduit de l'hypothèse qu'il produit son énergie avec des réactions chimiques. Mais de paradoxe il n'y a que si ce sont effectivement des réactions chimiques qui font briller le Soleil. Une source d'énergie bien plus efficace en termes d'énergie produite par une masse donnée permet d'augmenter d'autant l'âge de notre étoile. Et cette énergie, vous l'avez deviné si vous ne le saviez pas déjà, elle est donnée par la formule $E = mc^2$, qui va trouver sa quintessence en physique nucléaire.

La matière est composée d'atomes, nous a expliqué Einstein en 1905. Rapidement après, le physicien britannique Ernest Rutherford* (1871-1937) démontrait qu'ils étaient constitués d'un noyau, extrêmement petit (un millième de milliardième de millimètre), entouré d'une zone bien plus étendue où se trouvent des électrons. S'il est tentant d'imaginer que les électrons s'agencent autour du noyau telles les planètes autour du Soleil, l'image est fausse, les électrons étant difficilement localisables à un instant donné**. Mais peu importe, car ce sont les noyaux qui nous intéressent ici. Ceux-ci sont composés de deux types de particules, le proton et le neutron, les protons étant en nombre identiques aux électrons qui sont en périphérie. Les neutrons et les protons ont,

* Aucun lien de parenté avec le Daniel Rutherford du chapitre 2, découvreur de l'azote.

** C'est une conséquence des lois de la mécanique quantique qui régissent leur comportement autour des noyaux atomiques, voir chapitre 4.

eux, la capacité de se coller les uns aux autres afin de former ces noyaux atomiques. Cependant, toutes les configurations ne sont pas possibles. Pour un nombre fixé de protons, il ne faut ni trop, ni trop peu de neutrons. Ce qui détermine les propriétés chimiques d'un atome, c'est la configuration de ses électrons, elle-même dictée par leur nombre, identique à celui des protons du noyau. La nature d'un atome est donc déterminée par le nombre de ses protons, ce qu'on appelle numéro atomique. Ainsi, l'hydrogène est un atome à un proton, l'hélium possède deux protons, et ainsi de suite, jusqu'à l'uranium et ses 92 protons. Le proton et le neutron ont plusieurs propriétés assez proches. En particulier, leurs masses, nettement supérieures à celle de l'électron, sont assez semblables : respectivement 1836 et 1838,6 fois celle de l'électron. Pris isolément, le proton est une particule stable : il ne se transformera jamais spontanément en quoi que ce soit d'autre. En revanche, le neutron est une particule instable tant qu'elle ne se combine pas à d'autres protons et neutrons. En un peu moins d'un quart d'heure en moyenne, un neutron isolé se désintègre en un proton, un électron et une particule de masse négligeable appelée antineutrino.

En lisant cette dernière phrase, vous aurez peut-être froncé les sourcils pendant une fraction de seconde. Si cet antineutrino a une masse négligeable, alors le compte n'y est pas en termes de masse ! Comme on l'a vu précédemment, le neutron seul dépasse en masse ses produits de désintégration. Mais si je n'ai pas été trop maladroit, vous aurez compris où je veux en venir : si la masse a disparu, c'est en raison de l'inévitable $E = mc^2$, qui dit qu'elle a été *convertie en énergie*. Lors de la désintégration du neutron, l'électron et l'antineutrino sont éjectés à grande vitesse et sont donc dotés d'une certaine énergie (l'énergie cinétique dont j'ai déjà parlé). C'est elle qui compense la perte de masse. Si l'on essaie de faire un bilan à l'échelle macroscopique, l'énergie ainsi produite est gigantesque : à supposer que l'on dispose d'un kilogramme de neutrons (chose impossible à réaliser en pratique, mais peu importe), en attendant quelques heures que les plus coriaces d'entre eux finissent par se désintégrer, on recueillerait une énergie de... 127 millions de mégajoules, c'est-à-dire deux millions et demi de fois plus que ce qu'on peut tirer de la combustion d'une masse identique de gaz naturel. Le secret de la longévité du Soleil est là : avec une capacité énergétique des millions de fois plus grandes qu'avec de simples réactions chimiques, l'espérance de vie du Soleil ne se compte plus en milliers, mais en milliards d'années, suffisamment pour que la vie apparaisse, se diversifie et colonise toute la surface de notre planète. Le Soleil, les étoiles brillent et par suite la vie peut exister sur Terre grâce à $E = mc^2$.

Dans le détail, ce n'est pas la désintégration du neutron qui fait briller le Soleil, et pour cause : avec une espérance de vie de quinze minutes en moyenne, aucun neutron qui aurait été présent à la naissance du Soleil ne pourrait avoir survécu jusqu'à maintenant : une immense débauche d'énergie aurait été libérée en quelques heures, et puis plus rien. Ce qui concrètement fait briller le Soleil, c'est la *fusion* nucléaire entre plusieurs de ses constituants. Je vous ai dit tout à l'heure que les neutrons et les protons pouvaient se coller les uns aux autres. Ce terme de « collage » est bien sûr imagé, mais il signifie qu'une fois collées entre elles, ces particules nécessitent une dépense d'énergie importante pour être séparées. Or comme l'énergie est une quantité qui, à l'échelle microscopique, se conserve dans presque tous les cas, s'il faut dépenser de l'énergie pour les décoller, c'est que le processus de collage s'est accompagné d'une libération d'énergie. Cela ne veut pas dire que celle-ci se fait sans difficulté. Pour que neutrons et protons se rapprochent suffisamment pour se coller les uns aux autres, il faut qu'ils se déplacent très vite, c'est-à-dire (comme l'avait deviné Boltzmann, voir chapitre 4) qu'il fasse très chaud. C'est pour cela que ces processus nucléaires, comme on les appelle, ne se produisent pas à température ambiante, mais dans le cœur des étoiles. Il n'y a pas assez de place pour décrire le détail du fonctionnement des étoiles, aussi je me contenterai de vous donner le principal résultat*. Dans l'immense majorité des cas, ce qui fait briller les étoiles c'est la conversion de l'hydrogène en hélium. Plus précisément, partant de quatre protons et de deux électrons, on fabrique un noyau d'hélium-4, c'est-à-dire un noyau comprenant deux neutrons et deux protons. De façon schématique, par deux fois un électron et un proton fusionnent pour former un neutron, et les deux neutrons ainsi produits se joignent aux deux protons restants pour former ce noyau d'hélium-4. En pratique, les réactions ne se font pas dans cet ordre et se décomposent en plusieurs étapes, mais en termes de bilan de masse, c'est comme cela que les choses se passent. Au départ, les quatre protons et les deux électrons ont une masse combinée de 7 346 fois celle d'un unique électron. Celle du noyau d'hélium n'est pas égale à la somme de celle de ses constituants grâce à l'énergie produite

* Voir *Pourquoi le Soleil brille* de Roland Lehoucq, paru dans la même collection.

lors de leur fusion. Elle est finalement de 7 294 fois celle de l'électron. Le processus a donc fait diminuer la masse d'environ 0,7 %. C'est encore plus efficace que la désintégration du neutron, qui offrait un rendement environ cinq fois plus faible.

C'est cette fraction de masse perdue qui est convertie en énergie, et cela fait énormément d'énergie : à masse égale, c'est désormais douze millions et demi de fois plus que le gaz naturel, bien assez pour permettre au Soleil de briller pendant plus de dix milliards d'années. Le Soleil possède en fait suffisamment de matériau pour briller bien plus longtemps encore, mais il ne suffit pas que cette matière soit présente dans le Soleil pour être utilisable : il faut pour cela qu'elle puisse migrer vers le centre, seul endroit assez chaud pour que les réactions se produisent. Or si en surface la matière solaire « bouillonne » comme le fait l'eau dans une casserole en train de chauffer, il n'existe pas de tels mouvements à plus grande profondeur dans le Soleil. Une partie de la matière située en périphérie de notre étoile ne sera donc jamais utilisée. Mais peu importe, les dix ou douze milliards d'années dont il dispose à sa naissance sont bien assez pour permettre l'émergence d'êtres plus ou moins rationnels et raisonnables, capables de saisir les lois qui gouvernent ce monde et de comprendre que notre existence, et celle de toute forme de vie, n'est possible que grâce à $E = mc^2$, seule source d'énergie suffisamment pérenne pour offrir à la Terre l'éternité – ou peu s'en faut – pour que notre apparition soit possible. « Vous prenez un gramme de Soleil, vous n'avez pas de quoi vous faire cuire un œuf », disait M. Chièze, mais il ajoutait, non sans avoir pris le temps de constater avec malice l'effet qu'il avait produit : « La ruse, c'est qu'il y a beaucoup de grammes. » Et donc que la parcimonie du processus permet à l'énergie d'être produite pendant très longtemps. Comme on en aura besoin plus tard dans cet ouvrage (en l'occurrence à la toute fin du chapitre 18), je vous propose un dernier petit exercice de calcul. Prenez la puissance rayonnée par le Soleil, soit 400 millions de milliards de milliards de watts. C'est l'énergie produite par notre étoile en une seconde. Divisez ce chiffre par le carré de la vitesse de la lumière (exprimée en mètres par seconde, soit dans les 300 000 000) et vous obtenez à peu près le nombre de départ amputé de dix-sept zéros, soit 4 milliards. D'après $E = mc^2$, ce chiffre n'est autre que le nombre de kilogrammes dont le Soleil s'est allégé à chaque seconde, soit 4 millions de tonnes si vous préférez, un chiffre qui comme souvent en astronomie est à la fois énorme pour nos standards terrestres, mais ridiculement faible comparé à la masse du Soleil : même en dix milliards d'années, il est insuffisant pour diminuer sa masse de 0,1 %.

Et bien sûr, impossible de clore ce chapitre sans évoquer l'utilisation que l'Homme a faite de l'énergie nucléaire : l'énergie atomique et les armes atomiques. L'énergie contenue dans la matière est telle qu'une quantité très faible de combustible nucléaire peut libérer des quantités énormes d'énergie. Cela peut se faire de façon pacifique avec des centrales nucléaires, mais aussi tragique avec des armes nucléaires. Le principe dans les deux cas est le même, seule la rapidité avec laquelle l'énergie est libérée change : en plusieurs années dans une centrale, quasi instantanément dans le cas d'une bombe. La différence avec le Soleil est qu'on ne fusionne pas des noyaux entre eux (certaines armes le font, mais pas la plupart) ; on casse (fissionne) des noyaux lourds. Il existe très peu de noyaux atomiques permettant d'initier ce processus, le plus connu d'entre eux est l'uranium. En envoyant un neutron à grande vitesse sur un noyau d'uranium-235 (doté de 92 protons et 143 neutrons, d'où le chiffre de 235 qui représente la somme des deux), celui-ci se brise en plusieurs autres noyaux en émettant en prime trois nouveaux neutrons, qui vont eux aussi éventuellement briser d'autres noyaux d'uranium et ainsi de suite. C'est le phénomène de réaction en chaîne, qui ne se produit que si la concentration d'uranium-235 est suffisamment importante. Si ça n'est pas le cas, trop de neutrons s'évaderont et il n'y aura pas de réaction en chaîne rapide. Il faut donc une masse suffisamment importante d'uranium, et plus spécifiquement d'uranium-235, et ce dans un volume le plus petit possible. C'est là que se situe la différence entre une centrale et une arme nucléaire : dans le premier cas, la configuration du combustible nucléaire permet de fissionner les noyaux d'uranium avec parcimonie et de récupérer l'énergie des neutrons produits pour la convertir en chaleur puis en électricité. Dans l'autre cas, on produit une réaction en chaîne qui détruit instantanément l'ensemble des noyaux et libère l'énergie d'un coup, dévastant tout ce qu'il y a dans le voisinage. Et les chiffres, même s'ils n'ont plus rien d'astronomique, donnent ici aussi le vertige. La puissance d'une bombe est telle qu'elle est comparée à des milliers de tonnes – ou kilotonnes – d'équivalent TNT, autrement dit, on ne parle pas de la masse de combustible utilisée, mais de la masse équivalente en TNT qu'il faudrait pour produire autant d'énergie. L'efficacité (si l'on peut dire) de la fission de l'uranium est moindre que celle de la fusion de l'hydrogène. C'est environ 0,1 % de la masse qui est convertie en énergie: à partir d'un kilogramme d'uranium, vous obtenez 999 grammes de produits de fission, le gramme restant ayant produit, toujours d'après $E = mc^2$, une énergie de cent millions de mégajoules, soit l'équivalent de 25 000 tonnes de TNT, ou 25 kilotonnes. La puissance de la bombe d'Hiroshima? Aux alentours de 15 kilotonnes, soit un volume de TNT égal à celui d'un cube de 20 mètres de côté. L'immense dévastation qu'elle a produite, les 70 000 civils tués sur le coup, résulte, elle, d'une réaction en chaîne ayant fait intervenir seulement 600 ou 700 grammes d'uranium et de la disparition de moins d'un gramme de cette matière.

Afin de terminer ce chapitre sur une note moins sinistre, précisons que l'on peut convertir *intégralement* de la masse en énergie. Pour cela, il faut utiliser de l'antimatière. L'antimatière est une sorte d'alter ego de la matière. Il existe des antiélectrons, des antiprotons et des antineutrons. Leur masse est la même, mais s'ils entrent en contact avec de la matière ordinaire, ils s'annihilent en produisant (presque) uniquement de la lumière, c'est-à-dire des photons. La totalité de leur masse a donc disparu! La seule difficulté de l'entreprise, c'est qu'il n'existe quasiment pas d'antimatière dans l'Univers, et pour une raison très simple: toute particule d'antimatière qui aurait éventuellement été présente à la naissance de l'Univers aurait disparu depuis belle lurette, puisqu'elle aurait fatalement été en contact avec de la matière. Cependant, rien n'interdit d'essayer de fabriquer de l'antimatière. Et pour cela, il faut de l'énergie, beaucoup d'énergie, au minimum celle du $E = mc^2$ correspondant, et même plus que ça puisque si on peut produire un peu d'antimatière à partir de matière, le rendement ne peut être très élevé en pratique. Soyez donc sans crainte, aucun savant fou ou groupe terroriste fanatique ne fera jamais sauter la planète avec une terrible bombe à antimatière comme celle envisagée dans le livre *Anges et Démons* de Dan Brown: ces gens-là auront été ruinés par leur facture d'électricité bien avant! C'est du reste la raison pour laquelle dans le livre, la bombe à antimatière est dérobée au CERN, le plus grand centre mondial de recherche en physique des particules, qui peut effectivement fabriquer de (très) faibles quantités d'antimatière... et avec une consommation électrique annuelle fournie par des centrales nucléaires françaises voisines. Du $E = mc^2$ qui s'est transformé en du $E = mc^2$, donc!

CHAPITRE 9

SI $E = mc^2$, ALORS NEWTON AVAIT TORT

D'ordinaire, une théorie physique est construite pour rendre compte d'un phénomène qui n'a pas encore trouvé d'explication ou qui ne cadre pas avec les théories existantes. Mais dans tous les cas, on se base sur des phénomènes, des observations, des expériences. C'est ainsi à partir de l'observation des mouvements des planètes qu'Isaac Newton avait bâti ses lois de la gravitation, ou qu'Einstein a découvert la relativité restreinte, cette fois à partir de l'observation que la vitesse de la lumière est toujours la même.

Mais à l'issue de l'élaboration des lois de la relativité restreinte qui formaient en elles-mêmes un tout remarquablement cohérent, Einstein et sans doute nombre de ses contemporains remarquèrent que ces lois ne s'accordaient pas avec un autre édifice qui avait résisté à l'épreuve du temps : les lois de la gravitation universelle de Newton. La raison en est très simple : si rien ne peut aller plus vite que la lumière, alors il ne peut y avoir d'action instantanée à distance. Or les lois de Newton stipulaient que l'attraction gravitationnelle exercée par un astre (par exemple le Soleil) sur un autre astre (la Terre) était, à un instant donné, fixée par la position de ces deux astres au *même instant*.

Isaac Newton lui-même avait noté que ce point-là était insatisfaisant. Se pouvait-il que la position de la Terre influe sur la trajectoire d'une étoile située à des milliers de milliards de kilomètres ? Plus la distance était grande, plus cette affirmation devenait extravagante. Certes, la Terre est bien peu massive, aussi son influence gravitationnelle sur cette étoile lointaine est dérisoire. Mais elle existe. Sur le principe, cette expérience de pensée avait un côté choquant.

Du reste, ce n'était pas là, en 1906, le seul problème de la théorie de Newton. Car celle-ci a une formulation qui dépend de façon cruciale de la distance qui sépare les objets : si la Terre était deux fois plus éloignée du Soleil, elle serait quatre fois moins attirée par lui et ainsi de suite. Mais de quelle distance parle-t-on, au fait ? D'après Einstein, la notion de distance dépend de l'observateur. Alors quelle distance doit-on considérer ? Celle mesurée du point de vue du Soleil, parce qu'il est à peu près immobile dans le Système solaire ? Ou celle des planètes qui se meuvent autour de lui ? Voilà qui était fâcheux et qui, en tout état de cause, laissait à penser que les lois de Newton étaient inexactes ou incomplètes. Mais comment savoir comment les modifier, ou par quoi les remplacer ?

Pour la première fois dans l'histoire des sciences, les scientifiques étaient face à un problème dont la raison d'être n'était pas liée à une observation ou une expérience dont le résultat était en désaccord avec ce que l'on savait (ou que l'on croyait savoir), mais pour une raison purement formelle. Pour la première fois, donc, ils allaient devoir résoudre un problème alors qu'ils étaient plongés dans l'obscurité la plus totale. Et celui qui allait trouver la lumière serait celui-là même par qui l'obscurité était venue : Albert Einstein.

CHAPITRE 10

L'AUTRE RELATIVITÉ

La formule $E = mc^2$ est souvent associée à l'incarnation du génie et donc à Albert Einstein. Mais sans doute le savant lui-même ne partageait-il pas cet avis. Sa contribution à l'élaboration de cette formule résultait d'un heureux hasard. Alors que j'étais étudiant, je me souviens qu'un de mes enseignants avait attribué à Einstein la phrase suivante : « En 1905, les temps étaient mûrs pour que l'on trouve les lois de la relativité restreinte [et donc que l'on en déduise le fameux $E = mc^2$]. Elles auraient fini par être trouvées sans moi », aurait-il résumé. Et d'ajouter : « Mais pour la relativité générale, je suis moins sûr. » Malgré mes recherches, je n'ai pas réussi à authentifier cette citation, néanmoins il ne fait guère de doute que même s'il n'a pas dit les choses ainsi, Einstein les a certainement pensées. Car la grande œuvre de la vie du savant n'est pas cette formule si emblématique, ni même cette « année miraculeuse » que fut 1905 pour la science, non, cette œuvre – ce chef d'œuvre même –, c'est ce qu'il a dû trouver par la suite pour la réconcilier avec la théorie de Newton. Cette nouvelle théorie, qu'Einstein décida de façon peut-être peu heureuse de baptiser du nom peu éclairant de « relativité générale », l'occupa pendant huit ans, à partir de 1907 et jusqu'en 1915. Comme on l'a vu, cette quête se ferait dans le brouillard : aucune observation ne serait là pour le guider. De surcroît, il était impossible de deviner quels outils mathématiques allaient être nécessaires pour construire cette nouvelle théorie. Peut-être Einstein les connaissait-il déjà, et il lui suffisait de comprendre qu'ils détenaient la clef du mystère pour les mettre en application et construire sa théorie. Mais peut-être aussi ces outils, même s'ils existaient déjà, étaient inconnus du savant. La tâche s'annoncerait bien plus ardue dans ce cas : comment « deviner » qu'il était nécessaire d'utiliser des entités mathématiques dont il ignorait l'existence ? Pire encore, peut-être que les outils mathématiques nécessaires à la formulation de sa théorie attendaient encore d'être trouvés... et donc qu'Einstein comprenne quel type de mathématiques nouvelles il allait devoir développer pour résoudre le problème auquel il s'attaquait. L'histoire des sciences n'est du reste pas avare de telles situations : à la fin du XVIIe siècle, Isaac Newton avait dû inventer de nombreux outils mathématiques pour exprimer les lois de la gravitation universelle, et au début du XIXe siècle un Français, Joseph Fourier (1768-1830), avait lui aussi dû concevoir d'autres outils (par la suite nommés d'après lui les séries de Fourier) pour décrire cette fois les lois de la propagation de la chaleur. Dans les deux cas, les deux scientifiques avaient essuyé les plâtres : obligés de se familiariser avec des objets que personne ne connaissait avant eux, ils avaient dû ensuite convaincre leurs contemporains de la nécessité de maîtriser ces outils, et surtout qu'ils les avaient eux-mêmes maniés avec suffisamment de rigueur pour que leur adéquation à décrire le monde réel soit convaincante. Pour Einstein, il n'était pas à exclure que le problème qui l'occupait désormais allait lui causer les mêmes soucis...

Par où donc commencer ? En l'absence de support expérimental, il est difficile d'aborder un problème nouveau, aussi Einstein fut-il longtemps dans l'expectative jusqu'à ce qu'il réalise qu'il existait malgré tout un fait expérimental qui pouvait l'aider, mais un fait tellement banal que ni lui ni personne n'y avait guère prêté attention. Les lois de Newton sont légitimement appelées les lois de la gravitation universelle. Pourquoi *universelle* ? Parce que l'expérience montre que tous les objets tombent de la même façon dans le champ de gravité terrestre. Ce résultat est généralement attribué à Galilée, dont la légende veut qu'il l'ait établi en faisant tomber des objets depuis la tour penchée de Pise. Sans doute le récit est-il romancé car si Galilée a vécu du côté de Pise et a peut-être pensé à procéder ainsi, il a vite dû comprendre que la résistance de l'air affectait ses résultats. Plus vraisemblablement a-t-il réalisé ses expériences en faisant rouler des sphères de différentes compositions sur des plans inclinés. Il n'en demeure pas moins que si l'on prend suffisamment de précautions, il s'avère que tous les objets tombent de la même façon dans un champ de gravité. Une très belle illustration du phénomène fut donnée il y a une cinquantaine d'années par David Scott, un des astronautes américains de la mission Apollo 15. À la toute fin de son séjour lunaire, il profita des quelques minutes qui lui restaient pour tenter l'expérience, car la surface de la Lune s'y prêtait parfaitement: dénué d'atmosphère, notre satellite est l'endroit idéal pour étudier l'universalité de la chute des corps qui ne sont pas freinés par l'air ambiant. Or donc, David Scott se présenta devant la caméra (la séquence fut retransmise en direct dans le monde) avec, dans sa main droite, un marteau d'un kilo et 320 grammes lui ayant servi à ses prélèvements de roches lunaires, et, dans sa main gauche, une belle plume de faucon, allusion faite au nom du module lunaire *Falcon* qui l'avait amené sur la Lune. Après avoir rendu hommage au précurseur de l'expérience, Galilée, il lâcha, les bras tendus vers l'avant, les deux objets, qui accélérèrent de la même façon et tombèrent simultanément sur le sol. « Ce bon vieux Galilée avait raison », s'exclama l'explorateur dans une conclusion qui tenait de l'évidence : si ces objets étaient tombés à des vitesses différentes, cela aurait rétrospectivement impliqué que les trajectoires de la fusée Saturn V qui l'avait arraché de l'attraction terrestre, puis du module de commande qui l'avait amené jusqu'à la Lune, auraient elles aussi dévié des prédictions de la théorie de Newton… et David Scott se serait perdu dans l'espace interplanétaire, à moins qu'il ne se soit écrasé sur la Lune. En tout état de cause, l'expérience de David Scott reste visuellement assez déroutante : si les deux objets tombent à la même vitesse, la plume tombe étonnamment vite – pour une plume –, alors que le marteau tombe étonnamment lentement – pour un marteau. L'explication à ce double paradoxe est simple : tout d'abord, l'expérience se fait sur la Lune où le champ de gravité est faible. Les objets y tombent donc plus lentement que sur Terre, ce qui est le cas du marteau. Quant à la plume, en l'absence de résistance de l'air, elle tombe bien plus vite qu'une plume terrestre, quand bien même le champ de gravité y est plus important. Ces deux phénomènes contribuent à donner un côté presque irréel à l'expérience, comme pour l'ensemble des mouvements des astronautes ayant foulé le sol lunaire.

Soixante ans plus tôt, Einstein n'avait pas en tête ces images qui nous sont désormais familières de la vie dans l'espace. En fait, très peu de monde concevait concrètement comment un astronaute évoluerait en apesanteur. Par exemple, dans son livre *Autour de la Lune*, Jules Verne se trompe sur ce point. Quand il décrit le quotidien des trois voyageurs ayant pris place dans l'obus creux que l'on a envoyé vers la Lune, il s'imagine que près de la Terre, ils sentent l'attraction terrestre et donc qu'ils peuvent prendre pied sur la partie de leur habitacle qui est orientée vers notre planète, alors que quand ils approchent de la Lune, c'est vers la partie opposée qu'ils peuvent trouver un support. Le romancier s'imagine également à tort que ce n'est que pendant une brève période, celle où leur trajectoire approche du point où les attractions terrestre et lunaire se compensent exactement que les protagonistes se sentent réellement en apesanteur. En réalité, dès la seconde qui suit le lancement (fort brutal, du reste), les trois hommes auraient dû se trouver en état d'apesanteur.

C'est dès 1907 qu'Einstein réalise lors d'un événement assez anodin ce qu'il doit vraiment se passer en apesanteur. Tout le monde connaît l'anecdote de la pomme de Newton, que le savant vit tomber un jour de 1665 ou 1666 et qu'en un éclair de génie il réalisa être attirée par la Terre par le même phénomène qui faisait que la Lune restait en orbite autour de notre planète, mais on connaît moins le fait divers banal quoique tragique qui inspira Einstein : celui d'un couvreur de toit ou d'un peintre en bâtiment dont le journal qu'Einstein lisait racontait qu'il s'était tué en tombant du haut de la construction où il travaillait. Le savant réalisa à ce moment-là que pendant sa (brève) chute, l'infortuné artisan, bien qu'irrésistiblement attiré vers le sol, ne devait pas ressentir son propre poids : comme aucun support solide n'était là pour entraver sa chute, tout se passait pour lui comme si la Terre et son champ de gravité n'existaient pas. Il réalisa que si cet homme avait, en tombant, lâché ses outils, ceux-ci l'auraient néanmoins accompagné dans sa chute, à la même vitesse. En d'autres termes, selon ses propres mots, pendant sa chute, « cet homme a donc le droit de se considérer "au repos" »... et cela avant bien sûr de s'écraser sur le sol pour connaître un autre type de repos – éternel, celui-là.

Ne se souciant pas du destin tragique de cet homme qui venait de l'inspirer, Einstein fut fortement marqué par ces considérations. Un homme qui tombe vers le sol ressent la même chose qu'un homme qui se trouve isolé dans l'espace loin de toute masse. Considérons maintenant, poursuit Einstein, un explorateur dans une fusée (expérience hardie du temps d'Einstein, où de tels engins, quand on en avait construit, ne mesuraient pas un mètre de long et ne pouvaient emporter ne serait-ce que quelques kilogrammes). Si la fusée est au sol, l'homme ressentira son propre poids, c'est évident. Cependant, si la fusée fait fonctionner ses moteurs de façon à évoluer juste au-dessus du sol et sans bouger (à la façon d'un hélicoptère en vol stationnaire, donc), son pilote ressentira exactement le même poids puisque seul le support (le sol ou le plancher de la fusée) change. Mais entre une fusée qui comme le couvreur arrêterait ses moteurs et tomberait sur la Terre et la fusée en vol stationnaire, il n'y a qu'une seule différence : la poussée de la fusée n'est pas la même. Dans ce contexte, si on imagine cette fois l'astronaute dans sa fusée loin de la Terre, il ressentira les mêmes effets que celui qui fait son vol stationnaire s'il met en route les moteurs de sa fusée. Einstein va même plus loin : si la fusée n'a pas de hublots, il est impossible à l'astronaute qui est à l'intérieur et qui sent son propre poids de savoir si 1. la fusée est posée à la surface de la Terre; 2. elle fait fonctionner ses moteurs en restant en vol stationnaire au ras du sol: 3. elle fait fonctionner ses moteurs alors qu'elle accélère dans l'espace interplanétaire. Autrement dit, conclut Einstein, un phénomène purement *cinématique* (le mouvement de la fusée) est *indistinguable* d'un phénomène purement *gravitationnel* (la sensation de pesanteur). Et cette constatation est, comme le disait Newton, universelle: tous les objets ressentent le même champ de gravité, donc dans l'expérience de pensée de la fusée, peu importe qu'elle soit en bois, en métal, ou en quoi que ce soit d'autre: si la fusée imprime, à masse égale, la même poussée, sa trajectoire sera la même. Or, continue Einstein, le phénomène cinématique qui simule l'attraction gravitationnelle est de nature purement géométrique: il ne dépend que de la trajectoire de la fusée. Et c'est là qu'Einstein a l'idée qu'il qualifie de « la plus heureuse de toute sa vie » – une affirmation qui au vu du personnage ne saurait être prise à la légère! Si, dit-il, un phénomène cinématique, donc de nature géométrique, est indistinguable d'un phénomène gravitationnel, alors c'est – peut-être – la manifestation que *la gravitation est, intrinsèquement, un phénomène géométrique*! Voilà donc l'intuition géniale à partir de laquelle tout va se jouer : la gravitation n'est pas, comme les forces électriques ou magnétiques, une « force » qui agit *dans* l'espace. C'est une manifestation de la structure géométrique ou de propriétés géométriques *de* l'espace.

L'essence de la gravitation est là : ce que nous concevons comme une force exercée par la gravité est une manifestation d'un espace « courbé », ou « déformé » sous l'action de la matière. On peut résumer cela en une unique phrase : la matière dicte à l'espace comment il doit se déformer, et, en retour, l'espace déformé dicte à la matière comment elle doit s'y mouvoir.

On pourrait penser que l'intuition géniale étant passée, la suite en découlerait rapidement. Mais curieusement, c'est tout l'inverse qui se produit. Pendant quatre longues années, Einstein ne se consacre quasiment jamais à la gravitation. Y pense-t-il seulement ? Rien n'est moins sûr car rien dans sa correspondance privée ou avec ses confrères n'indique qu'il s'intéresse au problème. Son principal sujet de préoccupation est alors la mécanique quantique dont il a jeté involontairement les bases en 1905, à laquelle s'ajoutent bien sûr quelques autres articles remarquables comme celui sur un phénomène étonnant appelé l'opalescence critique... mais qui n'a absolument aucun rapport avec $E = mc^2$ et dont je ne parlerai pas faute de place. Ce n'est donc qu'en 1911 qu'il consacre toute son énergie à la gravitation. Car il est loin d'en avoir fini. Il lui reste désormais à résoudre la partie difficile du problème : traduire concrètement, rigoureusement, c'est-à-dire en termes d'équations, son idée directrice. Dans la double énigme qui se pose à Einstein (comment la matière déforme-t-elle l'espace et comment l'espace lui dit-il de se déplacer), la seconde est, de loin, la plus facile. Quand l'espace n'est pas déformé, la trajectoire qu'emprunte un objet soumis à aucune force pour aller d'un point A à un point B est la ligne droite. Si un espace est courbé – on peut prendre l'exemple d'une sphère, la Terre, sur laquelle nous nous déplaçons, ou, mieux, au-dessus de la surface de laquelle volent les avions –, le concept même de ligne droite n'existe plus. Bien sûr, on peut toujours dire que le plus court chemin pour aller de Paris à New York se ferait par un tunnel rectiligne qui traverserait notre planète plusieurs centaines de kilomètres sous l'océan Atlantique, mais si on impose que l'on reste scotché à la surface de la Terre (ou que l'on vole juste au-dessus si on est en avion), quelle est la meilleure approximation d'une « ligne droite » ? La réponse est en fait très simple : selon l'expression consacrée, le plus court chemin pour aller d'un point à un autre est la ligne droite. Ce principe (qui, pour le coup, résulte du bon sens) est celui que l'on va appliquer dans notre espace courbé : on va y remplacer le concept de ligne droite, qui a perdu son sens, par celui, toujours valable, de plus court chemin, que l'on peut toujours définir. Dans le cas de la Terre, c'est même très facile à mettre en œuvre. Pour déterminer le plus court chemin de Paris à New York, on va, sur un globe terrestre, planter une punaise sur chacune des deux villes et tendre un élastique entre les deux punaises, puis le laisser s'ajuster pour prendre la plus courte longueur. On constatera rapidement après quelques essais que le plus court chemin en question correspond à l'intersection entre la surface terrestre et le plan passant par le centre de la Terre et les deux villes. C'est, à quelques modulations techniques près, la trajectoire qu'empruntera un avion, la plus rapide et la plus économique. Bien sûr, si l'on visualise les choses sur une mappemonde, la trajectoire peut surprendre : pour aller de Paris à New York, pourtant plus au sud, la trajectoire la plus courte fait aller l'avion globalement vers l'ouest, mais aussi légèrement vers le nord après le décollage, passant au-dessus de la pointe sud de l'Irlande, pour, après traversée de l'Atlantique, toucher le continent américain du côté de Terre-Neuve, plus au nord de Paris. Ce n'est pas le plus court chemin sur la mappemonde ! Pour un trajet Paris-Tokyo, l'effet est plus marqué encore : bien que située plus au sud que New York, la capitale japonaise est atteinte le plus rapidement si l'on passe au nord du cercle polaire, au-dessus de la Russie. Déroutantes sur une mappemonde, car cette dernière donne à voir une représentation plane, et donc déformée, de la forme courbée de notre planète, ces trajectoires s'imposent comme une évidence si on dispose d'un globe terrestre et sont, assez logiquement, appelées des « géodésiques », mot tiré du grec *géodaisia*, qui signifie « arpentage ».

Trouver le plus court chemin entre deux points d'une sphère est relativement facile car la courbure de la sphère est la même partout. Mais sur une surface plus irrégulière, la tâche est un peu plus compliquée. Par exemple, le plus court chemin qui relie deux points d'un ballon de rugby n'est pas donné par l'intersection entre la surface du ballon et le plan passant par les deux points et le centre du ballon * ; il s'agit d'un problème qui avait été abordé depuis au moins la première moitié du XVIIIe siècle par un des plus grands mathématiciens de l'époque, Leonhard Euler

* L'auteur décline toute responsabilité quant aux ballons de rugby que les lecteurs ou lectrices abîmeraient, crèveraient, déchireraient en voulant vérifier ce point !

(1707-1783), et qui par la suite avait occupé plusieurs grands noms des mathématiques du XIXe siècle. Einstein était donc en terrain relativement connu et la formule mathématique qui permettait de calculer le plus court chemin entre deux points quelle que soit la forme de la surface sur laquelle ils se trouvaient était connue, du moins dans la plupart des cas. Mais restait l'autre problème : comment déterminer la façon dont la matière déforme l'espace ? Et pour commencer, quelles sont les quantités qui, concrètement, déterminent la « forme » d'un espace courbé ? Si on considère une sphère, il n'y a qu'une seule quantité qui intervient : c'est le rayon de la sphère. Mais dès que l'on a une surface plus compliquée (un ballon de rugby, par exemple), il faut plus d'un nombre pour cela puisque depuis un point donné la courbure de la surface n'est pas la même dans toutes les directions. De surcroît, conceptualiser une sphère est facile : c'est une surface courbée, que l'on va, en pratique, visualiser dans l'espace tridimensionnel dans lequel nous vivons. Mais si l'intuition d'Einstein est juste, c'est notre espace tridimensionnel lui-même qui est déformé, pas uniquement la surface de nos ballons, qui sont à deux dimensions. Et c'est même en réalité pire que cela : Einstein a démontré juste avant son immortel $E = mc^2$ que l'espace seul n'est pas une entité indépendante, il s'insère dans cette structure plus vaste qu'est l'espace-temps. Donc le temps doit, lui aussi, subir les effets de la déformation de la matière. Néanmoins, Einstein comprend vite quelques aspects de cette déformation temporelle, notamment un : le temps s'écoule plus lentement au voisinage des objets massifs. Si vous vivez dans votre cave, vous vieillirez un poil moins vite qu'au grenier, parce que vous serez un peu plus près du centre de la Terre. Mais n'espérez pas pour autant rivaliser avec les 122 années vécues par Jeanne Calment, la doyenne de l'humanité : deux personnes qui vivraient l'une dans une cave d'immeuble et l'autre au cinquième étage, soit vingt mètres plus haut, verraient leur horloge différer de bien moins d'un millionième de seconde au bout d'un an. Aussi infime qu'il soit à la surface de notre planète, retenez bien cet effet, vous en aurez besoin d'ici quelques chapitres. Voilà donc pour le temps. Mais pour l'espace, qu'est-ce que diable tout cela peut bien signifier ? On le comprend aisément ici, si c'est un phénomène courant (la chute des corps) qui avait donné à Einstein l'intuition d'une nature géométrique de la gravitation, l'intuition devenait rapidement inopérante pour décrire tout cela dans le détail. Seul le formalisme mathématique pourrait être d'un certain secours. Et ce formalisme-là, Einstein ne le connaît pas.

Pour la première fois de sa vie de scientifique, il va quérir l'aide d'un confrère, et aussi ami, comme l'était Besso. Il s'agit de Marcel Grossmann (1878-1936). Les deux hommes se connaissent depuis leurs études à l'ETHZ où ils étaient camarades de classe. À la différence d'Einstein, Grossmann est un mathématicien. C'est donc lui qui va le guider dans son apprentissage des outils géométriques qui vont être nécessaires pour décrire la gravitation en tant que déformation de l'espace-temps. Ces outils ne sont pas nouveaux. Ils ont déjà été défrichés par l'Allemand Bernhard Riemann (1826-1866) et l'Italien Gregorio Ricci (1853-1925). Mais la tâche est ardue et Einstein doit faire face à d'autres difficultés, personnelles celles-là. Il traverse une période compliquée de sa vie, marquée par le divorce d'avec son épouse Mileva Marić (1875-1948; elle aussi rencontrée à l'ETHZ) et la séparation d'avec ses enfants, restés avec leur mère. Pour toutes ces raisons, les deux hommes progressent lentement. Finalement, en 1914, Einstein cosigne avec Grossmann un article dévoilant les prémices de ce que sera sa nouvelle théorie, qu'il qualifie alors d'*Entwurf*, c'est-à-dire d'« esquisse ». Tout n'est pas finalisé, mais les concepts géométriques qui vont être nécessaires sont identifiés. À partir de ce moment-là, la réussite n'est plus qu'une question de temps. Toutefois, du fait de son manque (relatif) de maîtrise des outils mathématiques dont il a besoin, Einstein a encore quelques hésitations et il ressent le besoin de convaincre un autre confrère du bien-fondé de son approche. Cette fois, ce ne sera pas un ami, mais le plus grand mathématicien de son époque, David Hilbert (1862-1943). Les deux hommes échangent dans le courant de l'année 1915 sur les idées d'Einstein. Aux mois de juin et juillet de cette année, Hilbert invite Einstein à Göttingen, où il travaille, pour parler de sa théorie encore incomplète. C'est pour Einstein le moment de vérité intellectuel : Hilbert doit être convaincu. Et il le sera, au-delà même des espérances d'Einstein. « Je suis vraiment enchanté par Hilbert ! » résumera-t-il à un ami. Et l'enchantement est réciproque... au point que Hilbert se montre intéressé par travailler sur l'*Entwurf* d'Einstein. L'annonce le trouble au plus haut point : Hilbert, plus à l'aise que lui dans le maniement des outils mathématiques, ne risque-t-il pas de le devancer ?

D'enchanté, Einstein devient soucieux, inquiet même, d'autant qu'une autre échéance approche à grands pas : peut-être par excès d'optimisme, il a annoncé qu'il dévoilera sa théorie lors de quatre conférences qu'il donnera chaque jeudi de novembre à l'Académie de Prusse. S'ensuivent des semaines de travail aussi angoissées qu'acharnées, perturbées par ses problèmes personnels. À mesure qu'il approfondit son *Entwurf*, Einstein en découvre des défauts qu'il n'avait pas remarqués jusqu'alors, au point que lors de sa première conférence de novembre il n'a purement et simplement pas achevé les dernières étapes. Il gagne un peu de temps lors de cette première intervention, évoquant le cheminement qui l'a amené à orienter ses recherches vers cette interprétation géométrique des lois de la gravitation, mais concède qu'il n'a pas encore – à ce stade-là – trouvé la forme finale des équations. En ce mois de novembre, Einstein a une correspondance importante avec Hilbert. Dans un de ses courriers où il s'enquiert de l'avancée des travaux de son confrère, il peine à masquer son inquiétude qu'il ne le devance. « Ma curiosité perturbe mon travail ! », lui confesse-t-il. Il s'efforce de savoir où en est son confrère. Et il préfère annoncer à Hilbert qu'il a découvert des erreurs dans son *Entwurf* plutôt qu'attendre que Hilbert ne lui annonce les avoir trouvées. Tout ce qui peut attester de l'antériorité de ses réflexions est bon à prendre, même s'il s'agit de concéder des erreurs. De la même manière, dans une lettre adressée à Hilbert le matin de sa troisième conférence, Einstein indique : « Le système que vous proposez est tout à fait conforme – autant que je puisse en juger – à ce que j'ai découvert ces dernières semaines. » Ces trois derniers mots ne sont pas anodins. « Ces *dernières* semaines », c'est une façon de dire qu'il le savait déjà, pour l'avoir trouvé avant que Hilbert ne lui écrive...

En fait, il n'y a pas tant lieu de s'inquiéter. Hilbert ne prétend pas disputer à Einstein l'antériorité de quoi que ce soit. Il sait très bien que sans Einstein il n'en serait pas là. Mais tout chercheur préférera toujours s'amuser à explorer les idées communiquées par des confrères plutôt qu'attendre les bras croisés que ceux-ci ne leur fassent part de l'avancée de leurs réflexions. Aussi, il serait faux de dire qu'il n'y a pas eu de course effrénée entre les deux hommes. À ce jeu, c'est du reste Hilbert qui envoie le premier à une revue scientifique les bonnes équations qui découlent de l'*Entwurf* désormais corrigée (dans ce domaine, l'antériorité est donnée par la date où la revue reçoit un manuscrit et non celle de sa publication). Mais il ne le fait qu'après qu'Einstein eut lui-même trouvé ces équations – sans que l'on sache quand exactement Hilbert les avait lui-même trouvées – et surtout, après qu'Einstein se fut confronté au juge de paix astronomique de sa théorie : l'anomalie du mouvement de Mercure.

Si les lois de Newton sont inexactes comme Einstein le pressent, cela signifie qu'elles ne décrivent pas exactement les mouvements des corps soumis aux seuls phénomènes gravitationnels. Or depuis 1687 et la publication des équations de la gravitation universelle par Isaac Newton, elles le faisaient parfaitement, ou *presque* parfaitement. Dans les années 1840, deux astronomes, le Français Urbain-Joseph Le Verrier (1811-1877) et l'Anglais John Couch Adams (1819-1892) s'étaient attaqués à une anomalie dans le mouvement d'Uranus, la planète découverte soixante ans plus tôt par William Herschel (ne vous avais-je pas dit qu'on en reparlerait ?). « [...] Chaque jour Uranus s'écarte de plus en plus de la route qui lui est tracée dans les Éphémérides. Cette discordance préoccupe vivement les astronomes, qui ne sont pas habitués à de pareils mécomptes », expliquait ainsi Le Verrier en 1845 avec le style élégant des scientifiques de l'époque. Lui et Adams avaient tous deux acquis la conviction que cette anomalie pouvait s'expliquer s'il existait une huitième planète, plus éloignée encore qu'Uranus et qui en perturberait le mouvement. Car si le mouvement d'une planète isolée autour d'une étoile est facile à décrire dans la théorie de Newton, la présence d'autres planètes perturbe de façon faible mais subtile leurs mouvements respectifs. Leurs trajectoires restent très proches de celles qu'elles auraient en l'absence de leurs consœurs, mais n'en sont pas exactement identiques. Cet effet était déjà connu et observé pour les autres planètes du Système solaire, aussi le fait qu'Uranus ne se déplace pas comme attendu pouvait éventuellement trouver une explication de ce type et, c'est précisément ainsi que Neptune fut trouvée en 1846 par l'astronome allemand Johann Gottfried Galle (1812-1910) en une nuit d'observation, presque exactement à la position où Le Verrier lui avait indiqué qu'il pensait qu'elle se trouverait : « La planète dont vous avez signalé la position *existe réellement* », lui annonça-t-il [accentuation incluse]. « Le jour même où j'ai reçu votre Lettre, je trouvai une étoile de huitième grandeur, qui n'était pas inscrite dans l'excellente carte Hora XXI (dessinée par M. le docteur Bremiker), de la collection de Cartes célestes publiée par l'Académie royale de Berlin. L'observation du jour suivant décida que c'était la planète cherchée. » Ce succès remarquable sera résumé par l'astronome français François Arago (1786-1853) avec cette élégante formule : « M. Le Verrier a aperçu le nouvel astre sans avoir besoin de jeter un seul regard vers le ciel ; il l'a vu *au bout de sa plume.* » Fort de cet immense succès, Le Verrier s'attaqua à un autre problème, significativement plus ardu, à savoir l'étude du mouvement de Mercure, intrigant lui aussi. Avant d'être intrigant, il est surtout difficile à étudier, tant la planète est toujours, vue depuis la Terre, proche du Soleil, de sorte que sa position est difficile à déterminer avec précision. Malgré tout, Le Verrier y était parvenu en 1845, non sans efforts : « Nulle planète n'a demandé aux astronomes plus de soins et de peines que Mercure, et ne leur a donné en récompense, tant de contrariétés », écrit-il avec la même éloquence en introduction de l'ouvrage qu'il publie à ce sujet. Mais les efforts ne sont pas vains : en comparant les données recueillies sur ce mouvement à celui prédit par les lois de Newton tenant compte de l'influence des autres planètes, il avait soupçonné en 1845 puis confirmé en 1849 une infime anomalie. Infime certes, mais indiscutable, comme il l'explique : « Les incertitudes de nos Tables astronomiques méritent de fixer toute notre attention. Sans doute, elles sont peu considérables [...] mais en revanche elles existent partout, et leur petitesse ne nous oblige pas à les négliger. » Et d'insister peu après : « Tout écart décèle une cause inconnue, et peut devenir la source d'une découverte. » Qu'à cela ne tienne, vu que les anomalies du mouvement d'Uranus avaient été expliquées par la présence de Neptune, il pouvait tout simplement là aussi s'agir de la trace de l'influence d'une nouvelle planète, qu'il allait à nouveau découvrir « du bout de sa plume ». À l'issue d'un travail de dix ans qualifié par ses contemporains d'« herculéen », Le Verrier détermina en 1859 les caractéristiques de cette nouvelle planète. Moins massive et donc plus petite que Mercure, elle était située encore plus près du Soleil et, de fait, quasi indétectable. Rien de surprenant donc qu'elle n'ait pas été vue jusqu'alors. Néanmoins, elle devait être là, selon toute vraisemblance. Mais en science, l'histoire bégaie rarement à l'identique. Par précipitation ou par orgueil, Le Verrier alla même jusqu'à attribuer un nom à cette planète qu'il n'avait pas encore trouvée : Vulcain. Rien à voir avec la planète du célèbre M. Spock de *Star Trek* *, le nom fait référence au dieu romain des forges, un nom approprié pour une planète si proche du Soleil à la surface de laquelle doit régner une chaleur infernale pendant la journée. Depuis la Terre, Vulcain doit comme Mercure se coucher juste après le Soleil ou bien se lever juste

* Croyez-le ou non, j'aurai l'occasion de vous reparler pour des raisons tout à fait sérieuses du Vulcain de M. Spock, ou plutôt de l'étoile autour de laquelle il orbite, dénommée 40 Eridani.

avant lui, rendant son observation quasi impossible, aussi pour la voir fallait-il plutôt le faire... en plein jour. Deux possibilités pour cela : soit profiter que Vulcain passe devant le disque solaire, soit attendre une éclipse de Soleil. Dans le premier cas, on se fonde sur le fait que quand une planète orbite autour du Soleil à plus petite distance que la Terre, il se peut que cette planète passe exactement entre la Terre et le Soleil. À ce moment-là, on verra un minuscule point sombre sur le disque solaire, correspondant à la silhouette de la planète en question. Ces transits, comme on les appelle, sont rares : sept ou huit fois par siècle pour Mercure et moins de deux fois par siècle pour Vénus. Le second cas est plus simple : lors d'une éclipse de Soleil, la Lune cache le disque solaire. Il fait nuit en plein jour et on peut voir sans difficulté l'environnement immédiat du Soleil, et donc, éventuellement, une planète s'y trouvant, sans être ébloui par les lueurs de l'aube ou du crépuscule. Pendant une quinzaine d'années, Le Verrier incita les astronomes, professionnels comme amateurs, à rechercher « sa » nouvelle planète, mais mis à part une ou deux annonces jamais confirmées, tout le monde fit chou blanc et à sa mort en 1877 l'on se désintéressa peu à peu de cette hypothétique planète qui ne voulait pas se laisser voir. Pourtant personne ne contestait les calculs de Le Verrier. Au contraire, ils avaient été affinés par plusieurs autres astronomes, notamment l'Américain Simon Newcomb (1835-1909). L'anomalie était là, inexplicable, mais n'était pas, ou plus, perçue comme quelque chose d'important.

En 1915, Einstein n'est bien sûr pas de cet avis. Convaincu que la théorie de Newton ne pouvait être parfaitement exacte – puisqu'elle contredisait l'impossibilité d'une action instantanée à distance – il fonde de grands espoirs dans le fait que sa théorie à lui finirait par expliquer cette anomalie. Il fait plusieurs tentatives de calcul de la modification de la trajectoire de Mercure (et de toutes les planètes, du reste) dans le cadre de son *Entwurf*. Il apparaît assez clair que les modifications – si modifications il y a – seront plus importantes pour des objets plongés dans de forts champs gravitationnels, c'est-à-dire, dans le cas du Système solaire, pour des objets proches du Soleil. Voilà donc une bonne raison de considérer cette anomalie, présente chez la seule Mercure. Et quelque part aux alentours du 15 novembre 1915, il comprend enfin comment corriger son *Entwurf*. Il calcule aussitôt comment le mouvement de Mercure doit être corrigé dans ce cadre-là… et trouve un résultat exactement conforme à l'anomalie connue depuis plus d'un demi-siècle et peu à peu négligée !

À tort: elle vient ni plus ni moins de contribuer à révéler une nouvelle loi fondamentale de la Nature. Einstein ressent en cet instant ce qu'il qualifiera comme «la plus grande émotion de sa vie», une affirmation de poids de la part d'un si grand découvreur. L'affaire est dans le sac, il peut annoncer à l'Académie de Prusse les formules exactes qui décrivent la gravitation.

CHAPITRE 11

EXPERIMENTUM CRUCIS

Le but de la science est d'objectiver le monde qui nous entoure. Au niveau le plus fondamental, une théorie scientifique se doit donc d'expliquer la cause des phénomènes accessibles à nos sens ou à nos instruments. Mais les scientifiques sont exigeants, et expliquer les phénomènes que l'on connaît déjà n'est pas suffisant. Pour qu'une théorie nouvelle soit pleinement acceptée, il faut qu'elle *prédise* l'existence de phénomènes qui n'ont pas encore été observés, soit parce qu'on n'avait pas le moyen de le faire, soit simplement parce qu'on n'avait pas pensé que cela présentait un intérêt. Si ceux-ci finissent effectivement par être observés, cela assiéra définitivement la théorie. Sinon, elle sera reléguée aux oubliettes de l'Histoire. C'est le moment de vérité, ou l'*experimentum crucis* comme se plaisaient à l'appeler les savants anglais du XVIIe siècle, avec ce côté solennel des locutions latines qui sied à l'importance du moment.

Toutes les grandes théories scientifiques ont eu besoin de leur *experimentum crucis* pour passer à la postérité, quand bien même leur efficacité préalable à rendre compte du réel était déjà remarquable. Pour la théorie de Newton qui expliquait si bien les mouvements des planètes, il faudrait la tester sur d'autres voyageuses du Système solaire, en l'occurrence les comètes, seules autres membres connues de notre voisinage à l'époque. Ce sera avec la plus connue d'entre elles que le test décisif sera passé. Les comètes sont de petits corps constitués de roches, de glaces et de divers gaz. Elles se sont formées très loin du Soleil, là où la température est très basse. Là-bas, l'eau est donc à l'état solide, tout comme le monoxyde ou le dioxyde de carbone. La comète peut rester des milliards d'années très loin du Soleil, orbitant lentement autour de celui-ci sans jamais s'en approcher. Mais par le jeu de la mécanique céleste, certaines comètes peuvent voir leur vitesse légèrement modifiée alors qu'elles sont loin du Soleil, ce qui peut littéralement les amener à foncer vers notre étoile, qu'elles frôlent de près avant de repartir d'où elles sont venues. Cette nouvelle trajectoire les fait donc voyager en alternance très près et très loin de notre étoile. Quand elles sont proches du Soleil, l'eau qu'elles contiennent se réchauffe, et, dans le vide spatial, passe directement à l'état gazeux et s'échappe alors de la comète. Les molécules d'eau qui s'en éloignent lentement sont comme soufflées par le rayonnement solaire et forment cette magnifique queue si caractéristique de ces astres, et surtout très brillante. Une comète n'est donc visible que sur la petite portion de sa trajectoire où elle est suffisamment proche du Soleil pour que son eau soit vaporisée. C'est ce qui explique la rareté du phénomène.

Après la publication de la théorie de son illustre confrère, un astronome anglais, Edmund Halley (1656-1742), s'intéresse à une comète qu'il avait lui-même observée en 1682. À partir des relevés de la trajectoire de celle-ci sur la voûte céleste, Halley détermine que son mouvement est compatible avec celui d'un objet soumis aux mêmes lois de la gravitation énoncées par Newton. Il peut alors en tirer la période de cette comète : 76 ans. Il en déduit donc que cette même comète a dû effectuer d'autres passages près du Soleil en 1531 et 1607, dates qui s'avèrent correspondre à des années où diverses chroniques mentionnent le passage d'une comète. En particulier, une comète vue en 1607 a été décrite avec beaucoup de soin par Johannes Kepler (1571-1630), l'un des fondateurs du modèle héliocentrique et très bon observateur, aussi il ne fait guère de doute pour Halley qu'il s'agit bien de la même comète que celle dont il vient de calculer la trajectoire. Mais comme le test ultime est de prédire et non d'expliquer *a posteriori*, Halley indique que cette même comète devrait à nouveau revenir fin 1758 ou début 1759 et commencer à être observable dans la constellation du Taureau. Ses prédictions sont peu à peu affinées par les astronomes, notamment français, qui réalisent que la trajectoire de la comète va être altérée de façon subtile mais complexe par la présence des planètes du Système solaire, au premier chef desquelles Jupiter. C'est cela qui explique que l'intervalle entre ses passages de 1531 et 1607 ait été un peu plus long que celui entre les passages de 1607 et 1682. Et cette complication est particulièrement intéressante : tenir compte de ses effets sera un test d'autant plus fin de la théorie de Newton quand il s'agira de prédire avec précision le retour de 1758-1759. S'ensuit alors une compétition entre astronomes du milieu du XVIIIe siècle pour être le premier à la (re)découvrir. Fin 1758, le Français Charles Messier (1730-1817) croit avoir remporté cette course en observant une petite nébulosité proche de l'endroit dit, mais doit peu après se raviser : la nébulosité en question aurait dû se déplacer lentement sur la voûte céleste si elle avait correspondu à la comète, mais ça n'est pas le cas. Messier doit se résoudre à l'idée qu'il a découvert un autre objet sans rapport avec la comète... mais qu'il serait sans doute utile de cataloguer de façon plus systématique ces nébulosités afin d'éviter aux autres astronomes de prendre celles-ci pour des comètes. C'est ainsi que naquit le catalogue de Messier qui compte plus d'une centaine d'objets relativement faciles à observer, même avec des instruments modestes, et à ce titre souvent bien connus des astronomes amateurs. Certains de ces objets joueront un rôle important dans les histoires qui vont suivre, au premier chef desquels l'objet M1, le tout premier du catalogue, et qui n'est autre que celui que Messier a confondu avec la comète de Halley. Peu importe pour l'instant. Messier a échoué à retrouver la comète de Halley, mais peu après c'est finalement l'amateur allemand Johann Georg Palitzsch (1723-1788) qui gagne la course en observant la comète le jour de Noël 1758, au grand dam des astronomes français – fort handicapés par une météo capricieuse –, Charles Messier prenant, si l'on peut dire, la deuxième place en la découvrant indépendamment quatre semaines plus tard. Mais au-delà de la compétition, un peu vaine étant donné que la comète sera aisément visible pendant de nombreuses semaines au printemps 1759, l'important est bien sûr l'achèvement intellectuel remarquable d'avoir prévu correctement la trajectoire de la comète à son retour. Un des protagonistes, Alexis Clairaut (1713-1765) ne s'y trompera pas en affirmant à ce sujet: « Le retour de la Comète de 1682 dans le tems prescrit par la théorie Newtonienne, est un de ces événemens qui répandent la lumière sur la Physique, & qui font une époque dans cette Science. »

Pour ce qui est de l'électromagnétisme, l'*experimentum crucis* concernait bien sûr les ondes électromagnétiques: il fallait être capable d'en produire à l'aide de composants électriques et démontrer qu'elles se déplaçaient à la vitesse de la lumière. Ce fut Heinrich Hertz qui y parvint le premier en 1887 dans le domaine de ce qu'on appelle désormais les ondes radio de haute fréquence. Une petite dizaine d'années plus tard, l'Italien Guglielmo Marconi (1874-1937) faisait de même, mais là où Hertz avait séparé l'émetteur et le récepteur radio de quelques mètres, Marconi mettait au point des instruments plus puissants et plus sensibles permettant d'émettre et de recevoir des ondes radio à des kilomètres de distance, puis de part et d'autre de la Manche en 1899, de la Corse au continent en 1901 et, en décembre de la même année, de part et d'autre de l'Atlantique: les communications radio longue distance étaient nées, en même temps que la théorie de Maxwell était confirmée de façon remarquable.

Mais dans le cas de la gravitation newtonienne comme de l'électromagnétisme, ces confirmations furent réalisées à titre posthume : lors du retour de la comète qui porterait son nom, Edmund Halley était mort depuis seize ans et Isaac Newton depuis trente-et-un. De même, quand Hertz produisit les premières ondes radio, Maxwell était décédé sept ans plus tôt, ce qui teinte ces deux *experimentum crucis* d'une légère touche d'amertume : ceux qui avaient fait les prédictions décisives étaient morts sans avoir la certitude absolue d'avoir raison quand bien même cela allait dans le sens de l'Histoire. Un des nombreux charmes de la relativité générale est qu'elle aussi eut droit à son *experimentum crucis*, mais cette fois avec cette unité de temps et de personnes à nulle autre pareille dans l'histoire de la physique, tout cela par un jeu de coïncidences heureuses qui font parfois la beauté de la science.

L'histoire commence avant même qu'Einstein ne parvienne à finaliser les équations de sa nouvelle théorie. Vers 1911, il comprend que la lumière doit être sensible aux déformations de l'espace, et ce pour une raison assez simple. Pour Newton, les objets s'attirent entre eux du fait qu'ils possèdent une masse.

Mais, a démontré Einstein quelques années plus tôt, nous avons l'inévitable équation $E = mc^2$ qui nous dit que la masse est une composante de l'énergie, en conséquence de quoi ce ne sont probablement pas les masses qui s'attirent entre elles, mais les énergies, ce qui vaut pour les objets massifs... et les objets sans masse. Photon ou atome, tout va se trouver influencé dans sa trajectoire par n'importe quel champ gravitationnel. La lumière doit donc voir sa trajectoire déviée si elle passe au voisinage d'un astre et l'effet sera d'autant plus grand que l'on passe près du corps déflecteur et que celui-ci est massif. À ce jeu-là, et si on se restreint au Système solaire, c'est au voisinage du Soleil que l'effet sera maximal. Mais quand un rayon lumineux a été dévié sur sa trajectoire avant de frapper notre rétine, nous ignorons qu'il a effectivement subi une déviation, aussi notre interprétation du phénomène est-elle différente : pour nous, le rayon lumineux n'a pas été dévié et il provient de la direction opposée à celle qu'il emprunte après déviation. Autrement dit, comprend Einstein, ce phénomène de déviation de la lumière va se traduire par le fait que les objets dont la lumière aura été déviée ne seront pas à la place où ils se situent réellement, exactement comme c'est le cas pour la réfraction atmosphérique qui voit la lumière très légèrement déviée lorsqu'elle traverse des couches d'air plus ou moins denses, phénomène à l'origine des mirages.

Pour vérifier ce phénomène de déviation de la lumière, rien de plus simple... sur le papier. On choisit une zone riche en étoiles se trouvant sur le chemin de la trajectoire empruntée par le Soleil au cours de l'année, on en fait un cliché, puis on attend le moment de l'année où le Soleil arrive dans cette zone et on refait un cliché. Comme le phénomène de déflexion est d'autant plus fort que les rayons lumineux en provenance des étoiles seront passés proches du Soleil, le champ d'étoiles apparaîtra déformé suivant un motif précis. L'affaire est dans le sac, fin de l'histoire. Mais cette simplicité est trompeuse. Tout d'abord, l'effet est faible, très faible même : l'écart entre la position vraie et la position apparente des étoiles est des milliers de fois plus faible que la taille apparente du Soleil. Et puis, bien sûr, si le Soleil est sur le cliché, il fait jour et tout le monde sait bien que les étoiles ne sont pas visibles en plein jour ! Pour une raison très simple : l'atmosphère terrestre diffuse la lumière du Soleil, aussi le fond du ciel diurne est très lumineux et noie irrémédiablement le pâle éclat des étoiles lointaines. Irrémédiablement... sauf si quelque chose intercepte la lumière solaire *avant* que celle-ci ne soit diffusée par l'atmosphère. Un tel phénomène peut se produire de façon parfaitement naturelle et est connu depuis la nuit des temps : c'est une éclipse de Soleil, c'est-à-dire le moment où, par le jeu de la mécanique céleste, la Lune se trouve exactement entre la Terre et le Soleil. Si l'on a la chance d'assister à un tel phénomène, le disque solaire se fait en un peu plus d'une heure progressivement croquer par la Lune, donnant à voir un étonnant croissant de Soleil qui devient de plus en plus fin, jusqu'au moment de la totalité où il disparaît entièrement. Quand la Lune achève de cacher le Soleil, la luminosité baisse très brutalement et il fait nuit en plein jour. Dans cette atmosphère presque irréelle (quoique bien sûr tout à fait naturelle), les planètes et les étoiles s'allument fugacement durant le bref instant où la Lune cache complètement le disque de notre étoile – quelques minutes dans le meilleur des cas – à l'issue de quoi l'astre du jour émerge peu à peu de la silhouette de la Lune et reprend ses droits.

Pour tester la relativité générale, il suffit donc d'observer une région du ciel pendant une éclipse et cette même région quelques mois plus tard, de nuit, quand le Soleil ne s'y trouve plus. Mais la tâche est singulièrement compliquée, car si les éclipses ne sont pas intrinsèquement rares – il s'en produit le plus souvent une et parfois jusqu'à trois par an – toutes ne sont pas exploitables. En effet, la distance entre la Terre et le Soleil varie de quelques pourcents au cours de l'année et celle entre la Terre et la Lune de 10 % lors d'une lunaison. À cause de cela, même quand l'alignement parfait se produit, le disque lunaire est la moitié du temps trop petit pour cacher entièrement celui du Soleil. Et même quand il y parvient, seule une infime partie de la Terre peut en profiter : c'est une étroite bande de plusieurs milliers de kilomètres de long mais de seulement quelques dizaines de kilomètres de largeur que l'ombre de la Lune balaie en quelques heures. En conséquence, l'occurrence d'une éclipse en un lieu donné est rare, très rare, même : une fois tous les 300 ans environ. On peut ainsi prendre l'exemple de Paris. Les lecteurs et lectrices de plus de vingt ans se souviennent peut-être de l'éclipse totale qui avait traversé le nord de la France le 11 août 1999 le long d'une ligne allant de Fécamp, en Normandie, à Haguenau, en Alsace. L'éclipse était presque totale à Paris, mais pas tout à fait : le Soleil était occulté à 99 %, bien assez suffisant pour qu'il y fasse presque nuit, mais pas assez pour y voir des étoiles. Pour trouver la trace d'une éclipse totale sur la Ville Lumière (nonobstant la contradiction des termes en cette occasion), il faut remonter bien plus loin, au 22 mai 1724. L'éclipse était aussi totale du côté de

Versailles, et le jeune Louis XV (14 ans à l'époque) y assista depuis les jardins du Château et en fut, dit-on, fort impressionné. Quant à la prochaine éclipse visible depuis Paris, rares sont ceux et celles qui liront ces lignes et vivront assez longtemps pour y assister : ce sera le 3 septembre 2081. Et comme, cette fois-ci, la mécanique céleste est clémente avec les franciliens, il ne faudra pas attendre dix ans pour la suivante : elle aura lieu le 23 septembre 2090. Si vous ne voulez pas attendre aussi longtemps – ou alors si, selon toute vraisemblance, votre âge ne vous laisse guère d'espoir de vivre jusque-là –, ne perdez pas patience : il y aura d'ici quelques années deux éclipses visibles à deux pas de chez nous, en Espagne. La première aura lieu peu avant le coucher du Soleil le 12 août 2026 et, si vous n'êtes pas disponible ce jour-là (ou si la météo vous joue des tours), vous aurez une seconde chance moins d'un an plus tard, le 2 août 2027 dans l'extrême sud du pays. À choisir, préférez la seconde : elle durera bien plus longtemps.

Mais revenons en 1911. Albert Einstein est loin d'avoir finalisé sa théorie, mais il a compris que la lumière des étoiles doit être déviée par le Soleil et il pense savoir de combien. Pas d'éclipse en vue au-dessus de l'Allemagne dans les années à venir, mais il y en aura une dans quelques années en Europe et qui plus est en été où la probabilité de beau temps est meilleure. Car bien sûr, observer une éclipse dans de bonnes conditions n'est possible qu'avec une météo clémente. Les observateurs de l'éclipse de 1999 en gardent, pour beaucoup, un souvenir teinté de déception, le temps ayant été très majoritairement couvert ce jour-là dans le nord de la France. Toujours en 1911, un groupe d'astronomes anglais s'enquiert aussi de vérifier cet effet de déviation de la lumière lors d'une éclipse totale qui doit avoir lieu au Brésil l'année suivante, mais le mauvais temps est de la partie et les astronomes font chou blanc. Ce sont les premiers, mais pas les derniers... La même année, des Allemands s'organisent autour de Erwin Finlay-Freundlich (1885-1964) pour observer cette autre éclipse qui aura lieu quelques années plus tard dans un pays voisin. Arrivés sur place, tout semble se présenter pour le mieux, mais il n'en sera rien: la date de l'éclipse est le 21 août 1914 et le pays voisin est la Russie. Trois semaines avant l'éclipse, l'Allemagne et la Russie entrent en guerre et les savants allemands se trouvent, du jour au lendemain, des étrangers en territoire ennemi. Ils sont immédiatement capturés, leur matériel saisi et envoyé à l'observatoire de Saint-Pétersbourg qui ne le restituera que des années après la fin de la guerre. Les membres d'une expédition américaine installée non loin ne subiront pas l'injustice du conflit, leur nation étant alors neutre, mais ils échoueront, eux aussi, à faire des observations en raison de la météo, et en prime leur matériel leur sera confisqué.

Sur le plan purement scientifique, l'échec des tentatives d'observation des éclipses de 1912 et 1914 est rétrospectivement une très bonne chose car, à ce moment-là, Einstein n'a pas encore finalisé sa théorie et, s'il a prédit à raison que la lumière des étoiles lointaines doit être déviée par le Soleil, il n'a pas correctement calculé de combien. Des observations faites en 1912 ou 1914 auraient invalidé les prédictions alors incorrectes d'Einstein. Même si ce dernier aurait peu après corrigé ses erreurs, on aurait pu lui reprocher d'avoir ajusté sa théorie pour rendre compte de ces observations au lieu d'avoir prédit l'effet avant toute observation. Il n'y aurait donc pas eu d'*experimentum crucis*. Il n'y a pas d'éclipse totale en 1915 et une seule en 1916, mais n'offrant pas de conditions d'observation favorables, avec très peu de régions émergées traversées par la bande de totalité, celle-ci ne touchant terre qu'au nord de la Colombie et du Venezuela, peu accessibles depuis l'Europe en guerre ou même les États-Unis. Pas d'éclipse non plus en 1917, mais l'année 1918 en offre une *a priori* assez favorable car cette fois la bande de totalité traverse tous les États-Unis suivant un axe nord ouest-sud est, depuis l'Oregon jusqu'à la Floride. Les Européens étant happés par la guerre, ce sont cette fois les scientifiques américains qui voient l'opportunité de tester la théorie d'Einstein. Ils arrivent pour cela à se faire financer à hauteur de 3 500 dollars par le Congrès américain, une jolie somme pour l'époque. Comme l'ombre de l'éclipse se déplace d'ouest en est, le décalage horaire implique que l'horaire de l'éclipse est d'autant plus tardif que l'ombre se déplace. Quand l'ombre quitte le Pacifique pour survoler le continent nord-américain, on est déjà en fin d'après-midi et, quand l'éclipse atteint la Floride, elle a lieu au couchant, alors que le Soleil est très bas sur l'horizon, rendant les observations difficiles, voire inexploitables (vous verrez bientôt pourquoi). C'est donc au plus près de la côte Pacifique, en Oregon, que les conditions d'observation sont *a priori* les meilleures et c'est là que se rendent les astronomes américains, près de la petite ville de Baker. Malheureusement, le jour de l'éclipse, la météo est assez instable, alternant entre nuages (souvent) et éclaircies (rarement). Dans ces conditions, l'observation de l'éclipse se joue à quitte ou double : si le temps est mauvais en début d'éclipse, il y a bien peu de chances qu'il s'améliore pendant les deux petites minutes que dure le phénomène. Les astronomes américains en sont pour leurs frais : très nuageux avant l'éclipse, le temps semble se dégager comme par miracle en début d'éclipse, mais pas suffisamment pour pouvoir obtenir des clichés exploitables. Après 1912, 1914 et 1916, c'est donc le quatrième échec en autant de tentatives. Quand ça ne veut pas... Mais qu'importe, l'Histoire est en marche. Les éclipses sont suffisamment fréquentes pour que celle qui offrira de bonnes conditions d'observation arrive tôt ou tard.

Au mois de novembre 1918, la Grande Guerre arrive enfin à son terme. L'Europe peut commencer à panser ses plaies et se consacrer à des projets moins mortifères. Un astronome anglais, Arthur Eddington (1882-1944), veut même aller plus loin. Il aimerait que la science aide à la réconciliation des peuples, d'autant qu'il a un rapport particulier avec ce conflit. Il fait partie de la communauté des quakers, un groupe au départ d'obédience religieuse dont la vertu cardinale est la non-violence. Il n'a que 34 ans en 1916 quand la conscription devient obligatoire en Grande-Bretagne pour participer à l'effort de guerre. Étant objecteur de conscience, Eddington refuse de se faire enrôler et aurait dû être emprisonné pour cela, mais il en réchappe grâce à l'intervention de Frank Dyson

(1868-1939), directeur de l'observatoire de Greenwich et de ce fait titulaire du très officiel titre d'Astronome royal, une distinction certes honorifique mais qui lui confère néanmoins un certain pouvoir d'influence, suffisant pour protéger Eddington. Celui-ci échappe donc au pire, mais on imagine aisément que ses convictions sont ébranlées durant le conflit meurtrier qui endeuille l'Europe et le monde. Aussi, il voit dans la fin de la guerre l'occasion d'affirmer celles-ci. Et pour cela, quoi de plus symbolique pour un scientifique pacifiste que d'aller vérifier la théorie d'un savant du camp d'en face ? En fait, Eddington faisait partie de l'expédition anglaise de 1912. Il sait déjà que les éclipses peuvent offrir une vérification de la théorie d'Einstein. Il sait aussi avant même la fin de la guerre que ce dernier a finalisé sa théorie grâce à des échanges avec son confrère Willem de Sitter (1872-1934), néerlandais et à ce titre citoyen d'une nation neutre dans le conflit et donc en mesure d'échanger à la fois avec des scientifiques anglais et allemands. De son côté, Dyson comprend rapidement que la prochaine éclipse, prévue pour le 29 mai 1919, laisse entrevoir de bonnes chances de tester la théorie d'Einstein dans de bonnes conditions. Car si en principe n'importe quelle éclipse permet d'effectuer ce test, celle-là est très particulière.

Depuis l'Antiquité, les astronomes savent que les éclipses ne se produisent pas au hasard, mais qu'elles suivent un cycle appelé le saros. La raison de ce cycle ne relève en rien d'une quelconque volonté divine, mais de la mécanique céleste : la configuration Terre-Lune-Soleil se reproduit presque à l'identique tous les 6 585 jours et huit heures. Cela signifie que s'il y a une éclipse un jour, alors il y aura une autre éclipse 6 585 jours et huit heures plus tard. 6 585 jours correspondent à 18 ans plus 10 ou 11 jours, selon qu'il y a quatre ou cinq 29 février dans l'intervalle*. Un rapide calcul vous indique donc que s'il y a eu une éclipse le 11 août 1999, il y en a eu une 18 ans et 10 jours plus tard, soit le 21 août 2017. Mais du fait qu'il faut ajouter huit heures à ces 6 585 jours, la zone de la Terre où se situe l'éclipse se trouve décalée de huit fuseaux horaires vers l'ouest : la zone d'ombre de l'éclipse n'a pas traversé l'Europe, mais les États-Unis, où elle fut d'ailleurs observée par un nombre record de personnes. Quelle est l'importance de ce cycle ? En première approximation, la Lune décrit une trajectoire circulaire autour de la Terre, mais la réalité est plus complexe. La distance entre la Terre et la Lune varie

* Auxquels s'ajoute éventuellement un jour supplémentaire si les huit heures restantes font basculer au jour suivant.

au cours d'une lunaison d'environ 10 %. Plus la Lune est proche de la Terre, plus son disque occupe une zone importante sur le ciel et plus le temps pendant lequel elle cache le Soleil lors d'une éclipse est long. Ce point, combiné au saros, indique que si une éclipse est particulièrement longue, alors celle qui se produira un saros plus tard le sera aussi. À ce jeu, il n'y a qu'une ou deux éclipses vraiment longues durant un saros. Et par une heureuse coïncidence, la plus longue de toutes est pour bientôt : le 29 mai 1919. Elle est donc particulièrement adaptée à une vérification de la théorie d'Einstein. Car la brièveté des éclipses est ici un obstacle particulièrement redoutable au vu des moyens photographiques de l'époque. Plus l'éclipse est longue, plus le nombre de clichés que l'on pourra réaliser sera grand, plus leur temps de pose pourra être élevé, ce qui augmente d'autant les chances d'avoir des clichés exploitables et montrant suffisamment d'étoiles pour que leur déplacement soit détectable. Avec ses 6 minutes et 51 secondes, cette éclipse est la cinquième plus longue du XXe siècle, seulement dépassée par celles du 20 juin 1955 (la plus longue de toutes : 7 min 8 s), du 8 juin 1937 (7 min 4 s), du 30 juin 1973 (7 min 4 s aussi) et du 11 juillet 1991 (6 min 53 s). Je me suis permis de donner les dates exactes car vous pourrez aisément constater qu'elles sont toutes séparées les unes des autres d'un ou plusieurs saros : on dit qu'elles appartiennent toutes à la même série*. Eddington sait donc qu'il lui faudra attendre longtemps avant de trouver une configuration aussi favorable pour tester la théorie d'Einstein, d'autant que la mécanique céleste réserve une dernière surprise, particulièrement heureuse.

Pour tester la déflexion de la lumière par rapport au Soleil, il faut disposer du plus grand nombre possible d'étoiles situées en arrière-plan du Soleil, mais là encore la tâche est moins facile qu'il n'y paraît. Car au-delà de la surface de notre étoile se trouve une région appelée la couronne solaire. Elle est très peu lumineuse au point d'être totalement invisible en temps normal tant le disque solaire est aveuglant. Mais lors d'une éclipse, l'absence du disque permet l'observation de cette couronne solaire, conférant au disque solaire complètement obscurci un halo fantomatique qui donne au phénomène sa

* On peut même poursuivre le jeu : deux saros plus loin que le 11 juillet 1991 nous amènent... à l'éclipse du 2 août 2027 dont je vous ai promis qu'elle sera très longue : elle fait aussi partie de la même série, tout comme celle du 3 septembre 2081 déjà citée, qui sera visible depuis Paris. En fait, six des neuf plus longues éclipses du XXIe siècle font également partie de cette même série : dans bien des cas, la mécanique céleste ne laisse guère de place au hasard...

beauté unique, aussi saisissante qu'effrayante. Mais qu'importent ici ces considérations esthétiques, le point important est que la couronne solaire est suffisamment lumineuse pour que les étoiles situées en arrière-plan de celle-ci soient difficiles à observer, aussi est-il particulièrement important que certaines d'entre elles soient suffisamment brillantes. Or cette fois-ci une concentration significative d'étoiles plutôt brillantes va se trouver en arrière-plan du Soleil. C'est l'amas des Hyades.

Dans notre Galaxie, les étoiles naissent en groupe et au sein de zones relativement petites où se trouvent de grandes quantités de gaz appelées nuages moléculaires géants. Ces nuages, qui font tout de même plusieurs dizaines d'années-lumière de côté, comportent bien assez de masse pour former des dizaines voire des centaines d'étoiles. Quand les conditions de formation sont réunies, les naissances se font de façon quasi simultanée (à l'échelle cosmique, s'entend, soit en quelques millions d'années). Une fois les étoiles nées, les plus massives d'entre elles, qui sont aussi les plus lumineuses, soufflent le gaz qui ne s'est pas encore condensé en étoiles, laissant voir un groupe d'étoiles très proches les unes des autres en projection sur le ciel. L'amas des Pléiades (ou M45 dixit Charles Messier) est le plus connu d'entre eux. Il comporte six ou sept étoiles suffisamment brillantes pour être visibles à l'œil nu même dans des conditions d'observation moyennes et les observateurs les plus aguerris peuvent en distinguer plus d'une quinzaine. Les télescopes en révèlent des centaines d'autres. Par le jeu des interactions gravitationnelles entre étoiles, celles-ci finissent par s'éloigner les unes des autres. Ce qui détermine l'extension de ces amas d'étoiles, c'est donc leur âge. Les Pléiades sont un amas relativement jeune (un peu plus de cent millions d'années), et sont donc encore très proches les unes des autres. Les Hyades sont issues d'un amas cinq fois plus vieux et sont donc bien plus étalées sur le ciel, ce qui est un avantage pour l'éclipse de 1919 car, pour mesurer la déflexion de la lumière, il faut en pratique observer que l'écart qui sépare des étoiles dont la lumière a été plus ou moins déviée n'est pas le même que quand le Soleil n'est pas là. Avec un amas aussi étendu que les Hyades, ce sera chose plus facile que si l'éclipse s'était produite en avant-plan des Pléiades, plus resserrées. Ainsi cette éclipse n'est pas une éclipse comme une autre pour tester la théorie d'Einstein. C'est l'Éclipse, idéale, parfaite même, que le hasard de la mécanique céleste offre aux astronomes juste au sortir de la guerre.

Reste à organiser l'observation du phénomène. Cette fois, le cône d'ombre de la Lune va commencer à intercepter la Terre dans le Pacifique Est, non loin des côtes de l'Équateur. Il va ensuite traverser l'Amérique du Sud jusqu'au nord-est du Brésil, puis s'élancera au-dessus de l'océan Atlantique avant d'atteindre l'Afrique au niveau du Gabon, et enfin traversera le continent africain jusqu'au Mozambique. Plus le Soleil est haut dans le ciel, plus les conditions d'observation sont bonnes : l'épaisseur d'atmosphère est moindre, la probabilité qu'un nuage cache le Soleil l'est aussi et, surtout, les effets optiques gênants sont atténués. Car pour mesurer très précisément l'infime déplacement de la position des étoiles, encore faut-il que l'image qu'on en voit ne soit pas déformée par des effets purement terrestres, comme le fait que la lumière des étoiles est légèrement réfractée lors de sa traversée de l'atmosphère terrestre. Cet effet est poussé à l'extrême si on assiste à un coucher de soleil depuis un point d'observation parfaitement dégagé : quand le Soleil disparaît sous la ligne d'horizon, son disque prend parfois une forme assez aplatie à cause de la réfraction et, d'une manière générale, tant que la zone observée est basse sur l'horizon, elle se trouve très légèrement comprimée suivant un axe vertical. L'effet est en général imperceptible à l'œil nu, mais au niveau de précision nécessaire pour tester la théorie d'Einstein, la réfraction peut vite devenir délétère, aussi des observations alors que le Soleil est au plus haut dans le ciel sont-elles largement préférables.

Le point de la Terre où le Soleil est au plus haut pendant l'éclipse de 1919 est situé au beau milieu de l'océan Atlantique et est de fait inaccessible. Aussi les deux lieux d'observation les plus favorables situés sur la terre ferme sont ceux situés de part et d'autre de l'océan, c'est-à-dire là où l'ombre quittera le continent sud-américain, du côté de la ville de Sobral, au Brésil, et sur les côtes gabonaises. Mais l'éclipse offre en réalité un autre lieu d'observation un peu plus favorable car quelques centaines de kilomètres avant d'atteindre le continent africain, l'ombre va passer au-dessus du minuscule archipel de Sao Tomé-et-Principe, alors colonie portugaise. Comme le Brésil et Sao Tomé-et-Principe offrent des conditions d'observation *a priori* également favorables et comme rien ne garantit l'occurrence d'une météo favorable le jour J et à l'heure H, Eddington décide de monter deux expéditions. Il se rend à Sao Tomé-et-Principe avec son assistant Edwin Cottingham (1869-1940) à l'observatoire de Cambridge, pendant que deux confrères, Andrew Crommelin (1865-1939) et Charles Davidson (1875-1970) vont à Sobral. Qui dit deux équipes, dit deux instruments. Eddington et Cottingham empruntent une lunette de l'observatoire d'Oxford. Crommelin et Davidson se munissent de leur côté d'un instrument prêté par l'observatoire de Greenwich. Cet instrument a déjà été utilisé pour observer une éclipse en 1905, à une époque où l'intérêt du phénomène ne résidait pas dans la mesure précise de la position des étoiles mais dans l'observation de la couronne solaire. Eddington et Dyson sont donc relativement confiants dans les capacités de ces instruments à observer le phénomène de déflexion de la lumière qu'ils veulent mettre en évidence. Et surtout, ces deux instruments sont ce dont les scientifiques peuvent disposer de mieux eu égard au temps très court qu'il leur reste pour l'organisation de l'expédition, aux moyens financiers très faibles qui leur sont alloués (bien moindres que ceux dont disposaient les astronomes américains lors de l'éclipse de 1918) et au fait que ces instruments doivent être aisément transportables. Mais par sécurité, Crommelin, né en Irlande, a l'idée d'emmener avec lui un autre instrument, de taille bien plus modeste, une lunette dont l'objectif ne mesure que 10 centimètres de diamètre, prêtée par l'Académie Royale d'Irlande. Une sage précaution. Les deux expéditions prévoient d'arriver sur zone quelques mois avant l'éclipse, ce qui donnera à chacune le temps suffisant pour s'organiser. Il faut construire un abri pour installer le matériel afin de le protéger des intempéries les jours précédant l'éclipse ainsi que de la lumière et de la chaleur du Soleil juste avant l'éclipse. Idéalement, il faudrait que ce soient des abris construits en dur, mais le peu de temps disponible et les moyens financiers limités obligent à une solution bien plus rudimentaire : ce seront de simples tentes maintenues par des armatures en bois. Comme aucun des membres de l'expédition ne sait construire ce genre de structures, elles doivent être assemblées en Angleterre et emmenées en bateau avec le reste du matériel. L'observatoire de Greenwich compte parmi son personnel un charpentier, mais en novembre 1918, date du début des préparatifs pour l'éclipse, celui-ci n'a pas encore été démobilisé. C'est donc un ingénieur de l'école navale britannique qui est mandaté pour s'en occuper. Cela devrait faire l'affaire, quand bien même on est surpris, quand on regarde les photos de l'époque, par le contraste entre ces tentes rudimentaires et la sophistication du matériel qu'elles abritent. C'est donc avec cette collection hétéroclite de matériel dernier cri et de frêles charpentes de bois que les deux expéditions quittent l'Angleterre en mars 1919. Les quatre hommes répètent de nombreuses fois l'ensemble des manœuvres à effectuer pendant l'éclipse, là encore avec un mélange de technologie et de système D. Ainsi, à Sobral, les temps de pose seront mesurés... à l'aide d'un métronome dont un assistant indiquera à voix haute un battement sur dix. Car pas question de prendre un unique cliché. On en effectuera quelques dizaines pendant les sept petites minutes que dure l'éclipse, et bien sûr la brièveté du phénomène ne laissera aucune place à l'improvisation : il n'y aura pas de seconde chance. Du reste, quand à son retour Eddington sera interrogé sur comment était l'éclipse, il se contentera de répondre : « Je ne l'ai pas vue. » Non pas qu'elle n'ait pas eu lieu, mais simplement que le savant anglais était trop absorbé par sa tâche pour lui prêter attention. Une fois que tout est en place, il ne reste plus qu'à atteindre le jour fatidique et espérer que tout se passe bien.

Immédiatement après l'éclipse, deux télégrammes sont envoyés en Angleterre. « Éclipse splendide. Crommelin. » « Au travers des nuages. Optimiste. Eddington. » Mais en réalité tout ne s'est pas bien passé. Les deux expéditions se trouvent dans des zones équatoriales. Le temps y est chaud et humide et est à deux doigts de tout gâcher. À Principe la météo est pluvieuse jusqu'à 13 h 30, soit une demi-heure avant l'éclipse, et le ciel reste assez voilé au moment où elle débute. Eddington et Cottingham réalisent leurs clichés à l'aveugle pourrait-on dire, sans savoir si l'un d'entre eux sera exploitable. À Sobral, c'est un autre problème qui se produit. Lors d'une éclipse, la température baisse assez brutalement quand le Soleil cesse de chauffer la zone de la Terre occultée par la Lune et les optiques n'aiment guère les contrastes de température. L'instrument principal de Crommelin et Davidson s'en trouve défocalisé. Les étoiles sont toujours présentes sur les clichés, mais leurs images sont floues. Par bonheur, l'instrument de secours, plus petit et peut-être plus robuste à cet égard, fonctionne bien. C'est de lui que la vérité viendra. Après l'éclipse, les observations ne sont pas terminées. Pour déceler le déplacement des étoiles par rapport à leur position attendue, il convient d'effectuer les mêmes mesures, avec les mêmes instruments, mais de nuit. Pour cela, il est évidemment nécessaire d'attendre quelques mois, le temps que, du fait de la course de la Terre autour du Soleil, ce dernier ne se trouve plus dans la même portion de la sphère céleste que lors de l'éclipse. Mais ces clichés de comparaison, comme on les appelle, ne se font pas dans des conditions optimales. Au Brésil, la précarité de l'abri construit empêche de laisser en l'état les instruments. Ils sont donc soigneusement démontés pour y être remis à la mi-juillet afin d'effectuer les observations de nuit. À Principe, c'est encore pire. L'archipel est relativement éloigné des côtes africaines et l'annonce d'une prochaine grève de la seule compagnie maritime qui en assure la desserte amène Eddington et Cottingham à quitter l'île précipitamment peu après l'éclipse. Les clichés de comparaison se feront depuis l'Angleterre, dans des conditions moins proches de celles de l'éclipse, le montage optique ne pouvant être reproduit à l'identique* et les Hyades n'étant pas situées à la même hauteur au-dessus de l'horizon.

Une fois les clichés pris, lors de l'éclipse et ceux de comparaison, il faut déceler le fait qu'ils ne se superposent pas exactement puisque, lors de l'éclipse, le Soleil aura déformé la sphère céleste d'arrière-plan. Mais l'effet est petit, très petit même. La zone photographiée couvre une région en taille cinq à dix fois plus étendue que le disque solaire. L'écart dont les étoiles sont supposées dévier de leur position attendue est, lui, *au mieux* 1 000 fois plus faible que la taille dudit disque : si vous imaginez faire

* À titre d'exemple, la précision avec laquelle les plaques photos doivent être positionnées dans le système optique est de quelques centièmes de millimètre. Toute écart plus important dans le placement causera d'infimes distorsions dans les images et rendra impossible la détection de l'effet recherché de déflexion de la lumière.

une telle expérience de nos jours avec un appareil numérique, le déplacement serait donc d'un pixel pour une image de 5 000 ou 10 000 pixels de large mais en pratique il sera bien moindre pour des étoiles situées plus loin du disque solaire. Le déplacement doit donc être quantifié avec une précision bien meilleure que cela, ce qui dans le langage moderne veut dire qu'il faut plutôt mesurer la position exacte des étoiles avec une précision d'une fraction de pixel, sur une image qui, idéalement, couvre un champ relativement restreint et surtout gagnera à faire plus de 40 000 pixels de large : n'essayez pas de faire cela avec votre smartphone, ça ne marchera jamais ! Mais comment donc mesurer la position d'une étoile sur une fraction de pixel ? Grâce aux lois de l'optique qui nous assurent qu'une source de lumière ponctuelle comme l'est une étoile vue depuis la Terre va forcément devenir une tache un peu étalée sur la pellicule photo (ou un détecteur électronique moderne) après traversée du montage optique. Rien de surprenant à cela, ce n'est que la manifestation du phénomène de diffraction vu au chapitre 1 ! La position du centre de la tache peut donc être déterminée avec une précision meilleure qu'un pixel et, de la même façon, peut être déterminée très précisément sur une photo argentique si son négatif est suffisamment grand et le grain suffisamment petit, ce qui est le cas ici. Mais en pratique, c'est plus compliqué. Si l'étoile est brillante, la tache sera tellement étalée qu'il sera difficile d'en déterminer précisément le centre. Si l'étoile est trop peu brillante, son faible éclat sera pollué par la couronne solaire dont l'intensité n'est pas uniforme, et son centre sera là aussi difficile à déterminer. C'est la raison pour laquelle il est important d'effectuer plusieurs clichés, avec plusieurs émulsions photographiques différentes et des temps de pose différents : c'est là que réside toute la complexité des opérations à effectuer et le fait qu'une éclipse anormalement longue comme celle de mai 1919 est d'une aide très précieuse.

Le minutieux travail de comparaison dure plus d'un mois. C'est sans surprise le petit instrument de Sobral qui donne les meilleurs résultats. Le nombre de clichés réalisés avec celui-ci est moindre que pour les autres instruments, mais les images sont de meilleure qualité. On peut y mesurer les positions de 12 étoiles contre 5 pour les rares clichés exploitables de Principe.

CHAPITRE 12

CANONISATION

Les résultats des expéditions sont solennellement annoncés par Eddington le 6 novembre 1919, soit presque quatre ans jour pour jour après le début des exposés d'Einstein à l'Académie de Prusse. De nos jours, la présentation d'un résultat scientifique important se fait dans le cadre souvent banal et impersonnel d'une salle de presse. Un siècle plus tôt, c'est dans un environnement autrement plus solennel que l'Histoire s'écrit, à savoir dans les bâtiments historiques de la Royal Society, l'équivalent anglais de l'Académie des sciences en France. Parmi les prestigieux scientifiques qui en ont été présidents figure celui qui à ce moment-là est encore considéré comme le plus grand de tous, Isaac Newton. Et ce sont précisément les limites de la grande œuvre de sa vie qu'Eddington va délimiter. Car – Eddington en était convaincu avant même d'aller en Afrique le vérifier – les photos de l'éclipse vont montrer non seulement que la lumière est déviée par le Soleil, mais qu'elle l'est conformément à ce qu'a prédit Einstein quatre ans plus tôt. Pour Eddington, il n'y a en fait guère que trois possibilités. Premièrement, si on prend les lois de Newton au pied de la lettre, les objets s'attirent du fait qu'ils possèdent une masse. La lumière étant une entité sans masse, peut-être est-elle purement et simplement insensible à la gravitation et ne sera pas déviée lors de son passage près du Soleil. Deuxièmement, si on oublie que la lumière se déplace à une vitesse strictement constante comme l'a expliqué Einstein en 1905, alors le problème de sa trajectoire est le même que celui d'un objet de masse non nulle passant à grande vitesse auprès d'un astre. Il va faiblement accélérer à mesure qu'il s'approche du Soleil, être légèrement dévié au moment où il passera au plus près de l'astre et enfin repartir en décélérant pour retrouver sa vitesse initiale. C'est par exemple le genre d'effet que subiront plus de 60 ans plus tard les sondes Voyager lors de leur passage auprès des planètes géantes du Système solaire. Pour la lumière, bien plus rapide, la déviation qu'elle subit sera bien sûr beaucoup, beaucoup plus faible, mais elle ne sera pas strictement nulle. C'est ce que l'on peut appeler le traitement newtonien de l'action de la gravitation sur la lumière. La troisième option envisagée par Eddington est celle où l'on traite le problème par la théorie d'Einstein. La lumière sera aussi déviée, mais, disent les calculs, d'un angle double de celui du traitement newtonien. Arriver à mesurer que la lumière est déviée exclut la première option et arriver à déterminer la déviation avec une précision meilleure que 50 % devrait permettre de faire la distinction entre les options 2 et 3.

Le 6 novembre 1919, Eddington annonce que les clichés de son expédition révèlent que la lumière des étoiles a effectivement été déviée lors de son passage à proximité du Soleil. L'effet est infime, à la limite de ce que l'on peut mesurer, toutefois il a été détecté, certes avec une précision limitée – aux alentours de 25 % – mais suffisamment bonne pour exclure le fait que la lumière ne soit pas déviée du tout, ou qu'elle le soit de la même façon que des corpuscules massifs et très rapides le seraient conformément à la théorie de Newton. Les deux seules alternatives crédibles aux prédictions d'Einstein sont exclues, la théorie d'Einstein est la seule qui prévaut. Le parterre devant lequel Eddington s'exprime est très majoritairement composé de scientifiques, certes d'horizon divers, mais qui tous saisissent l'importance historique de l'annonce. Un des témoins, le mathématicien Alfred Whitehead (1861-1947), décrivit avec un rare talent ce moment unique : « L'atmosphère d'intense émotion fut exactement celle du drame grec. Nous formions le chœur qui commente les décrets du destin, tels qu'ils sont révélés par le cours de l'événement suprême. Il y avait une valeur de drame dans le très scénique, très traditionnel cérémonial avec, en arrière-plan, le portrait de Newton pour nous rappeler que la plus grande généralisation de la Science, venait, après plus de deux siècles, de recevoir sa première atteinte. Nul intérêt personnel ne se trouvait en jeu: c'est une grande aventure de la pensée qui venait d'aborder heureusement au rivage.»

L'annonce de la vérification de la théorie d'Einstein est reprise le lendemain par le célèbre quotidien londonien *Times*, sous le titre «Révolution en science – Une nouvelle théorie de l'Univers – Les idées de Newton renversées». Bien sûr, l'article n'est pas en une: un an après la guerre, il y a bien d'autres sujets jugés de plus grande importance par les rédactions. Mais il ne passe pas inaperçu. Trois jours plus tard, un autre article, américain cette fois, relaie la nouvelle, qui se répand alors comme une traînée de poudre. «La lumière [va] de travers dans les cieux», titre le *New York Times*, tout en précisant «mais il n'y a pas lieu de s'inquiéter» et surtout ajoutant «La théorie d'Einstein triomphe». C'est à ce moment-là que le nom d'Einstein devient connu du grand public. Jusqu'ici ses travaux pourtant révolutionnaires de 1905 ne lui avaient guère donné de visibilité en dehors du monde académique. Mais, grâce à l'expédition d'Eddington, tout change, à l'extrême même. Einstein ne devient pas seulement célèbre mais, selon les mots de son biographe Abraham Pais (1918-2000), il est littéralement «canonisé». Il devient instantanément l'incarnation absolue du génie scientifique, le synonyme de l'intelligence la plus aboutie.

Bien sûr, qui dit intelligence exceptionnelle de l'homme dit aussi... intelligibilité limitée de ses travaux. La relativité générale se nimbe immédiatement d'un halo de complexité extrême. En témoigne cette anecdote véridique : le jour où Eddington annonça ses résultats, un confrère lui demanda s'il était exact qu'il n'y avait que trois personnes au monde qui comprenaient cette théorie. Peut-être cet interlocuteur espérait-il qu'Eddington l'adoube en tant que troisième homme, mais après un temps d'hésitation, le timide Eddington répondit, dans un mélange d'humour et d'orgueil – nous y reviendrons – : «Je me demande bien qui est le troisième». Ça n'était déjà pas le cas à l'époque et ça l'est encore moins aujourd'hui puisque ce sont des centaines, voire des milliers d'étudiants et d'étudiantes de par le monde qui s'y familiarisent chaque année, néanmoins la relativité générale exerce sur qui prend le temps de s'y plonger une sorte de fascination toujours aussi persistante un siècle plus tard. En cause, sa nature géométrique profonde et sa façon si limpide, si évidente *a posteriori*, de lier des concepts géométriques au monde réel. Pour la plupart de celles et ceux qui en comprennent les détails techniques, ces lois sont dotées d'une « beauté », d'une « élégance » intrinsèques, elles dégagent quelque chose qui donne l'indéfinissable certitude qu'elles sont forcément exactes, qu'il est impossible qu'elles ne décrivent pas quelque chose d'une harmonie cachée du monde. Il n'est sans doute pas facile de vous faire partager le pourquoi de ce ressenti. Les lois physiques qui gouvernent le monde ne sont pas dotées de l'universalité de certaines œuvres d'art qui immédiatement saisissent tout un chacun, les profanes autant que les spécialistes. Cette splendeur admirable de la relativité générale se mérite, pourrait-on dire, puisqu'un cursus universitaire est nécessaire pour en saisir les subtilités mais le fait est que le sentiment le plus fréquemment partagé par ceux et celles qui la découvrent alors est celui d'une beauté étrange et abstraite qu'elle porte en elle. Bien sûr, il ne s'agit guère plus que d'une plaisante illusion : il n'y a pas de raison que les lois qui gouvernent notre monde se doivent de satisfaire un quelconque critère esthétique, néanmoins la combinaison de ce qui pour beaucoup est considéré comme esthétique et son adéquation à décrire les phénomènes lui confère un statut à part. Sa nature géométrique y est pour beaucoup, donc, mais le fait qu'elle soit le fruit du travail solitaire et acharné d'un seul homme en accentue considérablement l'aura... et par ricochet celle de son découvreur.

Du côté d'Einstein pourtant, ce jour de 1919 ne marque pas de rupture majeure. Tout d'abord, il a été informé dès le mois de septembre par Hendrik Lorentz (lui-même averti par Eddington) que l'éclipse avait confirmé ses prédictions. Le savant a donc eu le temps de se préparer à son annonce publique et à la probable célébrité qu'il connaîtrait alors. Mais plus fondamentalement, il était relativement confiant que ce type d'expérience confirmerait sa théorie. Un témoignage de première main vient confirmer cet état d'esprit. C'est celui d'Ilse Rosenthal-Schneider (1891-1990), qui se trouvait aux côtés d'Einstein quand il apprit la nouvelle du succès de l'expédition d'Eddington. « Comment auriez-vous réagi si l'expérience vous avait contredit ? Auriez-vous été déçu ? » lui avait-elle demandé, ce à quoi Einstein aurait répondu en souriant : « J'aurais été désolé pour Dieu. Car ma théorie est correcte. » Il ne faut pas voir là un excès de confiance ou d'arrogance de la part d'Einstein. À l'inverse, il était le premier convaincu que l'expérience était la seule juge des théories, comme en témoignaient ses inquiétudes que la sienne échoue à expliquer l'anomalie du mouvement de Mercure. Mais il avait compris qu'il était difficile d'imaginer qu'il existât d'autres lois de la gravitation, extrêmement semblables à celles de Newton et qui à la fois s'en distinguent pour expliquer l'anomalie du mouvement de Mercure tout en ne produisant pas la déviation de la lumière telle qu'il l'avait prédite. Pour lui donc, la vérification d'Eddington n'avait pas le même caractère décisif que l'explication de l'anomalie de Mercure.

Pour Einstein, cette notoriété s'accompagne de quelques désagréments. Son avis est sollicité sur tout et n'importe quoi, dans l'espoir chez certains de ceux qui l'interrogent qu'il se dise en accord avec leurs convictions. Quel plus bel argument d'autorité que l'imprimatur du plus grand des scientifiques ? Pour cette raison, Einstein est sans doute la personnalité à qui on a attribué le plus grand nombre de fausses citations, comme celle où il se dirait favorable à l'astrologie, une fable inventée... par des astrologues : on n'est jamais aussi bien servi que par soi-même. Les opinions politiques et religieuses d'Einstein sont également scrutées. Einstein est d'ascendance juive et a reçu une éducation religieuse. Il est donc particulièrement affecté par l'antisémitisme qui ronge l'Europe de l'entre-deux-guerres, ce qui l'amènera du reste à émigrer aux États-Unis en 1933 après l'accession au pouvoir de Hitler. Pour autant, il est fondamentalement athée, depuis ce jour où, raconta-t-il, il avait découvert la géométrie d'Euclide et s'était alors convaincu que la vérité n'était pas dans les textes sacrés. « Le mot Dieu n'est pour moi rien d'autre que l'expression et le produit des faiblesses humaines, et la Bible un recueil de légendes vénérables mais malgré tout assez primitives », écrira-t-il ainsi en 1954, peu de temps avant sa mort. Pour autant, son utilisation de certains termes pourra donner l'impression du contraire. En cause, par exemple, une de ses plus célèbres citations qui en version originale est « *Raffiniert ist der Herrgott, aber boshaft ist er nicht* ». Une traduction littérale en serait : « Subtil est le Seigneur, mais Il n'est point malicieux », mais il est important de comprendre que dans ce contexte, le Seigneur en question n'est autre que la Nature. « La Nature est subtile, mais elle n'est pas malicieuse », donc. Comprendre : les équations qui régissent le monde ne sont pas forcément simples, mais elles ne sont pas pour autant inutilement compliquées. S'il est un dieu pour Einstein, il est à rapprocher de celui imaginé par le philosophe néerlandais Baruch Spinoza (1632-1677) : un dieu impersonnel, ni créateur ni juge, sans rapport avec nous autres humains. Autrement dit, exactement ce qu'un scientifique appellera... les lois de la physique.

Pour toutes ces raisons, les voyages d'Einstein à l'étranger sont des événements aussi mondains que scientifiques. Sa visite de 1922 en France (où il aura cette brève passe d'arme avec Bergson, voir chapitre 6) est ainsi présentée par la presse comme « un événement sensationnel que le snobisme de la capitale ne veut pas laisser passer ». Einstein est donc sans surprise un des rares scientifiques à avoir subi l'inconfort d'être régulièrement suivi par des photographes qu'on n'appelait pas encore des paparazzi. Une de ses plus célèbres photos en garde d'ailleurs la trace. Elle date de mars 1951, le jour où il fêtait en petit comité ses 72 ans. Lassé des nombreux photographes qui le suivent et l'importunent, lui autant que les amis qui l'accompagnent, il se voit demander une énième fois de poser pour une dernière photo alors qu'il est déjà assis dans le véhicule qui va le ramener chez lui. Par effronterie, il décide de tirer la langue, un geste furtif mais saisi par l'un des photographes présents qui le publie dès le lendemain. Le cliché connaît immédiatement un succès planétaire et devient un des portraits les plus iconiques du grand savant. Car bien que non prémédité, ce geste contribue rapidement à renforcer son image d'esprit indépendant et anticonformiste. Du reste, Einstein, peu rancunier, en commandera plusieurs copies et en dédicacera un exemplaire à celui qui l'avait immortalisé ainsi.

Cette fascination pour Einstein ne s'atténuera pas à sa mort, bien au contraire. Sa moindre correspondance sera soigneusement archivée et tous ses faits et gestes passés au crible, le tout donnant l'impression d'une dévotion à son égard confinant parfois au culte religieux – un comble pour un athée ! À ce jeu, certains de ses manuscrits originaux se vendront aux enchères à prix d'or – près de 2,9 millions de dollars en 2018 pour la lettre adressée au philosophe Eric Gutkind (1877-1965) au sujet de son positionnement vis-à-vis de la religion, lettre dont est tiré l'extrait que j'ai cité plus tôt dans ce chapitre. On pourra considérer cet engouement mérité, voire légitime, mais il m'apparaît fort préjudiciable pour la perception que le public en retirera de ce qu'est la science. Le risque n'est pas négligeable en effet de la faire passer pour une affaire de stars dans laquelle la notoriété de quelques-uns prime sur leurs réalisations (sans parler de celles des autres). Avec en prime le danger de perdre de vue ce qui en est le moteur: faire progresser la connaissance.

Mais pour revenir à 1919, cette notoriété méritée provoquera chez certains quelques aigreurs, qui en fait couvaient depuis presque quinze ans. En cause notamment cette totale absence de bibliographie dans l'article d'Einstein de 1905 sur la relativité restreinte (voir chapitre 5). Certains aspects de ce qu'il y expose ont en partie été évoqués chez d'autres auteurs. C'est notamment le cas de FitzGerald et Lorentz, mais c'est aussi le cas d'un mathématicien français, Henri Poincaré (1854-1912). Ces trois hommes sont auteurs de plusieurs formules dont Einstein pourrait très bien s'être inspiré à l'époque. De plus, si on regarde le précédent article d'Einstein sur le mouvement brownien, on est frappé de voir qu'il n'attribue pas non plus à Louis Georges Gouy la paternité de l'idée que le mouvement brownien est peut-être lié à la nature atomique de la matière. Pourquoi donc Einstein n'a-t-il pas cité tous ces scientifiques ? À ces questionnements, il opposera une réponse des plus simples : tenu éloigné des universités, il ignorait purement et simplement l'existence de ces travaux, notamment ceux de Poincaré et Gouy, publiés en français, alors qu'il n'en maîtrisait guère la langue. Un épisode daté de 1907 est à ce titre particulièrement éclairant.

Cette année-là, Einstein, qui travaille toujours à l'office fédéral des brevets de Berne, est sollicité par le physicien allemand Johannes Stark (1874-1957) pour écrire un article de synthèse sur la relativité restreinte. Einstein accepte mais s'excuse presque de ne pas être en mesure de proposer une revue exhaustive de la littérature scientifique sur le sujet. « Je dois souligner que, la bibliothèque étant fermée durant mon temps libre [c'est-à-dire pendant qu'il ne travaille pas à l'office des brevets et peut se consacrer à ses recherches], je ne puis malheureusement pas considérer tout ce qui a été publié sur ce sujet. » Et de citer les quelques auteurs d'articles sur le sujet parmi lesquels figure Lorentz mais pas Poincaré. « Je vous serais très reconnaissant de me signaler, si vous en connaissez, d'autres publications qui me seraient utiles », termine Einstein. Les complotistes de tout poil y verront peut-être l'ultime preuve d'une froide duplicité de la part d'Einstein, mais cette hypothèse est immédiatement démentie par la réponse de son interlocuteur : « À part ces articles et ceux que vous avez indiqués, je n'en connais pas d'autres. » Autrement dit, même un physicien à temps plein comme Johannes Stark ne connaissait pas les travaux de Poincaré. La réalité est que l'histoire de Poincaré et de la relativité est celle d'un rendez-vous manqué.

Pourtant Poincaré fut l'un des plus grands mathématiciens de son époque (et qui reste assez injustement méconnu dans son propre pays), et il a écrit par bribes quelques-unes des formules qu'a découvertes Einstein en 1905. Mais la différence est précisément dans les deux termes que j'ai utilisés : ce qu'Einstein a découvert, il l'a compris, là où ce que Poincaré avait écrit, il ne l'avait pas compris, ou en tout cas n'en avait pas saisi toute la portée. Mort prématurément en 1912, Poincaré n'a guère eu l'occasion de discuter de relativité avec Einstein. Leur unique rencontre date de 1911, lors de la première édition du Congrès Solvay qui ambitionna pendant de nombreuses années de faire se rencontrer les meilleurs physiciens de l'époque pour discuter des grands problèmes de leur temps. Lors de sa première édition y participent bien des grands noms, dont plusieurs sont cités dans ce livre*. Lors des échanges entre Einstein et Poincaré, dont plusieurs ont été consignés, il apparaît assez clair que la signification profonde de la relativité échappe à Poincaré, ce qu'Einstein résuma ainsi : « Poincaré manifesta simplement une antipathie générale (à l'égard de la théorie de la relativité)

* En l'occurrence Hendrik Lorentz, Jean Perrin, Marie Curie, Max Planck, Arnold Sommerfeld, Paul Langevin, ainsi donc qu'Einstein et Poincaré.

et montra peu de compréhension pour la situation, malgré la vivacité de son esprit.» Sans doute à cause de cette mauvaise impression, Einstein tardera à rendre hommage à Poincaré en tant que précurseur de la relativité restreinte, lui préférant pendant longtemps Hendrik Lorentz.

Malgré tout, il restera quelques esprits chagrins pour douter de son honnêteté intellectuelle, au point de l'accuser purement et simplement de plagiat, une situation qui se répétera en 1915 en raison de ses échanges avec David Hilbert, dont Einstein, nous disent ces esprits perfides, aurait fait croire qu'il l'aurait devancé. Pour quantité de raisons, ces accusations ne tiennent guère la route et il existe une façon simple de s'en rendre compte: aucun des auteurs cités n'a publiquement fait part de doutes quant au fait qu'Einstein aurait commis quelque incorrection à leur encontre. À ce titre, l'attitude de David Hilbert quant à l'antériorité des travaux d'Einstein sera sans ambiguïté. «C'est Einstein qui a fait le travail, et non les mathématiciens», dira-t-il afin de clore tout débat à ce sujet.

Il n'en reste pas moins qu'Einstein sera parfois critiqué – à tort, donc – par divers commentateurs et, à ce jeu, tous les prétextes auront été bons. Pour les nazis, Einstein était trop juif et, pour les Français de l'entre-deux-guerres, il était... trop allemand. Car – c'est là un épisode bien peu glorieux de la science française – la France de cette époque n'est pas le pays le moins hostile aux savants d'outre-Rhin, et les travaux d'Einstein mettront bien des années avant d'être enseignés à l'université et reconnus autant qu'ils le méritent*, Paul Langevin dont j'ai eu l'occasion de parler au chapitre 6 étant un des rares scientifiques français à lui avoir immédiatement porté intérêt sans préjugé quant à son pays de naissance. Eddington sera du reste une victime collatérale de l'injuste acrimonie suscitée par Einstein auprès de ses malhonnêtes détracteurs. En cause bien sûr sa volonté de *vérifier* la théorie d'Einstein plutôt que de la *tester*: Eddington avait en son for intérieur une préférence évidente pour que le résultat de son expédition valide

* En guise d'exemple de l'hostilité qu'Einstein a pu susciter chez certains scientifiques français, on peut citer les propos du chimiste Pierre Duhem (1861-1916) qui un an avant sa mort crachait toute sa haine de la relativité et plus généralement de la «science allemande» comme il l'appelait avec un rare mépris. Il disait entre autres perfidies: «Il y a une science allemande; elle n'est pas simplement la collection de travaux accomplis par des scientifiques allemands; elle se distingue aussi, par un certain nombre de caractères, de la science des autres nations.» Et de poursuivre «[Le scientifique allemand] attachera de si près sa vue de myope au plus infime détail qu'il *deviendra incapable d'embrasser l'ensemble d'un seul coup d'œil et d'en saisir le plan.*» [Ndla: l'emphase est de moi.]

la théorie d'Einstein. Cela est bien évidemment vrai, mais mérite d'être nuancé. Scientifiques ou non, nous avons tous des préjugés ou des présupposés sur ce que les choses sont ou devraient être. Dans bien des cas, et surtout quand l'enjeu est de taille, un ou une scientifique va préférer qu'une expérience donne tel résultat plutôt que tel autre*. Charge à lui ou elle d'avoir la lucidité de reconnaître ce biais et d'en tenir compte. Eddington n'échappait pas à cette règle, et on doit plutôt lui savoir gré d'avoir eu l'honnêteté d'exprimer publiquement ses préférences. Il aurait été bien plus coupable de les avoir cachées et d'avoir à la place affirmé sa parfaite neutralité quant au résultat qu'il obtiendrait. Mais bien sûr cette infime ambiguïté a été mise à profit par les ennemis de la science pour rejeter la théorie d'Einstein, usant d'une technique éprouvée chez les négationnistes de tout poil qui font croire que le majestueux édifice de la science est fragile car il repose sur de rares bases : les expériences historiques qui l'auraient confirmée. Leur discours est alors de dire que si ces expériences historiques devaient être remises en cause, alors ledit édifice s'effondrerait tel un château de cartes. Ce faisant,

* La dramatique situation sanitaire que connaît le monde au moment de l'écriture de ces lignes en offre de nombreuses illustrations.

ils propagent une incompréhension fréquente : les expériences « historiques » comme celles d'Eddington sont historiques uniquement parce que ce sont les *premières, mais ce ne sont pas les seules* ! Et elles ont eu maintes et maintes confirmations ultérieures au point que même si la « première » donne des résultats rétrospectivement jugés insuffisamment précis, des expériences ultérieures finiront fatalement par faire beaucoup mieux*. Celle d'Eddington ne fut pas en reste et reçut une remarquable confirmation à peine trois ans plus tard, par celui qui est sans doute le héros le plus méconnu de cette grande aventure : William Campbell (1862-1938).

William Campbell est un astronome américain en poste à l'observatoire Lick, qui à cette époque est un des hauts lieux de l'astronomie outre-Atlantique. Plus observateur que théoricien, Campbell est moins

* Un autre angle d'attaque de ces ennemis de la science est de jouer sur l'ambiguïté du mot « théorie ». Dans le langage courant, le mot « théorie » est de plus en plus synonyme d'« hypothèse ». Mais en science, ce même mot de « théorie » est utilisé pour décrire un corpus de principes, d'équations, de concepts dont la pertinence est établie avec un degré extrême de confiance. Dire que les relativités restreinte ou générale « ne sont que des théories » et donc des constructions fragiles voire complètement arbitraires est un absolu non-sens. C'est la raison pour laquelle j'ai souvent utilisé le terme de « lois » de la relativité afin de limiter les risques de confusion.

directement, moins personnellement concerné qu'Eddington par les travaux d'Einstein, mais il possède la qualité essentielle qui fit défaut à son homologue anglais en 1919 : l'expérience. Membre de l'expédition de 1912 au Brésil, Eddington n'avait à l'époque pas pu faire d'observations de sorte qu'en 1919 pour sa seconde tentative il était encore débutant dans l'exercice, tout l'inverse de Campbell. De nos jours, tous les astronomes connaissent de nom l'observatoire Lick qui a en effet abrité un moment la plus grande lunette astronomique de son temps, avec ses 17,6 m de long et sa lentille de 91 cm de diamètre, des mensurations qui ne seront dépassées qu'une fois, par la lunette de l'observatoire Yerkes, du côté de Chicago. Cependant, ce n'est pas ce remarquable instrument qui nous intéresse ici, mais plutôt ce qui va faire pendant des décennies la renommée de l'observatoire Lick : l'observation du Soleil. Dans les trente années qui suivirent son ouverture en 1888, cet observatoire mit sur pied pas moins de onze expéditions pour observer des éclipses : deux fois en 1889 (qui compta deux éclipses), puis en 1893, 1896, 1898, 1900, 1901, 1905, 1908, 1914 et 1918, un chiffre que l'on peut même monter à 13 puisque lors de l'éclipse de 1905 ce sont trois expéditions distinctes qui furent organisées. Jusqu'en 1911, observer les éclipses était utilisé à des fins d'étude de la couronne solaire ou à la recherche d'une éventuelle planète intramercurienne, ce qui dans un cas comme dans l'autre était une tâche ardue eu égard à la brièveté du phénomène. En 1920, Campbell compte ainsi à son actif six expéditions d'observation d'éclipse, en 1898, 1900, 1905, 1908, 1914 et 1918. Même si les deux dernières se sont soldées par des échecs en raison de la météo, toutes ces expéditions lui ont donné l'occasion d'engranger une importante expérience, que ce soit dans la logistique d'une telle entreprise ou dans le choix du matériel à utiliser à l'heure H. Qui plus est, Campbell bénéficie du retour d'expérience d'autres membres de l'observatoire Lick, notamment John Schaeberle (1853-1924), qui a participé aux expéditions de 1889, 1893 et 1896. Il n'est donc pas exagéré de dire que William Campbell est le meilleur spécialiste de l'observation des éclipses et à ce titre le plus à même de tester la théorie d'Einstein, et ce de façon plus satisfaisante que ne l'a fait Eddington.

La première éclipse qui suit celle de 1919 se produit le 1er octobre 1921 mais elle peut vite être oubliée : elle n'est visible que depuis l'Antarctique, bien trop inaccessible à l'époque et où de toute façon le Soleil serait trop bas sur l'horizon. Celle d'après, le 21 septembre 1922, est en revanche des plus intéressantes car elle fait partie de la seule série du saros dont la longueur peut rivaliser avec la série de l'éclipse de 1919 : plus de 6 minutes pour celle du 9 septembre 1904 et presque 6 minutes pour celle de 1922 qui nous intéresse ici, ce qui les classe en 7e et 8e position dans la liste des plus longues éclipses du XXe siècle juste derrière les six indépassables de la série à laquelle appartient celle de 1919. De plus, cette éclipse offre d'intéressantes conditions d'observation. Débutant à l'aube au-dessus de l'Afrique, la bande de totalité survole l'océan Indien avant de traverser l'Australie. Pas moins de huit expéditions sont organisées pour l'observer et, pour plusieurs d'entre elles, tester la théorie d'Einstein, mais elles connaîtront des fortunes bien diverses. Avant d'atteindre l'Australie, l'éclipse passe aux alentours de midi au-dessus de l'île Christmas, mondialement célèbre pour l'impressionnante migration de ses crabes rouges endémiques. Le Soleil y est alors quasiment au zénith lors de l'éclipse, ce qui est la configuration la plus intéressante pour effectuer des clichés. Cette raison pousse deux équipes à s'y rendre, dont une germano-néerlandaise menée par Erwin Finlay-Freundlich qui avait été fait prisonnier en Russie lors de sa tentative de 1914. Il fera de nouveau chou blanc, mais cette fois par sa propre faute. En effet, si l'île présente les meilleures conditions astronomiques pour l'observation puisque le Soleil y est au plus haut, elle offre aussi les pires conditions météorologiques. Son climat équatorial est assez pluvieux et la couverture nuageuse y est particulièrement importante aux mois de septembre et d'octobre, frisant les 90 %. Ni Freundlich ni l'autre équipe qui l'accompagne n'auront l'occasion de connaître des jours de beau temps lors de leur séjour sur l'île. En organisateur consciencieux, Campbell a noté que l'île Christmas n'offrait pas les garanties suffisantes pour effectuer de bonnes observations, pas plus que le Queensland, la province la plus orientale de l'Australie, bien desservie par les transports mais où l'éclipse aurait lieu trop tard dans la journée. Même tarif pour une observation effectuée au centre de l'île, très intéressante d'un point de vue météorologique car le climat y est très sec, mais trop difficile d'accès et avec un horaire également jugé trop tardif. Campbell choisit donc de se rendre sur la côte nord-ouest de l'île, elle aussi difficile d'accès mais offrant un excellent compromis entre un Soleil encore très haut au-dessus de l'horizon et une probabilité de couverture nuageuse très faible. L'expédition est complexe à mettre en œuvre, l'endroit où l'ombre de l'éclipse atteint la côte australienne étant une région désertique située à plus de 1 000 km au nord de la ville de Perth, mais il s'y trouve la petite ferme de Wallal qui sert aussi de station télégraphique et offre un minimum de commodités. Campbell n'a pas les financements pour organiser une expédition suffisamment longue pour faire sur place les clichés de comparaison mais a l'idée de les faire faire par son confrère Robert Trumpler (1886-1956) depuis Tahiti, située à la même latitude que Wallal et largement plus accessible depuis la côte ouest américaine où est implanté l'observatoire Lick (non loin de San Francisco). Car – c'est une autre force de l'expérience de Campbell – un soin particulier est porté à reproduire son montage optique à l'identique et il n'est donc pas nécessaire d'effectuer les clichés de comparaison au même endroit, même si cela reste préférable. Le plus important est qu'ils soient réalisés en des endroits situés à la même latitude. Avant l'éclipse, Campbell s'entraîne à l'observatoire Lick lors de nuits de pleine lune à faire des clichés avec les instruments qu'il emportera à Wallal, la pleine lune offrant des conditions d'éclairement assez proches de celle de la couronne solaire lors d'une éclipse, et surtout il met au point un montage photographique permettant de capter le champ à photographier sur un énorme négatif de 38 cm de côté. Ces « appareils photos Einstein », comme il les baptise, seront utilisés de façon assez différente de celle d'Eddington : au lieu de multiplier les clichés avec des temps de pose très courts, il fait le choix – plus risqué pour qui ne maîtrise pas parfaitement son sujet – de faire peu de clichés mais avec des temps de pose bien plus longs. Ainsi, il sera possible de capter un bien plus grand nombre d'étoiles et de mieux vérifier que leur position dans le ciel est altérée de façon cohérente par la présence du Soleil. Ce choix s'avère particulièrement payant pour Campbell dont tous les clichés, pointant pourtant vers une zone moins riche en étoiles que celle d'Eddington, donnent à voir au moins 60 étoiles, certains plus de 80. De surcroît, Campbell dispose d'encore deux atouts par rapport à Eddington. Tout d'abord, dans cette course, il sait déjà qu'il va finir deuxième... et donc qu'il ne lui sert à rien d'analyser à la hâte ses clichés : prendre son temps lui permettra d'obtenir des résultats plus solides. Enfin, il ne travaille pas seul mais de concert avec Robert Trumpler. Il se met d'accord avec lui pour que chacun analyse de son côté les clichés suivant un protocole précis et qu'ils ne comparent leurs résultats qu'une fois le travail de chacun terminé. Ce travail, Trumpler le fera d'ailleurs de façon encore plus soignée que Campbell qui sera entre-temps nommé directeur de l'université de Californie. Mais peu importe, Campbell et Trumpler confirment de façon plus précise et plus convaincante qu'Eddington les prédictions d'Einstein. Quels que soient les éventuels griefs que l'on puisse retenir à l'encontre du savant anglais, cela ne change rien à l'exactitude des prédictions de la théorie d'Einstein. Outre Atlantique, le succès des observations de Campbell est du reste une source de fierté, permettant aux États-Unis de s'immiscer dans l'histoire de la relativité générale, voire d'en raffermir l'assise. Le *New York Times* explique ainsi : « L'accord avec la prédiction d'Einstein [...] est aussi proche que ce que le plus ardent défenseur de cette théorie pourrait espérer. En fait, l'accord de notre valeur observée avec la valeur prédite est si satisfaisant que l'observatoire Lick ne prévoit pas de répéter le test d'Einstein lors de l'éclipse totale de Soleil qui se produira dans le sud-ouest de la Californie et au Mexique le 10 septembre 1923. »

J'avoue qu'à ce moment de mon récit j'aurais aimé vous dire que pour les difficiles qui considéreraient que c'est encore insuffisant, on pourrait se tourner vers le plus malchanceux des acteurs de ce chapitre, à savoir Erwin Finlay-Freundlich. Ç'aurait été une belle histoire que de raconter qu'après son échec de 1922, il avait dû passer son tour lors de l'éclipse de 1923 visible depuis le Mexique et la Californie, attendant en vain que son matériel confisqué en 1914 lui soit rendu par les autorités soviétiques. Qu'il ne s'était pas découragé pour autant mais qu'il ne fut pas plus heureux lors de sa tentative suivante, en 1926, sur l'île de Sumatra où il fut à nouveau trahi par l'ennemi héréditaire des astronomes, à savoir le mauvais temps. Mais que, faisant preuve d'une obstination remarquable, il vit ses efforts couronnés de succès en 1929 lors d'une autre éclipse, également visible depuis Sumatra. Ce fut le cas, pourtant. Hélas pour Freundlich, cette réussite eut un coût terriblement élevé car trop confiant en la précision de ses instruments, il crut déceler une déviation de la lumière 10 à 20 % plus élevée que celle prédite par Einstein. Il passa des années sinon le reste de sa vie à critiquer les mesures de Campbell et d'Eddington qui selon lui contredisaient les siennes. Car entre-temps il s'était aussi brouillé avec Einstein pour une sombre histoire pécuniaire et estimait ni plus ni moins avoir démontré que la théorie de ce dernier était inexacte, mû par un caractère à l'évidence très rigide et un esprit de contradiction par trop systématique*. En réalité, il n'avait fait que délimiter

* C'est là un dénouement d'autant plus cruel que c'est à l'instigation d'Einstein lui-même que Freundlich avait commencé dans les années 1910 à chercher à mesurer l'éventuelle déviation de la lumière par le Soleil en réexaminant d'anciennes photos d'éclipses.

la précision avec laquelle les moyens de l'époque, bien archaïques comparés à ceux de notre siècle, permettaient de détecter les infimes écarts entre les lois de la gravitation selon Newton et Einstein.

Afin de dissiper tout malentendu, soulignons que si la discussion sur la précision obtenue par les expéditions d'Eddington et Campbell a été intéressante d'un point de vue scientifique, elle fait désormais partie du domaine de l'histoire des sciences. Pendant près de cinquante ans, la relativité était, selon une expression très en vogue, « le paradis des théoriciens et l'enfer des expérimentateurs », c'est-à-dire une théorie dont les effets étaient terriblement difficiles à mettre en évidence. Mais au tournant des années 1960, la tendance finit peu à peu par s'inverser. Tout ne se fit pas en un jour, loin de là, mais l'avènement des échos radar, permettant de mesurer la distance Terre-Mercure avec une précision de quelques centaines de mètres, celui des lasers, permettant de déterminer la distance Terre-Lune avec une précision inférieure au mètre, la télémétrie des sondes spatiales, les détecteurs électroniques très sensibles qui remplacèrent les émulsions photographiques, la radioastronomie permettant une précision de pointage des milliers de fois meilleure que les télescopes optiques du début du XXe siècle, tout ceci finit par mesurer la dynamique des objets du Système solaire et la déviation de la lumière avec une précision amplement suffisante pour dissiper tous les doutes, objectifs ou pas, qui pouvaient subsister dans le courant des années 1920. Désormais, près d'un siècle plus tard, les prédictions de la théorie d'Einstein n'ont jamais été mises en défaut malgré la précision effrayante avec laquelle l'instrumentation moderne permet de la tester. À titre d'exemple, on sait situer grâce à la radioastronomie certains objets célestes avec une précision 50 000 fois meilleure que du temps d'Eddington. Et même avec un tel saut en précision, les prédictions d'Einstein sont encore et toujours *parfaitement* en accord avec les observations, sans qu'il soit nécessaire d'attendre une éclipse pour le vérifier : même avec un objet qui vu de la Terre est situé à 90° de la position du Soleil (et donc parfaitement visible de nuit), il est possible de détecter qu'il n'est pas exactement à la « bonne » place du fait que la lumière qu'il émet a très légèrement été déviée lors de son trajet dans le Système solaire, quand bien même celle-ci ne s'est jamais approchée à moins de 150 millions de kilomètres de notre étoile. Bref, les prédictions de la théorie d'Einstein sont de nos jours parfaitement vérifiées et il est inutile de porter attention à un article de presse qui annoncerait « Einstein avait raison» : cela fait bien longtemps qu'on sait que c'est le cas*!

Finalement, cela vous surprendra peut-être, mais l'équation $E = mc^2$ n'y est presque pour rien dans la célébrité d'Einstein. Celui-ci y accède grâce à quelque chose de bien plus complexe et, à l'époque, compris par bien peu de monde: la relativité générale. Mais pour attacher quelque chose à sa célébrité, l'Histoire a préféré retenir une autre formule, certes trouvée par Einstein, mais plus ancienne, et surtout bien plus simple, une formule que tout le monde ne comprend pas forcément, mais qu'à peu près tout le monde peut retenir et prononcer. Ce sera donc, à jamais, $E = mc^2$. Un choix de facilité certes, mais qui va s'avérer involontairement judicieux car cette équation va à nouveau frapper grâce à la conséquence la plus extrême de la théorie d'Einstein: les trous noirs. Nous en sommes encore loin, cependant. Avant de parler de ces objets, sans doute les plus emblématiques du cosmos, une autre conséquence de la théorie d'Einstein, peut-être même la plus grandiose, mérite attention: l'expansion de l'Univers.

* Ou, pour être plus précis: cela fait très longtemps que l'on sait que la relativité générale est une description fabuleusement précise des phénomènes gravitationnels.

CHAPITRE 13

UNE NOUVELLE VISION DU MONDE

Parmi les petites histoires de l'histoire que je vous raconte, il y a celle des rapports – forcément indirects – entre Einstein et Newton. Certes Einstein a détrôné son illustre prédécesseur, mais pas tant que cela, en fait. « Einstein n'a pas enterré Newton, il l'a exalté », se plaisait à dire Jean-Pierre Chièze, un de mes anciens professeurs déjà évoqué. Car dans l'immense majorité des cas, les lois de la gravitation universelle de Newton suffisent à décrire les phénomènes. Que vous étudiiez la structure interne des planètes ou les anneaux de Saturne, la dynamique des astéroïdes ou la formation du Système solaire, la structure interne des étoiles ou la façon dont les immenses nuages de gaz leur donnent naissance, ou même la dynamique de ces étoiles dans une galaxie, pour tout cela les lois de Newton suffisent amplement. Et on ne peut que s'en réjouir, tant l'implémentation de la relativité générale dans certains de ces problèmes serait ardue. Malgré tout, il y a des problèmes qui ne peuvent être abordés sans elle, des problèmes dont, chose curieuse, personne n'imaginait l'existence avant 1915. C'est donc assez logiquement à ceux-là que je vais consacrer la suite de mon récit.

En 1917, avant même la confirmation de sa théorie par Eddington, Einstein se livre à la plus grande extrapolation de toute l'histoire des sciences. Il a compris comment les mouvements des planètes au sein du Système solaire sont modifiés par le fait qu'il n'y a pas de force gravitationnelle mais un effet purement géométrique : la matière déforme l'espace, qui dicte à la matière comment elle se déplace. Mais si la matière déforme l'espace, cela doit rester vrai bien au-delà du Système solaire et même... dans l'Univers tout entier. Einstein comprend que sa théorie est probablement capable de dire quelque chose sur la *forme* de l'Univers. Il crée ainsi de toutes pièces une discipline destinée à un grand avenir : la cosmologie, c'est-à-dire l'étude de l'Univers dans son ensemble, en tant que système physique, régi par les mêmes lois que celles que l'on peut observer en laboratoire.

Dans le cadre géométrique de la théorie d'Einstein, cette forme de l'Univers n'est pas donnée *a priori*. Elle va être la conséquence de la façon dont la matière est distribuée. Aborder ce problème en toute généralité est bien trop complexe en 1915 – en fait, il l'est tout autant de nos jours, plus d'un siècle plus tard. Einstein comprend donc qu'il va devoir faire certaines hypothèses pour tenter de décrire l'Univers et arrive vite à la conclusion qu'il ne pourra effectuer des calculs que s'il fait une conjecture très forte : que la matière est répartie le plus uniformément possible dans l'Univers. Bien sûr, à petite échelle, la matière est distribuée de façon très inhomogène : la masse dans le Système solaire est presque exclusivement concentrée au niveau du Soleil et, à un degré moindre, dans les planètes. En dehors de ces quelques corps, il n'y a quasiment rien. Et entre le Système solaire et les étoiles proches, fussent-elles ou non entourées de cortèges planétaires (ce qu'on ignore à l'époque), il n'y a rien non plus. Mais à plus grande échelle ? Einstein envisage que la distance entre étoiles proches pourrait être toujours à peu près la même, autrement dit que l'Univers pourrait être considéré comme une sorte de « gaz d'étoiles », à l'image d'un gaz ordinaire, sauf que les constituants élémentaires ne sont pas des atomes mais des étoiles. C'est une hypothèse hardie : à l'époque, personne ne sait quelle est la structure à grande échelle de l'Univers. On soupçonne (à raison) que le Soleil se trouve au sein d'une concentration d'étoiles, la Voie lactée. Mais au-delà, l'existence ou non d'objets extérieurs à cette concentration n'est pas tranchée. Einstein fait donc l'hypothèse qu'il existe des étoiles partout dans l'Univers. Par un calcul relativement simple, il se rend alors compte qu'un gaz d'étoiles est très différent d'un gaz ordinaire. Les étoiles s'attirent les unes les autres sous l'effet de la gravitation, aussi ne peuvent-elles pas rester immobiles les unes par rapport aux autres, elles devraient se rapprocher. Or l'étude de la lumière émise par les étoiles montre que ce n'est pas le cas, que notre « gaz d'étoiles » local ne présente pas de mouvement d'ensemble. Il y a donc une contradiction. Pour circonvenir ce problème, il se résout donc à l'idée que sur des distances suffisamment grandes, les lois de la gravitation ne peuvent imposer aux objets d'être systématiquement attirés les uns par les autres. Il lui semble nécessaire de devoir modifier ces lois, de leur adjoindre un terme supplémentaire, répulsif celui-là. Il choisit de nommer ce terme « constante cosmologique ». Einstein n'est pas à l'aise avec cela, pour une raison bien compréhensible : il vient d'exhiber de nouvelles lois de la gravitation pour expliquer le mouvement de Mercure et réconcilier les lois de Newton avec celles de la relativité restreinte, et voilà qu'il est presque immédiatement contraint de modifier ses lois fraîchement découvertes ! « J'ai encore commis quelque chose à propos de la théorie de la gravitation qui, d'une certaine façon, m'expose au danger de me faire interner dans un asile de fous », écrit-il d'ailleurs à un de ses confrères (et ami), Paul Ehrenfest (1880-1933). D'autant qu'en prime, Einstein fait une autre découverte vertigineuse. Le fait d'ajouter sa constante cosmologique permet désormais de déterminer la forme de l'Univers. Et cette forme n'est *pas* quelque chose d'infini qui s'étend à perte de vue. Au contraire, *démontre* Einstein, à partir du moment où on imagine que les étoiles se répartissent uniformément dans l'Univers, celui-ci est d'extension finie.

Ce résultat vous paraîtra sans doute très paradoxal : comment la matière peut-elle être à la fois répartie uniformément et située dans une région d'extension finie ? Ce que découvre Einstein, c'est que l'Univers est une sorte d'équivalent d'une sphère. Une sphère est un objet à deux dimensions, c'est-à-dire qu'il n'est besoin que de deux nombres pour s'y repérer. Ainsi, la surface de la Terre, si on fait abstraction du relief et du fait que sa forme n'est pas exactement ronde *, est bien une sphère : deux

* Elle est en fait aplatie du fait de sa rotation sur elle-même, voir *Pourquoi la Terre est ronde*.

nombres suffisent effectivement pour s'y repérer, la latitude et la longitude par exemple. Un plan (ou, disons, une feuille de papier arbitrairement grande) est aussi un objet à deux dimensions. Il est toujours possible de le quadriller et de repérer un point par sa position par rapport au quadrillage (ce qu'on appelle l'abscisse et l'ordonnée, si les cours de géométrie du collège ne vous ont pas laissé de trop mauvais souvenirs). Mais un plan et une sphère sont très différents sur un point essentiel. Sur un plan, si vous vous déplacez en ligne droite, vous vous éloignerez indéfiniment de votre point de départ. Sur une sphère, se déplacer en ligne droite a toujours un sens (celui que vous lui donnez quand vous-même vous déplacez en ligne droite, c'est-à-dire quand vous vous déplacez selon une géodésique, voir chapitre 10), mais ce faisant vous reviendrez à votre point de départ. Une sphère est donc un objet d'extension finie, mais sans bord. Einstein démontre que sous l'hypothèse que les étoiles sont distribuées uniformément dans l'Univers, alors celui-ci est l'équivalent tridimensionnel d'une sphère : il est d'extension finie mais sans bord. Il nous est facile de nous représenter une sphère à deux dimensions. C'est parce que nous pouvons l'observer « de l'extérieur » depuis l'espace qui nous est familier, qui possède, lui, trois dimensions. Mais il n'est pas possible de procéder ainsi pour observer de l'extérieur une sphère à trois dimensions: il faudrait pour cela que l'espace qui nous entoure soit doté de quatre dimensions. Cela étant, d'un point de vue mathématique, une sphère à trois dimensions, aussi appelée «hypersphère», n'est pas un objet conceptuellement si différent d'une sphère à deux dimensions. Il faut bien sûr une certaine gymnastique intellectuelle pour l'appréhender, mais on finit par y arriver. Ainsi, démontre Einstein, l'Univers est une gigantesque hypersphère. Son volume est fini, mais pour autant il n'a ni bord ni espace extérieur qui l'entourerait.

À ce moment-là, plusieurs d'entre vous auront déjà froncé des sourcils depuis une page ou deux. Si l'Univers était un «machin» qu'on appelle une hypersphère, vous en auriez déjà entendu parler! Et vous auriez bien raison. L'Univers n'est *pas* ce qu'Einstein s'imagine avoir démontré. Car Einstein a commis une erreur – fait rare chez une intelligence jusqu'alors quasi infaillible – mais qui n'est pas vraiment de son fait. Il s'est imaginé que les briques de base à considérer pour étudier l'Univers étaient les étoiles, mais ce n'est pas le cas. Partant de cette hypothèse, tout à fait sensée au demeurant, il s'est fondé sur un fait d'observation parfaitement exact, à savoir que les étoiles ne présentent pas de mouvement d'ensemble par rapport au Soleil. Donc, a-t-il estimé, la distribution de matière est statique ou stationnaire. Mais Einstein n'a, en un sens, pas vu assez grand. Ce ne sont pas les étoiles qu'il faut considérer, mais les structures plus grandes qui les contiennent, à savoir les galaxies dont la dynamique n'est pas celle des étoiles. Mais cela, Einstein ne le sait pas... car les galaxies n'ont pas encore été découvertes, ou disons, pas encore été identifiées comme telles.

On sait depuis l'Antiquité et même la Préhistoire qu'une bande diffuse traverse le ciel étoilé la nuit. Les auteurs grecs y voyaient le lait jailli du sein de la déesse Héra quand celle-ci avait repoussé un des nombreux enfants illégitimes que son volage mari Zeus avait eu avec une humaine et qu'il avait posé sur sa poitrine alors qu'elle dormait afin que le lait divin lui confère l'immortalité. En réalité, notre Voie lactée – le nom vient de là – est composée d'une myriade d'étoiles, comme le découvrit Galilée la première fois qu'il pointa une lunette astronomique vers le ciel à l'automne 1609. Notre environnement stellaire était donc, semblait-il, une concentration relativement plane d'étoiles, peut-être en forme de disque, dont il était du reste difficile à l'époque de savoir si le Soleil se trouvait proche du centre*. Le problème qui se posait depuis des siècles aux astronomes était d'établir si cette concentration était isolée, voire unique dans l'espace, ou s'il existait des objets en dehors. Mais en l'absence de moyens pour déterminer les distances, difficile de savoir si les objets que l'on observait étaient tous situés dans notre Voie lactée ou si certains en étaient extérieurs. Quand Einstein s'intéresse à la structure à grande échelle de l'Univers, on est sur le point d'en avoir la réponse. Cela fait en effet plusieurs années qu'un ensemble d'objets intrigue fortement les astronomes. En plus des étoiles que l'on distingue individuellement, on observe de nombreuses zones faiblement lumineuses et diffuses, collectivement appelées des « nébuleuses ». Une classe de ces nébuleuses en particulier focalise l'attention, ce sont les « nébuleuses spirales ». Comme la plupart des nébuleuses, elles sont plus brillantes au centre qu'au bord, mais en lieu et place d'une forme qui d'ordinaire est plutôt irrégulière, les nébuleuses spirales présentent deux extensions, voire plus, qui s'éloignent de la zone centrale en spiralant. Ce qui change d'une nébuleuse spirale

* C'est un problème qui sera résolu dans les années 1930 par un des discrets mais notables acteurs du chapitre précédent, Robert Trumpler.

à l'autre, c'est que le motif semble plus ou moins écrasé. Les astronomes soupçonnent à juste titre que ces objets sont des structures relativement circulaires et planes mais vues sous des angles d'inclinaison plus ou moins prononcés, leur conférant parfois cet aspect aplati. Or, si la Voie lactée est bien une concentration relativement plane d'étoiles, peut-être les nébuleuses spirales en sont-elles, elles aussi. Bien sûr, il pourrait en être tout autrement. Nombre d'astronomes imaginent à l'inverse qu'il puisse s'agir de concentrations de gaz bien plus petites, situées dans notre Voie lactée, et qui sont des étoiles en formation. Le gaz qui va donner naissance à une étoile tourbillonnerait autour du centre avant de s'agglomérer en un astre unique. Quand en 1917 Einstein s'intéresse à la structure à grande échelle de l'Univers, l'observation décisive sur la nature des nébuleuses spirales vient d'être faite, mais lui et l'immense majorité de la communauté scientifique l'ignorent encore. Un astronome américain, Vesto Slipher (1875-1969), a commencé à déterminer par l'étude de leur lumière la vitesse à laquelle ces objets se déplacent par rapport à nous et annonce en 1914 un résultat étonnant: la grande majorité de ces objets s'éloignent de nous, et ce à des vitesses bien plus importantes que les déplacements mesurés des étoiles de la Voie lactée. Les astronomes saisissent immédiatement la portée de cette découverte de Slipher, comme en témoigne le fait qu'il eut droit à une *standing ovation* lors du congrès où il l'annonça, réaction rarissime dans le monde scientifique où même les résultats importants sont divulgués dans une ambiance plutôt calme. Car bien sûr, même si ça n'en est pas une preuve indubitable, même si les mesures de Slipher ne concernent que 15 nébuleuses spirales, cela suggère qu'il s'agit là d'objets situés en dehors de notre Voie lactée sans quoi leur dynamique aurait dû être assez proche de celle des étoiles, avec des mouvements plus lents et plus erratiques et des proportions comparables d'objets qui s'approchent et qui s'éloignent du Soleil.

Ce que Slipher commence à entrevoir, c'est que les étoiles sont réparties en majorité dans des structures, les galaxies (terme qui provient du grec *galaxias*, qui signifie « lacté »), dont notre Voie lactée est une représentante parmi d'autres et que ces galaxies s'éloignent les unes par rapport aux autres. Eût-il eu cette image en tête, Einstein aurait compris que son hypothèse d'assimiler la distribution de matière dans l'Univers à un « gaz » d'objets était la bonne, mais que les briques élémentaires dudit gaz ne sont pas les étoiles, mais les galaxies. Et si les galaxies présentent une tendance à s'éloigner les unes des autres, c'est que l'Univers n'est pas statique mais au contraire dynamique. Ayant cela en tête, Einstein aurait à lui seul pu être l'architecte de la représentation moderne de l'Univers tel que sa théorie le prédit avec justesse : un milieu en expansion, dont les constituants s'éloignent les uns par rapport aux autres. C'est à la fin des années 1920 que cette représentation émergea peu à peu. Sur le plan observationnel, elle est associée à l'astronome le plus célèbre du XXe siècle, Edwin Hubble (1889-1953, retenez bien sa date de décès, elle aura son importance). En effet, c'est lui le premier qui identifie individuellement des étoiles dans les nébuleuses spirales – à ce moment-là on ne les appelle pas encore des galaxies – et peut en mesurer la distance, bien plus grande que celle de tous les objets galactiques connus. Puis, il étend les résultats obtenus par Slipher en découvrant que non seulement les galaxies présentent dans leur grande majorité un mouvement d'éloignement par rapport à la Voie lactée, mais surtout que celui-ci est d'autant plus rapide que les galaxies sont distantes. C'est exactement ce qu'il se produit quand l'Univers est en expansion. Cependant, si l'importance des travaux de Hubble est indiscutable, son prestige a longtemps éclipsé quelques-uns de ses contemporains. Il y eut plusieurs raisons à cela, certaines involontaires, d'autres non :

de son vivant, son incontestable charisme l'a aidé à prendre la lumière au détriment d'autres astronomes plus discrets de nature, ce à quoi s'est surtout ajouté après sa mort l'activisme de quelques zélés laudateurs – en l'occurrence sa veuve ainsi que son ami et protégé confrère Nicholas Mayall (1906-1993) – qui ont enjolivé sa légende, contribuant à laisser dans l'ombre d'autres acteurs tout aussi méritants de cette aventure.

Avant tout, Hubble a disposé pour ses observations du télescope Hooker, le plus grand et donc le plus puissant de son époque. Cet instrument tire son nom de John Daggett Hooker (1838-1911), un astronome amateur qui avait fait fortune dans la sidérurgie. Son intérêt pour l'astronomie l'avait incité à financer ce qui allait devenir le plus grand télescope du monde, aidé de l'institut Carnegie, une fondation créée par l'industriel et philanthrope écossais Andrew Carnegie (1835-1919). Hooker ne vécut pas assez longtemps pour voir se réaliser son projet, mais celui-ci dépassa sans doute toutes ses attentes tant les découvertes qu'il permit furent nombreuses. En astronomie, les découvertes sont souvent rythmées par l'amélioration des moyens d'observation. Plus un télescope est gros, plus il recueille de lumière et plus il permet de voir des objets jusque-là invisibles.

C'est cela dont Hubble a besoin. Pour identifier les galaxies à des immenses concentrations d'étoiles (plusieurs centaines de milliards pour une galaxie typique comme la Voie lactée), encore faut-il identifier individuellement ces étoiles, ou du moins certaines d'entre elles, les plus brillantes, et surtout mesurer leur distance. Pour cela, Hubble va bénéficier d'un résultat majeur de l'astronomie, à savoir une propriété de certaines étoiles, les céphéides. Voyons de quoi il s'agit.

Une étoile comme le Soleil est dans une configuration parfaitement stationnaire. L'étoile produit en son cœur de l'énergie du fait des réactions nucléaires (voir chapitre 8) et cette même quantité d'énergie est évacuée par la surface. Mais en pratique, rien ne garantit que ce soit le cas. Les couches externes de l'étoile appuient sur son cœur, faisant augmenter la pression et permettant aux réactions de se produire. Ces couches agissent aussi comme une sorte de couverture, ou de thermostat devrait-on dire, car elles ralentissent la diffusion de la chaleur produite vers l'extérieur. Dans beaucoup de cas, cela n'empêche pas un parfait équilibre de s'instaurer, les couches externes appuyant sur le cœur juste assez pour permettre aux réactions de se produire tout en restant suffisamment diluées pour permettre à la chaleur produite de s'échapper. En fonction des caractéristiques de l'étoile, cependant, il peut ne pas exister d'équilibre stationnaire. Dans certains cas, les couches externes appuient sur le cœur, permettent aux réactions de se produire, mais sont alors trop opaques pour que la chaleur s'échappe. La chaleur s'accumule, puis finit par arriver à repousser les couches externes en s'évacuant. Les couches externes appuyant moins sur le cœur, celui-ci se dilate un peu, baisse en température et les réactions se ralentissent. Moins de chaleur est produite et les couches externes ne sont plus soulevées. Elles retombent à nouveau sur le cœur, permettant au rythme des réactions de reprendre plus intensément et ainsi de suite. Lors du processus, le rythme auquel la chaleur est évacuée varie, aussi l'éclat de l'étoile varie-t-il également, souvent de façon très régulière. On parle ainsi logiquement d'étoile variable. Dans la nomenclature astronomique, il existe plusieurs types d'étoiles variables mais c'est une catégorie précise qui nous intéresse ici, les céphéides. Elles tirent leur nom d'une des plus brillantes d'entre elles vue depuis la Terre, l'étoile delta de la constellation de Céphée. Elles sont facilement reconnaissables par leur courbe de lumière, c'est-à-dire la façon dont leur luminosité varie avec le temps. En l'occurrence leur luminosité augmente assez brusquement d'un facteur 1,5 à 2, puis décroît bien plus lentement pour revenir à sa valeur de départ, le tout en quelques jours ou quelques mois (sans qu'à l'époque on en connaisse la raison), et ce suivant un cycle extrêmement régulier. Et plus important, une astronome américaine, Henrietta Leavitt (1868-1921), longtemps restée dans l'ombre de ses collègues masculins, découvre en 1912 une propriété remarquable de ces étoiles.

Avant de détailler cette propriété, il n'est sans doute pas inutile d'expliquer ce à quoi pouvait ressembler le travail des femmes astronomes en ces temps-là. Au début du XXe siècle, l'astronomie (tout comme les sciences en général) est une activité essentiellement masculine. Mais avec l'amélioration des moyens d'observation, les astronomes font face à des volumes de données de plus en plus considérables qui nécessitent une main d'œuvre de plus en plus importante pour être traités. C'est notamment le cas à l'observatoire de l'université Harvard, dont le directeur, Edward Pickering (1846-1919), a compris avant tout le monde – et grâce à un couple de bienfaiteurs dont je reparlerai – l'énorme apport que pouvaient représenter les clichés astronomiques et surtout ce qu'on pouvait leur faire dire sur les étoiles. Il est ainsi à l'origine de la plus grande campagne de photographies astronomiques de son époque, à l'issue de laquelle l'observatoire accumulera près de 500 000 plaques photographiques. Car, chose nouvelle pour l'époque, Pickering ne raisonne plus en tant qu'astronome mais en tant qu'astrophysicien. Ce qui lui importe, ce n'est pas seulement de cataloguer les étoiles et mesurer leur distance ou leur mouvement dans le ciel, c'est surtout de déterminer leurs propriétés physiques comme leur température, leur luminosité, leur variabilité éventuelle ou leur composition chimique, et d'en identifier les spécimens les plus intéressants. C'est dans ce contexte qu'il réalise que malgré ses efforts incessants pour lever des fonds, il ne parvient pas à augmenter le budget de son observatoire et ne pourra donc pas mener à bien tous ses projets sans recruter plus de personnel. Il se met alors à embaucher des « calculatrices » selon la terminologie alors en vigueur, c'est-à-dire des femmes raisonnablement diplômées chargées d'effectuer nombre de tâches répétitives et ingrates comme cataloguer des étoiles à partir de nombreux clichés ou en étudier les propriétés. Car embaucher des femmes permet de les rémunérer bien moins que des hommes… et donc d'en embaucher plus sans perte de compétences. Certes il arrivait à l'époque que les épouses, filles ou sœurs d'astronomes aident leur mari/père/frère dans leur activité professionnelle, mais Pickering va, en un sens, « industrialiser » le processus en s'entourant d'une vingtaine de « calculatrices » qui par leur travail de fourmi permettront bien des découvertes. Il n'est pas facile avec le recul de juger si Pickering a exploité le travail de ces femmes ou si au contraire il leur a donné la possibilité d'entrer dans le monde de l'astronomie qui leur était jusque-là inaccessible. La réalité est sans doute entre les deux. La tendance chez les historiens penche plutôt pour la seconde hypothèse, Pickering étant vu comme un progressiste qui du reste militait pour le droit de vote des femmes. Il sera aussi le premier à promouvoir une de ces « calculatrices » à un poste officiel au sein de son université, pourtant réputée assez peu réformiste à l'époque. Néanmoins, il n'accéda pas aux revendications salariales de ses employées et quand il s'agissait d'annoncer des découvertes scientifiques réalisées par les « calculatrices », il s'arrogeait à l'occasion le droit non seulement de signer les articles, mais en prime d'en être l'unique signataire. Quand bien même il ne manquait jamais, souvent dès l'introduction, de mentionner à quelle(s) calculatrice(s) ce résultat était dû, on peut tout de même s'interroger sur le bien-fondé et même la légitimité de mettre son seul nom en exergue, ce qui sera notamment le cas pour le grand résultat obtenu par Henrietta Leavitt. Car c'est dans ces circonstances moyennement valorisantes que l'astronome américaine va faire une découverte majeure concernant les céphéides. Cela fait des années qu'elle catalogue les étoiles variables des Nuages de Magellan, deux fortes concentrations d'étoiles visibles depuis l'hémisphère Sud. À l'époque, on ne sait pas vraiment si ces deux objets (le Petit et le Grand Nuage) sont des concentrations d'étoiles situées dans notre Voie lactée ou légèrement extérieures, mais le fait est qu'ils n'occupent pas une zone très étendue sur le ciel, ce qui signifie clairement que leur taille physique est vraisemblablement très inférieure à leur distance. En première approximation donc, on peut considérer que toutes les étoiles d'un Nuage sont situées à même distance du Soleil, quelle que soit cette distance. Le problème auquel est confrontée Henrietta Leavitt est qu'aucune des étoiles variables qu'elle a trouvées n'est très brillante, ce qui rend particulièrement difficile l'évaluation précise de leur éclat, quelque peu noyé par celui des innombrables autres étoiles alentour. Malgré tout, et après bien des efforts, elle parvient à mesurer avec une raisonnable précision l'éclat de 25 céphéides situées dans le Petit Nuage de Magellan au maximum de leur luminosité. Et elle découvre que leur variation de luminosité est d'autant plus lente que leur luminosité à leur maximum est élevée. Quelle que soit l'origine de cette variation – elle sera comprise quelques années plus tard par un nom maintes fois écrit dans les chapitres précédents, à savoir Arthur Eddington –, ces étoiles peuvent être considérées comme ce qu'on appellera par la suite des « chandelles standard » : si vous connaissez leur luminosité, vous connaissez leur distance et inversement. Par exemple, si à période égale l'éclat d'une céphéide est cent fois moindre que celui d'une autre céphéide, alors cette dernière est située dix fois plus près. Si vous trouvez une céphéide de longue période dans une nébuleuse spirale, alors son faible éclat vous indique immédiatement qu'elle est très loin de vous et donc que la nébuleuse est une autre galaxie !

Une dizaine d'années plus tard, dans la nuit du 5 au 6 octobre 1923, Edwin Hubble photographie la plus grande des nébuleuses spirales, la nébuleuse d'Andromède. Après développement du cliché, il le compare à d'autres pris les nuits précédentes. Une étoile attire son attention. Il avait remarqué que sa luminosité avait varié, mais jusqu'alors, il pensait avoir affaire à une nova*, un phénomène alors incompris qui se

* Le nom provient du latin « *nova stella* », soit « étoile nouvelle » puisque quand la nova était visible à l'œil nu, il semblait s'agir d'un astre nouveau qui venait de s'allumer. Le pluriel s'écrit au choix « novae » ou « novæ » (prononcer « nové » dans les deux cas).

caractérisait par de brusques et imprévisibles augmentations de luminosité de certaines étoiles en réalité dues à de gigantesques explosions se produisant à leur surface en raison d'un transfert de masse en provenance d'une étoile en orbite autour d'elles. Hubble pensait avoir découvert une nova, peu lumineuse au demeurant, dans la nébuleuse d'Andromède. Mais le cliché de cette nuit-là bouleverse complètement la donne : la variation de luminosité ne correspond pas à celle, empiriquement connue, d'une nova. Il s'agit d'une étoile variable. Sur le négatif du cliché original, qui a été conservé, l'étoile en question est indiquée avec un « N » manuscrit signalant qu'il s'agissait, pensait Hubble, d'une nova. Mais le « N » est barré et à l'encre rouge est indiqué à la place un « VAR ! ». Hubble vient ni plus ni moins de découvrir une étoile variable qu'il identifie rapidement à une céphéide et prouve du simple fait de son très faible éclat la nature extragalactique de la nébuleuse d'Andromède, qui sera bientôt rebaptisée la galaxie d'Andromède (ou M31 pour les astronomes amateurs ; c'est donc un des objets catalogués par Charles Messier). Chose curieuse, il ne publie pas tout de suite ce résultat, se contentant de rédiger une courte communication à ce sujet qui sera lue par un confrère à un congrès à la toute fin de 1924. La raison en est probablement que la nébuleuse d'Andromède est une galaxie de taille normale, comparable à la nôtre, riche de plusieurs centaines de milliards d'étoiles. Même si Hubble est loin de les distinguer toutes individuellement, étudier toutes celles qu'il identifie lui prend du temps. Les premières annonces de galaxies identifiées comme telles concerneront des objets plus petits et moins riches en étoiles : d'abord la peu connue NGC 6822 dont les 11 céphéides identifiées par Hubble suffisent à faire d'elle « le premier objet définitivement assigné comme extérieur à la Voie lactée » selon ses propres mots ; puis la nébuleuse du Triangle (ou M33, un autre objet du catalogue de Messier) dont les 35 céphéides que détecte Hubble indiquent qu'elle est huit fois plus éloignée que le Petit Nuage de Magellan*. Hubble ne publiera qu'en 1929 son étude détaillée de M31 mais à ce moment-là, la messe est dite : les nébuleuses spirales sont des galaxies, sans doute semblables à la Voie lactée.

Surtout, Hubble ne s'arrête pas là. Car le puissant instrument dont il dispose permet de poursuivre ce que Slipher a commencé à faire : mesurer la vitesse d'éloignement de ce qui est désormais des

* Le chiffre exact est plutôt de 13, mais cela ne change rien à la conclusion de Hubble : M33 est un objet situé largement en dehors des limites de la Voie lactée.

galaxies. Mais il lui permet aussi, dès qu'il trouve une céphéide, de déterminer la distance qui nous sépare de cette galaxie. Et même s'il ne trouve pas de céphéide, il peut estimer la distance de la galaxie en comparant son éclat à celui de M31, en considérant qu'il s'agit d'objets semblables et de luminosités intrinsèques comparables. Ça n'est pas toujours le cas, mais cela reste à peu près vrai en moyenne. Avec l'aide de son assistant Milton Humason (1891-1972), il fait la découverte ouvrant la perspective la plus vertigineuse de toute l'histoire de l'astronomie : l'expansion de l'Univers. Même si celle-ci est à juste titre associée à Hubble, le nom de son assistant ne doit pas être omis, d'autant que c'est un des astronomes à la destinée la plus singulière de ce siècle et qui mérite bien à ce titre un petit paragraphe.

De nos jours, si vous voulez être astronome, vous devez vous préparer à faire de longues études, très longues, même : après le baccalauréat, vous devrez faire un cycle universitaire complet, en commençant par la licence (trois ans) puis les masters (deux ans). Vous pouvez aussi passer par une école d'ingénieur, mais ce sera plus long : deux (voire trois) années de classe préparatoire, plus trois ans d'école d'ingénieur proprement dite, plus, dans la majorité des cas, une année de master, soit potentiellement sept ans.

Ensuite, quel qu'ait été votre cursus, il vous faut faire une thèse, ce qui ajoute trois ans. Vous serez donc sur les bancs de l'école puis de l'université jusqu'à vingt-six ans au mieux, une situation qui se produira à l'identique si vous êtes à l'étranger, les cursus universitaires étant de plus en plus harmonisés. Milton Humason, lui, a pris un chemin différent. En effet, il a arrêté les études en 1905, à seulement… quatorze ans. Par quel miracle s'est-il donc retrouvé mêlé à l'une des plus grandes découvertes de l'histoire de l'astronomie ? Cet été-là, le hasard fait qu'il passe du temps dans un camp de vacances non loin de l'observatoire du Mont Wilson dont la construction vient de s'achever. Fasciné par le ciel autant que par les montagnes, Humason obtient de ses parents de mettre en pause ses études et de passer une année à travailler dans ce camp de vacances et un hôtel non loin, une pause qui ne s'interrompra jamais. De petits boulots en petits boulots, le voilà muletier, chargé d'acheminer vivres et matériel à l'observatoire, seulement desservi par une route non carrossable. Parce que l'histoire est belle, c'est d'abord là-haut qu'il rencontre sa future épouse, qui est la fille de l'ingénieur en chef de l'observatoire. Il se marie en 1911 et renonce vite à son travail de muletier au profit d'un emploi un peu plus valorisé socialement, à savoir contremaître dans une ferme voisine. Mais la passion du ciel est toujours là. Par l'entremise de son beau-père, il obtient en 1917 le seul emploi au mont Wilson auquel son maigre CV lui permet de prétendre : concierge. Et c'est là que le miracle se produit. Étant désormais à demeure à l'observatoire, rien ne l'empêche d'essayer d'assister en simple spectateur au travail des astronomes sous les coupoles, ce qui lui permet de s'initier, de manière informelle, au maniement de plusieurs instruments. Cette compétence s'avère d'une grande utilité auprès de certains astronomes de passage, parfois guère à l'aise dans l'exercice. Peu à peu, le spectateur se mue en assistant, un assistant qui se fait vite remarquer par ses qualités : méticuleux, efficace et surtout très discret. Dans ces conditions, la direction de l'observatoire finit, sous la pression de certains astronomes dont Hubble, par l'appointer très officiellement astronome assistant en 1921. Cette décision n'est pas sans causer certains remous chez d'autres astronomes, mais Humason leur donnera tort et se montrera à la hauteur de cette improbable faveur.

Voilà pour le contexte qui permit à Humason de devenir l'assistant officiel de Hubble. À Hubble le choix des recherches à effectuer, à Humason la tâche de manipuler les spectrographes et les plaques photographiques, un art complexe et difficile à maîtriser en ces temps-là. Même si le nom ne vous dit peut-être rien, le spectrographe est sans doute l'instrument le plus important en astronomie. Là où l'image d'Épinal fait souvent croire que l'astronomie est une affaire d'imagerie, c'est en réalité la spectroscopie, c'est-à-dire l'analyse de la lumière des astres, qui est la pierre angulaire de l'étude du ciel. Dans sa version la plus élémentaire, un spectrographe est un instrument relativement simple : la lumière d'un astre est envoyée sur un prisme en verre où elle subit une double réfraction (à l'entrée et à la sortie), permettant de produire son spectre, c'est-à-dire sa décomposition en ses couleurs élémentaires (je vous en ai parlé au chapitre 1). L'étude détaillée de cette lumière, capturée sur une pellicule photo, permet alors de déterminer la composition chimique de l'objet qui a émis la lumière et surtout de déterminer à quelle vitesse celui-ci s'approche ou s'éloigne de nous. La tâche n'est pas aisée pour autant car pour déterminer le spectre d'un objet, il faut faire des photographies à bien plus longue pose que pour l'imager, ce qui peut prendre des heures, une nuit entière, voire plusieurs nuits pendant lesquelles l'instrument doit être surveillé en permanence pour s'assurer qu'il reste focalisé et correctement pointé sur sa cible, une tâche pour laquelle la patience et la méticulosité de Humason font merveille. C'est par ce biais qu'à la fin des années 1920, lui et Hubble font leur grande découverte : ils constatent que les galaxies s'éloignent, et ce d'autant plus vite qu'elles sont éloignées. Au départ, ils n'observent le phénomène que dans une région d'extension limitée autour de notre Galaxie, la seule où ils peuvent déterminer de combien les galaxies s'éloignent de nous. Mais ils repoussent progressivement les limites en s'attaquant à des galaxies de plus en plus lointaines – et donc de moins en moins brillantes – grâce au talent de Humason. Et c'est toujours le même phénomène qui est observé. Tout se passe comme si nous étions immobiles, au centre de l'Univers, et qu'à l'image d'une gigantesque explosion qui se serait produite à l'emplacement exact de notre Galaxie, toutes les autres étaient projetées au loin. L'interprétation selon laquelle nous serions situés au centre de l'Univers est tentante... mais totalement inexacte : la façon dont les galaxies s'éloignent de nous fait que n'importe quel observateur situé dans n'importe quelle galaxie aura l'impression que c'est lui qui est immobile et que ce sont les autres qui s'éloignent de lui de la même façon que de notre point de vue, c'est-à-dire d'autant plus vite qu'elles sont loin.

La bonne interprétation du phénomène était cependant déjà connue depuis quelques années déjà grâce aux travaux de deux théoriciens européens, le Soviétique Alexandre Friedmann (1888-1925) et le Belge Georges Lemaître (1894-1966). Les deux hommes avaient fait, chacun de leur côté, ce qu'Einstein n'avait osé faire : envisager un Univers qui serait susceptible d'évoluer dans le temps. L'hypothèse de départ était la même que celle d'Einstein : considérer un Univers rempli d'un matériau – les galaxies, donc – distribué de façon homogène et regarder non seulement la forme que l'espace va prendre, mais aussi à quelle dynamique il peut être soumis. Dans le courant des années 1920, ces deux hommes arrivent à la même conclusion : il est très peu probable qu'un tel Univers reste statique. Même en présence d'une constante cosmologique, un mouvement d'ensemble va presque toujours accompagner cette distribution homogène et l'Univers va se trouver soit en contraction, soit en expansion : le concept d'expansion de l'Univers était né. En envisageant la dimension temporelle, Friedmann et Lemaître démontrent que l'Univers n'a pas nécessairement la forme d'une hypersphère comme pensait l'avoir démontré Einstein. Il peut être ainsi, mais il peut, plus conventionnellement, ressembler à l'espace tel qu'on l'imagine, infini et partout semblable à ce que l'on en voit ici. Il peut aussi avoir une forme plus étrange, appelée hyperbolique, dans laquelle même en l'absence de ce phénomène d'expansion, deux objets voyageant selon des trajectoires parfaitement parallèles finissent peu à peu (au bout de plusieurs milliards d'années tout de même) par s'éloigner l'un de l'autre. Mais pour ce qui nous intéresse ici, la forme de l'espace ne joue pas de rôle essentiel : Friedmann et Lemaître comprennent que dans tous les cas l'expansion va se traduire visuellement de la même façon : nous aurons toujours l'impression que les objets s'éloignent tous de nous, et ce d'autant plus rapidement qu'ils sont loin. Et pour Lemaître en particulier, il ne s'agit pas d'un simple exercice intellectuel : l'article qu'il publie à ce sujet, en 1927, a pour titre « Un Univers homogène de masse constante et de rayon croissant *rendant compte de la vitesse radiale des nébuleuses extra-galactiques* * ». Il y affirme clairement qu'à partir des données très parcellaires dont il dispose à ce moment-là, principalement recueillies par Slipher, il semble bien que la lumière des nébuleuses spirales révèle ce mouvement général d'expansion, deux ans avant la première publication de

* L'emphase est de moi.

Hubble sur le sujet. Mais sans doute par modestie, il ne revendiqua pas la paternité de la découverte au point même que quand en 1931 son article de 1927 sera traduit en anglais (par nul autre qu'Arthur Eddington), Lemaître remaniera son texte en l'amputant de la discussion sur les données dont il disposait en 1927 qui lui avaient permis d'entrevoir le phénomène, considérant que celles-ci avaient été rendues obsolètes par celles plus récentes de Hubble. Voilà une des raisons (parmi d'autres) qui contribuèrent à ce que Hubble soit seul crédité de la découverte de l'expansion de l'Univers alors que, comme c'est bien souvent le cas en science, la réalité était plus nuancée.

Ce phénomène d'expansion a un côté déroutant. On pourrait imaginer qu'il affecte toute chose et que chacun d'entre nous pourrait y être soumis. Grossissons-nous imperceptiblement à cause de l'expansion de l'Univers ? En fait non, comme Einstein le montrera dans son dernier grand article scientifique, rédigé en 1946 avec Ernst Straus (1922-1983). Ce flot de l'expansion n'emporte avec lui que les objets qui n'ont aucune force de cohésion pour les maintenir en l'état. Les atomes qui nous composent forment des molécules, ce qui est largement suffisant pour les empêcher de s'éloigner les uns des autres. Les planètes autour du Soleil sont maintenues elles aussi par d'autres forces de cohésion, en l'occurrence leur propre champ gravitationnel. Leur course autour du Soleil n'est pas non plus affectée par l'expansion, le Soleil les maintenant sur des orbites dont la taille ne change pas. Même tarif pour les étoiles de notre Voie lactée ou de n'importe quelle autre galaxie. Tous ces objets sont découplés de ce phénomène d'expansion. Mais au-delà, sur des échelles plus grandes, l'expansion finit par l'emporter. Il est important de comprendre que l'expansion n'est pas ce que l'impression visuelle suggère, à savoir un déplacement des galaxies *dans* l'espace. C'est au contraire un gonflement *de* l'espace. C'est là une notion des plus étranges. L'espace, surtout vide de matière, est une entité à la fois immatérielle et pourtant, dans notre esprit, parfaitement indéformable. Mais non, nous a dit Einstein en 1915, l'espace peut être déformé. Il l'est par la présence des astres, mais pas seulement. Il l'est aussi de façon globale par cette dynamique de l'expansion, qui l'oblige à gonfler de volume là où il n'y a aucune matière pour l'en empêcher. Vous vous demanderez peut-être comment, ou plutôt *dans quoi*, l'Univers gonfle. Car après tout, cette expansion n'est peut-être que l'analogue d'un ballon qui se gonfle ou, pour reprendre une analogie chère à Hubert Reeves, les raisins d'un pudding aux raisins qui s'éloignent les uns des autres quand ledit pudding gonfle lors de sa cuisson. Mais l'expansion de l'Univers n'est pas cela. L'Univers est tout ce qui existe. Il ne possède pas d'espace extérieur dans lequel il s'étend. Il gonfle de façon purement *intrinsèque*. Je vous imagine froncer les sourcils en lisant ces lignes, mais rassurez-vous, tous les étudiants et étudiantes à qui l'on enseigne cela sont un temps perplexes. C'est un passage obligé, mais on finit par s'y faire. La qualité la plus essentielle quand on s'intéresse à la science, c'est d'avoir l'humilité d'accepter que notre intuition nous trompe parfois.

Autre paradoxe et non des moindres, lors de ce phénomène d'expansion, les objets qui s'éloignent de nous le font à une vitesse proportionnelle à leur distance. Si une galaxie est deux fois plus éloignée de nous qu'une autre, elle s'éloignera deux fois plus vite et ainsi de suite. En conséquence, il va toujours y avoir une distance depuis laquelle les objets s'éloignent de nous à la vitesse de la lumière, et d'autres objets à peine plus loin s'éloigneront encore plus vite ! C'est au-dessus de la limite de vitesse autorisée par la relativité restreinte, donc ce n'est pas possible, vous direz-vous peut-être… mais la réalité est plus subtile. Dans les phrases et paragraphes qui précèdent, j'ai pris soin de dire que les galaxies *s'éloignaient* de nous plutôt que de dire que les galaxies *se déplaçaient* par rapport à nous, j'ai insisté sur le fait que l'espace gonflait entre les galaxies sans dire que les galaxies se mouvaient les unes par rapport aux autres. Ce choix n'est pas purement sémantique, il vise à distinguer deux choses en réalité très différentes. Dans la vie quotidienne, nous pouvons aisément conceptualiser ce que veut dire la vitesse relative entre deux objets. Si vous vous déplacez en voiture à, disons, 100 km/h (la valeur n'a pas d'importance ici), cela signifie que le bitume sous la voiture défile à 100 km/h, mais aussi que le péage au loin sur l'autoroute se rapproche à cette même vitesse de 100 km/h (ou que c'est vous qui vous en rapprochez, à nouveau cela importe peu ici). Mais en réalité, sur des distances suffisamment grandes, le concept de vitesse relative est une notion mal définie. Imaginez pour vous en rendre compte deux avions qui se déplacent d'est en ouest le long de l'équateur à une vitesse de 1 000 km/h. Cette vitesse peut être mesurée par un observateur au sol qui voit passer les avions au-dessus de sa tête. Si les avions se suivent de près, on peut être tenté de dire qu'ils ont la même vitesse : s'ils se déplacent à la même vitesse par rapport au sol, et que le pilote du second avion voit le premier avion toujours devant lui, leur vitesse relative est la même, assurément. Maintenant imaginez que le premier avion passe au-dessus de notre observateur au sol avec 10 heures d'avance. Cet observateur verra passer, certes à des instants différents, les avions dotés d'une même vitesse par rapport à lui. Donc, pensera-t-il peut-être, ils ont la même vitesse. Mais est-ce bien sûr ? Ce serait le cas si la Terre était plate, mais la surface de la Terre est *courbée*. Et ces dix heures d'écart entre les avions font que le premier est en avance sur le second de 10 000 km, soit un quart de la circonférence terrestre. Imaginez que vous observiez ces avions en même temps, non plus depuis la Terre, mais depuis l'espace. La direction de déplacement des avions n'est plus la même ! Si un avion a un quart de tour d'avance sur l'autre, son déplacement dans l'espace se fait à la perpendiculaire de l'autre avion ! Et si l'avion a un demi-tour d'avance, il va dans la direction opposée à celle de l'autre avion. Difficile dans ce cas de dire quoi que ce soit de leur vitesse relative. On pourrait considérer qu'elle est nulle puisque la distance entre les deux avions ne change pas, pas plus que l'orientation de l'un par rapport à l'autre, tout comme on pourrait affirmer qu'elle est de 2 000 km/h. Dans un univers en expansion, c'est encore pire. La notion de vitesse relative entre deux galaxies lointaines *n'a purement et simplement pas de sens* ! Il existe toujours une vitesse indépassable, celle de la lumière, mais indépassable au sens où un observateur qui voit passer *devant lui* un objet ne verra jamais celui-ci en excès de vitesse. Comparer sa vitesse à celle d'un objet *très éloigné de soi* n'a pas de sens… et, par voie de conséquence, rien n'empêche, si l'espace gonfle entre les galaxies, que les distances entre les galaxies croissent plus vite que la vitesse de la lumière. C'est choquant mais c'est comme ça. Rassurez-vous, la première fois que l'on explique cela en détail à des élèves en master, on voit là aussi invariablement un mélange de suspicion et d'incrédulité dans une partie de l'auditoire.

À l'époque de Hubble, ces réticences ne sont pas moins grandes et du reste Hubble lui-même n'est guère enthousiaste à l'égard du concept d'expansion. Il en a pourtant appris l'existence de la bouche de Lemaître lui-même en 1928 lors d'un congrès à Leyde, aux Pays-Bas. Et c'est probablement cette discussion qui l'a incité à investiguer avec Humason si les galaxies s'éloignent effectivement d'autant plus vite qu'elles sont loin. Mais aussi paradoxal que cela puisse paraître, cela n'a visiblement pas suffi à le convaincre qu'il s'agissait là de la bonne interprétation de ses observations. La preuve se trouve dans l'ouvrage qu'il publie en 1936, synthétisant les nombreuses découvertes qu'il a faites sur les galaxies. Ce livre, *The Realm of the Nebulæ* (« Le royaume des nébuleuses »), est assez court et relativement peu technique, il s'adresse autant au grand public qu'aux astronomes non spécialistes (c'est-à-dire à beaucoup d'astronomes, le sujet étant encore à l'époque assez confidentiel). Une part importante y est bien évidemment consacrée à la détermination des distances des galaxies ainsi qu'à la relation qui lie cette distance avec leur « vitesse apparente » de récession comme il choisit de la nommer. Mais quand il s'agit d'en donner une interprétation, il se montre étonnamment prudent, pour ne pas dire circonspect. Ce n'est qu'à quatre pages de la fin de son ouvrage (qui en compte un peu plus de 200) qu'il évoque l'univers statique d'Einstein et les modèles d'Univers en expansion de Friedmann – sans, curieusement, citer les travaux de Lemaître – mais sans jamais exclure qu'une explication alternative à l'expansion puisse émerger pour expliquer ces « vitesses apparentes » des galaxies. Peut-être faut-il voir dans la prudence de Hubble l'attitude fréquente chez un expérimentateur (ou un observateur, dans le domaine de l'astronomie) qui sait maîtriser les données qu'il a recueillies mais se sent moins à même de se prononcer sur leur interprétation *. Peut-être aussi est-elle liée au fait qu'il avait eu l'occasion de rencontrer Albert Einstein lors d'une visite de ce dernier au mont Wilson en 1931. Car à ce jeu, Einstein n'est pas non plus le plus à l'aise. C'est en 1922 que Friedmann est le premier à publier un article décrivant ce que serait un Univers en expansion (époque où, rappelons-le, les galaxies n'ont pas encore été identifiées, aussi l'hypothèse de l'expansion est-elle très avant-gardiste). L'article ne passe pas inaperçu aux yeux d'Einstein, qui y répond, plutôt sèchement, peu après : « Dans le travail cité, les résultats concernant un univers non statique me semblent sujets à caution », écrit-il dans la revue où Friedmann a publié son article quelques mois plus tôt. Après une brève correspondance avec Friedmann et un autre physicien russe, Youri Kroutkov (1890-1952), Einstein publiera l'année suivante une autre note, vaguement plus enthousiaste : « Dans une note antérieure j'ai critiqué le travail susmentionné [de Friedmann]. Mais – comme je m'en suis convaincu à l'instigation de M. Kroutkov et grâce à une lettre de M. Friedmann – mon objection était fondée sur une erreur de calcul. Je tiens

* Dans la même veine, Albert Michelson n'a jamais été très à l'aise avec la relativité restreinte, dont ses expériences avaient pourtant permis la découverte.

les résultats de M. Friedmann pour justes et éclairants. Ils montrent que les équations [de la relativité générale] admettent pour la structure de l'espace [...] des solutions dynamiques. » Mais en réalité il n'est pas convaincu. Pour preuve, sur le brouillon de cette lettre figurait la précision suivante à la fin de la dernière phrase : « [...] auxquelles il est à peine possible d'attribuer une signification physique. » Ce n'est que quand l'expansion de l'Univers sera découverte une petite dizaine d'années plus tard qu'Einstein acceptera, à contrecœur, l'idée d'un Univers en expansion. Il publiera un bref article en collaboration avec Willem de Sitter dans lequel il étudiera les propriétés d'un modèle d'Univers en expansion mais qui est en réalité un cas particulier assez simple des modèles explorés par Friedmann et Lemaître des années plus tôt. À l'évidence, le sujet ne l'emballe guère et ce sera sa dernière contribution à ce domaine qu'il avait pourtant contribué de façon décisive à faire émerger. L'Univers étant en expansion, son hypothèse d'une constante cosmologique était désormais caduque, ce qui lui fera la qualifier de « plus grande erreur de sa vie ». Mais par une pirouette dont la science a le secret, cette constante cosmologique sera finalement mise en évidence près de 80 ans plus tard. Car si le recours à cette entité est indispensable pour décrire un Univers statique, il est aussi possible qu'elle soit présente quand l'Univers ne l'est pas, comme l'avaient déjà compris Friedmann et Lemaître. Et en fait, à l'heure actuelle, l'expansion de l'Univers est majoritairement impulsée par cette constante cosmologique qui est donc un acteur majeur de l'histoire et de la structuration de l'Univers. Pas mal pour la plus grande erreur d'une vie!

Mais bien sûr, la conséquence immédiate de l'expansion de l'Univers est qu'il était plus dense par le passé et encore plus dense encore plus tôt. En fait, si on remonte à rebours de l'expansion, il n'y a rien qui semble s'opposer à ce que cette expansion ait existé depuis une époque extraordinairement dense. Ainsi, l'Univers tel que nous le connaissons a une histoire. Il est issu d'une phase très dense et donc très chaude (si vous comprimez un gaz, il s'échauffe), époque dont vous avez tous entendu parler tant le terme est passé dans le langage courant: le Big Bang*. La place manque pour vous présenter un déroulé de l'histoire du Big Bang jusqu'à nos jours (vaste programme...), mais pour ce qui concerne le propos de cet ouvrage, le point à retenir est que le Big Bang

* C'est à cette histoire qu'est consacré un autre ouvrage de cette collection, *L'âge de l'Univers*, de Marc Lachièze-Rey.

est une conséquence assez inéluctable de la relativité générale, elle-même conséquence obligatoire de la relativité restreinte et donc de $E = mc^2$. Quand on tire certains fils, c'est toute la pelote qui vient, et quelle pelote !

CHAPITRE 14

BELLE AU BOIS DORMANT

Quand vous publiez un article, celui-ci a pour vocation d'apporter des connaissances nouvelles sur un sujet scientifique donné. Dans l'immense majorité des cas, il existe deux issues possibles. Tout d'abord, votre article peut passer inaperçu, que ce soit parce qu'il est faux, mal écrit ou sans intérêt, ou bien que des confrères vous auront devancé. Ou alors parce que vous ne l'avez pas diffusé par les canaux de communication usuels de votre domaine scientifique, à moins que vous n'ayez négligé d'en faire un peu de publicité dans des conférences scientifiques. Dans les autres cas, votre article apportera sa pierre à l'édifice de la connaissance. Des confrères le citeront, le discuteront, l'amenderont ou le continueront. Bref, ce travail aura rapidement trouvé sa place dans le processus sans cesse mouvant de la construction du savoir. Bien sûr, tous les articles ne se valent pas. Certains sont plus importants, plus fondateurs, plus décisifs que d'autres, vous en avez eu du reste quelques glorieux exemples dans les chapitres précédents. Mais la dynamique reste souvent la même. Comme l'article poursuit des travaux en cours, il est censé intéresser vos confrères dans un avenir immédiat. En conséquence, dès les premiers mois ou années suivant sa publication, il sera cité par vos confrères avant que l'intérêt pour ce travail ne finisse par se tarir, des recherches plus récentes et donc plus à la pointe l'ayant supplanté. Votre article ne sera pas devenu inutile ou obsolète pour autant. Il aura apporté sa contribution à l'édifice de la connaissance, mais sa période féconde sera achevée. Rares sont les travaux qui continuent à être cités en abondance des décennies après leur publication. Ainsi vont la vie et la mort des articles scientifiques.

Il existe de nombreuses études quantitatives sur ce processus dont un des meilleurs spécialistes est sans doute le Néerlandais Anthony van Raan (1945-). Physicien de formation, il s'est peu à peu reconverti dans le domaine des *science studies*, terme académique anglais qui n'a pas encore d'équivalent dans le monde francophone mais que l'on peut traduire en «études sur la science», c'est-à-dire l'étude de la mécanique du processus scientifique, non plus en tant que cheminement intellectuel, mais en tant qu'activité humaine et sociale. Dans ses recherches, il a réalisé qu'il existait une catégorie d'articles à part, rarissimes mais néanmoins remarquables, qu'il choisit de baptiser poétiquement les « belles au bois dormant ». Le nom n'évoque pas par hasard le célèbre conte de Charles Perrault : il se réfère à des articles qui passent complètement inaperçus à leur publication et sont peu à peu oubliés, « endormis », pendant des années voire des décennies avant qu'un événement déclencheur – le « prince » ! – ne provoque un regain d'intérêt considérable et justifié, faisant instantanément passer cet article si ancien du statut de divagation sans intérêt à celui de travail de première importance dont le seul tort était de s'être trouvé trop en avance sur son temps pour que sa portée ait pu être réalisée dès sa sortie.

L'exemple canonique de ces belles au bois dormant est l'œuvre de nul autre qu'Albert Einstein. Comme j'ai essayé de le partager avec vous, la grande œuvre de sa vie est la relativité (restreinte puis générale), mais Einstein a aussi été un contemporain et même un acteur important de l'autre grande révolution scientifique de l'entre-deux-guerres, à savoir la mécanique quantique. Un acteur « important » plutôt que « majeur », car le rapport personnel d'Einstein à la mécanique quantique a été assez complexe. Il en a été le véritable initiateur par son premier article de 1905, son « année miraculeuse » (voir chapitre 4), et il a en plusieurs occasions apporté des contributions de premier plan, par exemple sur les processus d'émission et d'absorption des photons par les atomes ou sur les propriétés des photons. Mais dans le même temps, il n'a jamais complètement adhéré à la théorie, dont la nature même et les conséquences ne s'accordaient guère avec sa conception du monde. En 1935, il proposa ainsi avec Boris Podolsky (1896-1966) et Nathan Rosen (1909-1995) une sorte d'*experimentum crucis* de la mécanique quantique qui, espérait-il, risquait fort de la mettre en défaut. Mais contrairement à la déviation de la lumière prédite par la relativité générale, cette autre expérience décisive dans un tout autre domaine était totalement hors de portée de la technologie de l'entre-deux-guerres. C'est la raison pour laquelle elle fut oubliée de tous pendant trois décennies avant qu'un « prince », en l'occurrence le physicien nord-irlandais John Stewart Bell (1928-1990) ne la sorte de l'oubli – ne la réveille, donc – et fasse réaliser au reste du monde à quel point cette proposition d'expérience restée dans les limbes était désormais un test décisif de la théorie, bien plus contraignant encore que les maintes épreuves qu'elle avait déjà passées avec succès. Et surtout, réalisa Bell, la technologie de son époque allait tôt ou tard pouvoir le mettre en œuvre. Et qu'importe si l'expérience en question, finalement réalisée entre 1980 et 1982 sous la houlette du Français Alain Aspect (1947-) donnait tort au pronostic d'Einstein quant à son résultat, John Bell avait révélé le caractère avant-gardiste, prophétique même, de l'article d'Einstein et ses deux collaborateurs.

Mais au-delà de cet exemple qui sort quelque peu du cadre de cet ouvrage, la grande œuvre d'Albert Einstein fut, elle aussi et pendant longtemps, une « belle endormie ». Ce n'est que dans les années 1960, soit près d'un demi-siècle après son acte de naissance, qu'elle prit réellement son envol, époque qui fut par la suite qualifiée à juste titre d'« âge d'or » de la relativité générale. En effet, après son éclatante confirmation par l'expédition d'Eddington puis son utilisation dans le cadre grandiose de l'Univers tout entier, on aurait pu penser que la relativité générale se serait définitivement assurée une place de choix dans le paysage scientifique, mais ce ne fut pas le cas. Car en y réfléchissant, à quoi diable *servait* réellement cette théorie ? L'utiliser pour étudier l'Univers dans son ensemble ? Une hérésie pour beaucoup, Einstein en tête. Expliquer l'anomalie du mouvement de Mercure ? Infime et sans influence évidente sur la dynamique du Système solaire. La déviation de la lumière ? Terriblement difficile à mesurer et sans intérêt apparent non plus. Aussi remarquable que fût l'édifice intellectuel bâti par Einstein, il n'avait été conçu, construit, pensé que pour ce qu'il était au départ : un édifice intellectuel, sans rapport évident ou direct avec le réel. Et longtemps il allait le rester. S'il est besoin d'un exemple pour s'en rendre compte, il faut se tourner vers son *experimentum crucis*, à savoir la déviation de la lumière. Certes, le Soleil et sans doute tous les astres dévient la lumière. Mais après ?

Les choses semblaient plutôt bien parties pourtant. En 1924, le physicien soviétique Orest Chwolson (ou Khvolson ; 1852-1934) réalise qu'il se passe quelque chose de particulièrement intéressant si ce phénomène de déviation de la lumière est observé depuis une grande distance. Vu depuis la Terre, le Soleil sous-tend sur la voûte céleste un angle bien plus grand que celui dont il peut dévier la lumière d'une étoile d'arrière-plan. Mais si le Soleil est bien plus éloigné, l'angle dont est déviée la lumière de l'étoile d'arrière-plan peut rester le même alors que la taille angulaire du Soleil diminue. En conséquence, même si une étoile est située derrière ce Soleil très distant, sa lumière sera toujours visible ! Alors certes c'était déjà un peu le cas pour le Soleil, mais uniquement si l'étoile d'arrière-plan était située juste au niveau du limbe de notre étoile. Dans cette configuration, l'étoile pouvait devenir visible parce que sa lumière n'avait besoin que d'une infime déviation pour contourner le Soleil. Mais si le Soleil est vu depuis une distance bien plus grande, alors quelle que soit la direction exacte dans laquelle se situe l'étoile derrière le Soleil, comprend Chwolson, elle ne sera *jamais* occultée par celui-ci. Au contraire, son image sera toujours visible… et même *ses* images. Car Chwolson réalise qu'il existe deux trajectoires que les rayons lumineux de l'étoile peuvent emprunter pour nous atteindre, chacune passant de part et d'autre de notre étoile. L'image de l'étoile sera donc dédoublée. Un bien joli phénomène, mais auquel Chwolson ne croit guère. « Je ne peux pas dire si ce cas d'une étoile double fictive donnée ici se produit réellement », précise-t-il prudemment en conclusion de son article, très court (moins d'une demi-page). Et comme en prime Chwolson n'est pas astronome de formation (cet article, rédigé quand il a 71 ans, représente son unique contribution dans le domaine de l'astronomie), son travail passe totalement inaperçu*.

* On peut du reste s'interroger sur le pourquoi de cette intrusion ponctuelle et tardive d'Orest Chwolson dans le domaine de l'astronomie. La réponse pourrait être qu'il fut un des premiers scientifiques à proposer qu'Einstein reçoive le prix Nobel (en 1914) pour sa découverte de la relativité restreinte.

Douze ans plus tard, Einstein, qui comme tout le monde ignore l'existence des travaux de Chwolson, publie un article dans lequel il s'intéresse quasiment à la même configuration sauf qu'il imagine cette fois que l'étoile déflectrice et l'étoile d'arrière-plan sont parfaitement alignées. Dans ce cas, réalise Einstein, l'étoile sera toujours visible mais non pas comme un point. Au contraire, son image sera celle d'un anneau lumineux entourant l'étoile déflectrice, anneau qui sera bien plus tard appelé l'anneau d'Einstein. Mais comme Chwolson, Einstein ne croit guère à l'utilité de cet effet. En fait, si ça n'avait tenu qu'à lui, il n'aurait jamais écrit cet article tant l'élaboration de ce dernier se fait dans les circonstances les plus invraisemblables de toute cette grande aventure, et qui méritent amplement un petit aparté.

J'ai eu l'occasion de vous parler dans le chapitre précédent d'un héros inattendu, à savoir Milton Humason, le muletier qui contribua à découvrir l'expansion de l'Univers. Dans le prochain chapitre, vous découvrirez comment une employée de maison sans-le-sou a concouru à révolutionner la compréhension des étoiles. Mais la palme de l'improbable revient sans conteste à la brève apparition de Rudi Mandl (1894-1948). En effet, cet homme eut l'occasion de croiser la route d'Einstein alors qu'il occupait l'emploi de… plongeur dans un restaurant. L'histoire de ce monsieur est assez tortueuse, en vérité. Né en Tchécoslovaquie, il est enrôlé dans l'armée autrichienne lors du premier conflit mondial où il se fait capturer par les troupes russes avant d'être envoyé en Sibérie. Il parvient à s'évader et revient à Vienne où il obtient un diplôme d'ingénieur en 1919, puis voyage, d'abord en Amérique du Sud puis en Allemagne et enfin aux États-Unis où à l'évidence ses affaires ne sont guère prospères si l'on en juge par l'emploi qu'il occupe en 1936, année de sa fugace entrée en scène. Car eu égard à ses études scientifiques, son bien modeste statut social ne l'empêche pas de s'intéresser à la science. Il pressent que la déviation de la lumière par les objets massifs peut avoir des conséquences intéressantes. Mais n'étant que simple amateur, il n'est guère en mesure de développer ou communiquer ses idées. Il sollicite en vain plusieurs scientifiques à ce sujet mais n'obtient aucune réponse. En désespoir de cause, il contacte alors une revue de vulgarisation scientifique, *Science News Letter* pour lui soumettre ses idées. Les journalistes de la revue les trouvent intéressantes mais ne se considèrent pas en mesure de les évaluer. Ils prennent alors l'initiative hardie et hasardeuse de lui offrir le voyage pour rencontrer Einstein ! Et le plus incroyable est que la rencontre a lieu. Einstein le reçoit courtoisement mais n'est pas franchement enthousiasmé par ses idées. Après la rencontre, Mandl s'enquiert plusieurs fois auprès de son hôte s'il compte publier quelque chose à ce sujet, mais le savant ne lui répond pas. Mandl insiste et, devant le mutisme de son interlocuteur, a l'idée de solliciter à nouveau la revue *Science News Letter* pour qu'elle joue le rôle d'intermédiaire. Sans doute de guerre lasse, Einstein consent finalement à publier un article sur le sujet dans la revue *Science* qui, elle, est à destination des scientifiques. Dans de telles circonstances, il n'est guère surprenant que dans l'article en question il attribue à Mandl la paternité de l'idée dès l'introduction, comme s'il voulait s'exonérer de la probable inutilité de ce qu'il va exposer : « Il y a quelque temps, R. W. Mandl m'a rendu visite, et m'a demandé de publier quelques petits calculs que j'avais réalisés à sa demande. Cette note se conforme à son souhait. » L'article, assez court, donne l'impression d'avoir été écrit à la hâte, voire bâclé, toutes les étapes n'étant pas bien détaillées. La raison est que l'intérêt du phénomène étudié n'apparaît pas évident à son auteur. « Bien sûr, il n'y a aucun espoir d'observer ce phénomène directement », explique-t-il à propos de cet anneau de lumière. Car les calculs lui indiquent qu'il faudrait disposer d'images offrant un pouvoir de résolution fantastiquement élevé, tant l'anneau de lumière dont il prédit l'apparition occupe une taille infime dans le ciel. Ceci étant hors de portée des moyens d'observation envisageables même à long terme, le calcul effectué par Einstein semble relever de la curiosité scientifique sans intérêt, d'autant qu'il faudrait bénéficier d'un hasard particulièrement heureux pour que deux étoiles se trouvent *exactement* alignées avec la Terre. Bref, un événement hautement improbable et qui en prime semble impossible à observer, il n'y a pas franchement de quoi fouetter un chat ! Du reste, si Einstein est resté courtois lors de ses échanges avec Mandl, il est plus critique en privé. « Permettez-moi également de vous remercier de votre coopération avec la petite publication que M. Mandl m'a extirpée. Elle est de peu de valeur, mais elle rend le pauvre homme heureux », écrit-il moins diplomatiquement au sujet de son article à l'éditeur de la revue *Science*.

Et pourtant. Personne ne le sait à ce moment-là, pas même ses deux découvreurs, mais nous sommes en présence d'un bel exemple de « belle au bois dormant ». Les conclusions pessimistes de Chwolson ou Einstein quant à l'observabilité du phénomène semblent tellement robustes qu'elles n'incitent personne, absolument personne à s'intéresser à ce phénomène. Mais, selon la formule consacrée, un jour le prince viendra. Le «prince» débarque donc en 1964 – curieusement la même année que l'autre «prince» d'Einstein, à savoir John Stewart Bell. Celui-ci est norvégien, il se prénomme Sjur Refsdal (1935-2009). Il n'était pas né lors de la publication de l'article de Chwolson et à peine nourrisson lors de celle de l'article d'Einstein. Mais c'est lui qui à l'approche de ses trente ans réalise que si tout ce qu'ont dit Einstein et avant lui Chwolson est juste, ni eux ni personne d'autre n'ont pris conscience que le phénomène peut se produire avec autre chose que des étoiles, à savoir des galaxies. Et cette fois, un télescope ordinaire est parfaitement capable de voir ces images dédoublées de galaxies.

Reste que la chose est difficile dans les années 1960 tant la rareté attendue du phénomène rend peu probable qu'il se produise avec des galaxies proches, relativement peu nombreuses. Pour pouvoir être observable, il est nécessaire d'examiner un grand nombre de galaxies, donc des galaxies très lointaines, ce qui est à la limite de ce que peuvent faire les moyens de l'époque. C'est la raison pour laquelle la première image double de galaxies ne sera trouvée qu'une quinzaine d'années plus tard, et ce grâce à des objets longtemps restés mystérieux, les quasars. Dans les années 1960 avaient été découvertes d'étranges sources d'ondes radio. Assez puissantes, leur contrepartie optique était parfois assez lumineuse mais toujours ponctuelle, d'aspect semblable à une étoile. Cependant, l'étude de leur lumière révélait qu'il s'agissait d'objets bien différents, s'éloignant à des dizaines de milliers de kilomètres par seconde de la Terre. Avec de telles vitesses, aucun doute permis, il s'agissait d'objets très lointains emportés à très grande vitesse par le flot de l'expansion. Très lointains et donc incroyablement brillants. On baptisa ces objets *quasars*, abréviation de l'anglais *quasi stellar radiosource*, soit « source radio [d'apparence] quasi-stellaire ». Mais de quoi pouvait-il s'agir ? Plus tard s'imposerait l'idée qu'il s'agissait de galaxies dont la région centrale était tellement brillante qu'elle en éclipsait les parties périphériques ne donnant à voir, depuis la Terre, qu'un unique point brillant. Si vous voulez savoir pourquoi, un peu de patience, je vous l'expliquerai vers la fin de cet ouvrage, au chapitre 19. Ces quasars étant le siège d'une émission radio très caractéristique, il n'était pas trop difficile de les détecter, pourvu bien sûr que leur émission soit suffisamment intense. En 1979, furent découverts deux quasars étonnamment proches l'un de l'autre sur la voûte céleste, situés de part et d'autre d'une galaxie.

Là où, visuellement, il semblait s'agir de deux étoiles de notre Galaxie situées devant une galaxie plus lointaine, la spectroscopie révélait qu'en réalité une perspective totalement inverse était à l'œuvre : au centre de l'image se trouvait une galaxie d'avant-plan et, derrière, un *unique* quasar dont on voyait une image dédoublée, première illustration de la prédiction de Chwolson… 55 ans après son article et 15 ans après celui de Refsdal. Plus tard, on découvrit un quasar encore plus étonnant. Quand la galaxie d'avant-plan est raisonnablement sphérique, ce sont, comme l'avait calculé Chwolson, deux images du quasar d'arrière-plan qui sont visibles. Mais avec une forme plus irrégulière, il est possible de voir plusieurs autres images du quasar. En 1985 fut détecté un objet à ce titre tout à fait remarquable. Ce sont quatre images du même quasar qui étaient visibles, formant un carré au centre duquel se trouvait la galaxie déflectrice. Le nom de l'objet ? La Croix d'Einstein, bien sûr.

Mais à nouveau, à quoi bon ? Cette vérification aussi magistrale que tardive, et assez esthétique au demeurant, de la déviation de la lumière prédite par la théorie d'Einstein pouvait-elle nous apprendre quelque chose ? Oui, car le meilleur est encore à venir, toujours grâce à Refsdal. Il réalise d'abord que les images multiples de ces quasars ayant emprunté des trajets différents, elles ont voyagé pendant des durées différentes. Or la lumière des quasars est sujette à des fluctuations à l'échelle de quelques heures ou quelques jours (à nouveau, un peu de patience, vous saurez pourquoi avant la fin). On verra donc les mêmes fluctuations pour chacune de ces images, explique Refsdal, mais décalées temporellement les unes par rapport aux autres. Et chose remarquable, ce décalage temporel n'est ni plus ni moins qu'un moyen de déterminer les distances entre le quasar et la galaxie d'avant-plan, ce qui quelques calculs plus loin donne de précieuses informations sur l'expansion de l'Univers ! Et ce n'est pas fini. Refsdal remarque aussi qu'à partir du moment où les deux galaxies sont raisonnablement bien alignées, alors la galaxie d'avant-plan va *focaliser* la lumière de la galaxie d'arrière-plan et donc amplifier son éclat, un phénomène certes déjà noté par Einstein dans son article de 1936, mais qui, réalise Refsdal, ouvre désormais des perspectives immenses. Une galaxie très lointaine et trop peu lumineuse pour être visible va éventuellement le devenir grâce à ce phénomène que Refsdal baptise, pour des raisons évidentes, une *lentille gravitationnelle*. Mais cela marche aussi dans le sens inverse ! Si la galaxie d'avant-plan est elle aussi très peu lumineuse, le fait qu'elle dévie la lumière de la galaxie d'arrière-plan trahira sa présence ! Et même si la galaxie est visible, le fait qu'elle dévie la lumière de la galaxie d'arrière-plan donnera des informations très précieuses puisque l'ampleur du phénomène est directement liée à la masse de la galaxie. La déviation de la lumière devient ni plus ni moins que le meilleur moyen de peser les galaxies et donc de peser l'Univers !

Et ce n'est toujours pas fini ! Refsdal revient à la configuration avec deux étoiles envisagée par Einstein et Chwolson qu'il va là aussi exploiter de façon révolutionnaire. L'alignement parfait entre la Terre et deux étoiles est un événement rarissime, mais il ne l'est plus si on considère les milliards d'étoiles de notre Galaxie. Même si la voûte céleste paraît immuable, toutes les étoiles se déplacent de façon imperceptible les unes par rapport aux autres dans leur course autour du centre de notre Galaxie. De ce fait, même si on ne voit pas toutes les étoiles tant certaines sont par effet de perspective si proches les unes des autres sur la voûte céleste qu'on ne peut les distinguer individuellement, il ne fait aucun doute que des alignements quasi parfaits entre étoiles vont se produire. Ceux-ci durent typiquement quelques semaines et se font et se défont à raison de plusieurs par mois. Le point décisif est que si, comme Einstein l'avait compris, on ne peut pas savoir qu'un tel alignement a effectivement lieu en ne regardant qu'un seul cliché, celui-ci devient détectable en suivant en continu l'évolution de la lumière de ces millions d'étoiles puisque l'alignement s'accompagnera d'un gain, parfois très important, de luminosité de l'étoile d'arrière-plan grâce à cet effet de focalisation de la lumière. Et surtout, comprend Refsdal quelques années plus tard, suivre nuit par nuit l'évolution de la luminosité de millions d'étoiles sera tôt ou tard à la portée des moyens techniques et informatiques, ce que bien sûr ni Einstein ni Chwolson n'auraient pu imaginer à leur époque. C'est là que le phénomène va atteindre sa pleine mesure, scientifiquement parlant. Au début des années 1990, l'astronome polonais Bohdan Paczyński (1940-2007) réalise que la variation de luminosité de l'étoile d'arrière-plan ne sera pas la même selon que l'étoile d'avant-plan est isolée ou au contraire forme un couple avec une autre étoile. Et si cela est vrai pour deux étoiles, cela le sera également pour un couple composé d'une étoile… et d'une planète ! La déviation de la lumière n'est ni plus ni moins qu'un moyen de trouver une exoplanète, c'est-à-dire une cousine de la Terre en orbite autour d'une étoile lointaine… La prédiction de Paczyński se réalisera en 2003, avec la première exoplanète détectée par cette méthode, et ce par une équipe d'astronomes qu'il avait lui-même mise sur pied. Elle est assez massive (aux alentours de trois fois la masse de Jupiter), mais la technique permet aussi de détecter des planètes bien plus petites, de type terrestre (en 2007), et même des satellites d'exoplanètes (une détection non encore confirmée en 2013). En fait, les potentialités de la technique s'avèrent plus grandioses encore. La probabilité qu'un système planétaire soit découvert par ce biais est faible, mais on peut l'évaluer. On peut alors en déduire quelle proportion de ces systèmes on « rate » avec cette technique… et donc combien il y en a en tout même si on est très loin de pouvoir les détecter tous. Pour un chiffre vertigineux : *il existe au moins autant de planètes que d'étoiles* dans une galaxie comme la nôtre, un résultat certes récent mais qui compte parmi les plus importants obtenus dans toute l'histoire de l'astronomie, et ce grâce à un *unique* phénomène : la déviation de la lumière par les objets massifs.

Tout cela – les images multiples de galaxies, la mesure de leur masse, les informations sur l'expansion de l'Univers, la possibilité de détecter des exoplanètes et de déterminer combien il y en a – était *implicitement* présent dans les travaux de Chwolson ou d'Einstein, mais personne ne l'avait vu, personne n'en avait saisi le potentiel. En fait, ces remarques de Refsdal et plus tard Paczyński, Einstein aurait pu les faire lui-même dès 1915. Mais c'était sans doute trop tôt, ne serait-ce que parce qu'il n'avait pas encore la certitude que cet effet de déviation de la lumière existait puisqu'il n'avait pas encore été vérifié par Eddington. Neuf ans plus tard, c'est un relatif inconnu, Orest Chwolson, qui était peut-être à deux doigts de les faire lui aussi mais elles lui avaient échappé, faute d'avoir approfondi le sujet ou su attirer l'attention de ses contemporains. Douze ans plus tard, c'est encore Einstein qui eut une seconde chance grâce à cette improbable rencontre avec Rudi Mandl, mais là encore il avait raté le coche, ne croyant pas lui-même à la pertinence du sujet et ayant par ricochet découragé ses contemporains de s'y intéresser. Ce n'est que bien plus tard que la lumière vint enfin, longtemps après la mort d'Einstein. Ainsi se forgent les avancées scientifiques, souvent grâce à la ténacité ou au génie de quelques-uns, parfois grâce à la capacité des autres à creuser plus profondément que leurs prédécesseurs une piste en apparence sans intérêt. Et du reste, s'il faut encore un autre exemple pour illustrer cet axiome irréfutable, il n'est pas besoin de chercher bien loin. Après les objets qui *dévient* la lumière, il n'est pas complètement illogique d'envisager des objets qui l'*emprisonnent*. Ce n'est certainement pas pour étudier de tels objets qu'Einstein a découvert la relativité générale, mais ce sont pourtant ces objets-là qui vont la faire entrer dans la culture populaire, la faire connaître au monde entier... mais là aussi des années après la mort d'Einstein.

CHAPITRE 15

GRAVITÉ EXTRÊME

Je me souviens avoir lu sous la plume d'une chroniqueuse judiciaire française que les grands procès étaient ceux qui échappaient à leurs concepteurs. Je ne me prononcerai pas sur cette affirmation concernant un domaine qui n'est pas le mien, mais j'aurais tendance à penser qu'il y a là un parallèle évident avec les grandes découvertes scientifiques. Leur importance se juge souvent à l'aune des conséquences aussi majeures qu'insoupçonnées qui en découlent. S'il est besoin d'en donner une illustration, elle est à chercher du côté de la grande œuvre d'Albert Einstein. Elle concernera des objets tellement extrêmes que leur géniteur et bien de ses contemporains en rejetteront farouchement l'idée. Ces objets extrêmes, vous les connaissez tous de nom. Ce sont les trous noirs.

Fin 1915, Einstein finalise les équations de la relativité générale. On aurait pu penser que la diffusion de sa théorie serait freinée par la guerre, mais que ce soit d'un côté ou de l'autre des belligérants, le savoir se propage, et parfois rapidement. Côté allemand, il se fraie même un chemin sur le front russe où se trouve un autre scientifique, Karl Schwarzschild (1873-1916). Comme beaucoup de scientifiques nés dans la seconde moitié du XIXe siècle, Schwarzschild a l'occasion de s'intéresser à de nombreux sujets, de la photographie à l'électromagnétisme en passant par les atmosphères stellaires, autant de résultats qui lui valent d'être nommé directeur de l'observatoire de Potsdam. Né en 1873, il est âgé de 40 ans à l'éclatement du premier conflit mondial, ce qui lui permet de ne pas être mobilisé mais, en patriote, il s'engage néanmoins dans l'armée, d'abord en tant que responsable d'une station météorologique près de Namur, en Belgique, avant d'être muté à sa demande dans l'artillerie où il officie d'abord sur le front français avant d'être envoyé sur le front russe. Malgré l'horreur de la guerre et les risques qu'il encourt, l'armée allemande lui offre quelques privilèges qui lui permettent de rester en contact avec le milieu académique allemand. C'est ainsi que dès la fin novembre 1915 il reçoit les articles qu'Einstein vient tout juste de publier au sujet sa nouvelle théorie et il s'y plonge immédiatement. Einstein a mis huit ans pour mettre au point sa théorie. Il sait donc mieux que quiconque à quel point les équations qu'il a découvertes sont complexes à manipuler. Mais paradoxalement, le fait d'en être conscient le dessert car il n'imagine pas qu'on puisse en trouver des solutions exactes. Il n'en a pas eu besoin jusqu'ici, du reste. Quand il avait prédit la déviation de la lumière par le Soleil, ou quand il avait expliqué l'anomalie du mouvement de Mercure, il n'avait eu besoin que de faire un traitement approché de ses équations, c'est-à-dire déterminer une approximation certes très précise mais pas parfaitement exacte du champ de gravité produit par le Soleil. Il se doutait que l'on pourrait raffiner son approximation (sans que cela change grand-chose aux résultats qu'il avait obtenus). Mais il ne croyait guère que l'on pût en trouver une description absolument exacte, sans la moindre approximation. Fin 1915, Schwarzschild ignore tout cela. En lisant les articles d'Einstein, il a devant ses yeux les formules péniblement trouvées par son auteur, mais qui n'ont, à lui, causé aucun tourment. Ce regard complètement neuf lui évite d'être en quelque sorte inhibé par la complexité de ces équations comme l'est sans doute Einstein, aussi Schwarzschild s'attelle-t-il sans appréhension à ce que son illustre ex-compatriote* n'a pas

* Rappelons qu'Einstein avait abandonné sa nationalité allemande dès 1896, voir chapitre 4.

osé faire, à savoir calculer la forme exacte du champ gravitationnel produit par un objet astronomique, que ce soit une étoile ou une planète.

Contrairement à ce qu'imagine Einstein, ce calcul-là s'avère relativement simple pourvu qu'on imagine que l'objet en question soit parfaitement sphérique. En moins d'un mois, Schwarzschild détermine le champ gravitationnel exact produit par cet objet. Celui-ci s'avère, comme on pouvait s'y attendre, presque exactement identique à celui décrit plus de deux cents ans plus tôt par Isaac Newton. Mais il en diffère légèrement, et ce d'autant plus que l'on est proche de l'objet, c'est-à-dire qu'on se trouve dans une région où le champ gravitationnel qu'il produit est le plus élevé. Là encore, ce résultat n'est pas surprenant: Einstein vient de démontrer que c'est proche du Soleil que les écarts à la théorie de Newton sont les plus importants, raison pour laquelle seule Mercure en montre des déviations mesurables via son mouvement. Mais Schwarzschild va bien plus loin, en montrant que cette déviation augmente à mesure que pour une masse donnée l'objet central est petit et que son champ gravitationnel y est d'autant plus intense à proximité de sa surface.

Schwarzschild envoie ses calculs à Einstein qui est assez impressionné. Celui-ci s'empresse de féliciter son correspondant, puis présente ses résultats à ses confrères de Berlin. De son côté, Schwarzschild continue ses investigations et calcule le champ gravitationnel qui règne à l'intérieur d'un astre sphérique. Ce sera hélas un de ses derniers articles. Sans que cela soit lié aux conditions sanitaires déplorables qui règnent sur le front, Schwarzschild a l'infortune de contracter un pemphigus, une affection cutanée particulièrement invalidante et douloureuse, et aussi mortelle. Il finit par être rapatrié à Potsdam, mais en l'absence de traitement connu à l'époque, il décède au mois de mai 1916 sans savoir à quel point son article sur le champ gravitationnel produit par un objet sphérique va révolutionner l'astronomie.

L'article de Schwarzschild indique en effet qu'il se passe probablement quelque chose de bizarre quand on considère un objet singulièrement petit pour une masse donnée, mais ni lui ni ses contemporains n'arrivent à vraiment comprendre de quoi il retourne, et ce à cause de la nature même des lois découvertes par Einstein. Pour Isaac Newton, les choses sont assez simples. Connaissant la position d'un ensemble d'astres (le Soleil et les planètes, par exemple, ou l'ensemble des étoiles dans notre Galaxie), il est possible de déterminer le champ gravitationnel global que ceux-ci produisent. Mais en relativité générale, la chose est très différente. Un objet massif déforme l'espace, de sorte que la forme exacte de l'espace n'est pas donnée *a priori* mais est déterminée par les objets qu'il contient. Ainsi, on ne peut considérer séparément la « position » des objets et la déformation de l'espace qu'ils induisent. Ici, j'ai mis le terme « position » entre guillemets précisément parce que parler de position présuppose qu'on sait dans quoi sont plongés ces objets, c'est-à-dire quelle est la forme de l'espace où ils se trouvent. Or chaque nouvel objet qu'on rajoute dans l'espace déforme celui-ci, ce qui altère la définition précédente du concept de position des autres objets déjà présents. Ce que démontre Schwarzschild, c'est que plus l'objet est petit, plus le champ gravitationnel qu'il produit en surface est important et plus la déformation qui en résulte est importante, au point que cette déformation devient de plus en plus difficile à interpréter. En pratique, le problème soulevé par Schwarzschild ne semble guère gênant : il ne se produirait pour un objet aussi massif que notre Soleil que si celui-ci ne faisait que 3 km de rayon. Or le rayon de notre étoile est de l'ordre de 650 000 km, soit plus de 200 000 fois plus grand. Ce qu'il se passerait si le Soleil était bien plus petit apparaît donc comme un problème purement académique. Mais le problème existe et, pour un mathématicien, on ne peut pas l'ignorer au seul motif qu'on ne connaît pas d'objets aussi compacts dans la Nature. Et du reste rien ne garantit qu'il n'en existe aucun.

Que se passe-t-il donc quand un astre est, ou devient, suffisamment compact pour que de telles déformations se produisent ? Il n'est pas exagéré de dire que, pendant une vingtaine d'années, personne n'a la réponse, et que les idées des uns et des autres sur la question relèvent au moins autant de l'opinion personnelle que d'une compréhension objective du phénomène. Car vous l'avez peut-être compris, ce que Schwarzschild a calculé, c'est le champ gravitationnel qui règne au voisinage des astres les plus compacts qui soient, c'est-à-dire les trous noirs. Mais à l'époque personne ne le sait. Les trous noirs sont des objets au sein desquels les phénomènes sont tellement extrêmes que, même muni des équations qui les décrivent, il n'est pas facile de comprendre ce qu'il s'y passe. Cela est d'autant plus vrai que les lois de la relativité générale ont l'agaçante propriété de rendre la façon dont on explore une configuration gravitationnelle très peu éclairante (en m'excusant pour ce jeu de mot totalement involontaire, parlant des trous noirs) : il est bien souvent difficile de comprendre la déformation de l'espace à laquelle elle correspond. En fait, dès les années 1920, les équations exhibées par

Schwarzschild semblent même présenter une incohérence mathématique, initialement découverte par le mathématicien français Jacques Hadamard (1865-1963). L'incohérence – apparente, mais personne ne le sait – trouble Einstein au point qu'il en vient à se demander si elle ne pointe pas quelque chose de plus grave : si les équations de la relativité mènent à une incohérence mathématique, cela signale peut-être qu'elles souffrent d'un défaut rédhibitoire. Le vocabulaire utilisé à l'époque est à ce titre assez explicite. La région de l'espace où semble apparaître cette incohérence est par exemple appelée « catastrophe Hadamard » par Einstein. Arthur Eddington n'est pas en reste : dans l'ouvrage sur la relativité qu'il publie en 1920 – le premier en langue anglaise sur le sujet –, il parle d'un « cercle magique ». Mais au-delà de la controverse technique qui va peu à peu s'estomper, émerge lentement l'idée que Schwarzschild a découvert une configuration dans laquelle la matière est tellement compacte que le champ gravitationnel qu'elle génère empêche la lumière de s'en échapper. C'est là un concept très simple – en une ligne on peut l'exposer – mais aussi très choquant. Tellement choquant que quand il s'agit d'envisager l'existence de telles configurations, on assiste à une levée de boucliers de plusieurs physiciens de premier plan.

Pourtant, à partir de 1910, les indices en faveur de l'existence d'astres compacts commencent à s'accumuler grâce à une autre « calculatrice » d'Edward Pickering, Williamina Fleming (1857-1911). De toutes les « calculatrices » passées par l'observatoire de l'université Harvard, Williamina Fleming est sans doute celle à la destinée la plus atypique. Née en 1857 en Écosse, elle est issue d'une fratrie de neuf enfants et doit très tôt aider à subvenir aux besoins de sa maisonnée du fait que son père décède alors qu'elle n'a que 7 ans. Dès l'âge de 14 ans, elle intègre le système d'élèves-enseignants alors en vigueur en Écosse, où les bons éléments du système scolaire sont incités à pallier les déficiences du système éducatif en assistant les professeurs pour aider les élèves les plus en difficulté, en échange d'une modeste rémunération. Elle se marie à 20 ans avec James Fleming, un employé de banque veuf de 16 ans son aîné. Le couple émigre l'année suivante aux États-Unis mais son mari l'abandonne peu après alors qu'elle se trouve enceinte de lui. Dans cette situation des plus précaires, elle rencontre Edward Pickering qui lui vient en aide en l'embauchant comme employée de maison. En tant que directeur de l'observatoire de l'université Harvard, Pickering possède un logement de fonction dans le bâtiment même de l'observatoire, aussi

Williamina Fleming se retrouve-t-elle à travailler à quelques mètres de là où officient les « calculatrices » embauchées par Pickering. Cette porosité entre sphère privée et milieu professionnel contribue sans doute à ce que Pickering remarque rapidement les capacités intellectuelles de la jeune femme et lui propose de rejoindre son équipe en remplacement de l'une d'entre elles, Nettie Farrar, sur le départ car sur le point de se marier. Williamina Fleming a à peine le temps de se familiariser avec son nouvel emploi qu'elle retourne en Écosse pour accoucher – signe de sa reconnaissance, elle baptisera son fils des prénoms et nom de son bienfaiteur –, puis elle confie son fils à sa mère et sa grand-mère pour ses premières années, et revient un an après à Harvard où elle récupère son emploi de calculatrice auprès de Pickering, un poste qu'elle occupera pendant trente ans jusqu'à son décès. Parmi les objets astronomiques célèbres découverts par Mme Fleming figure une des plus esthétiques nébuleuses, celle de la Tête de Cheval, mais ce qui nous intéresse ici est la bizarrerie des plus inattendues qu'elle découvre dans le système 40 Eridani*. Cataloguée à la fin du XVIIe siècle, ce qu'on croyait

* Ne vous avais-je pas promis que l'on reparlerait de l'étoile de M. Spock ?

être une unique étoile commença à attirer l'attention en 1783 quand William Herschel, encore lui, découvrit une étoile bien peu lumineuse à proximité. Il pouvait s'agir d'une étoile plus lointaine fortuitement située dans la même direction, mais après quelques observations éparses dans le courant du XIXe siècle, il s'avéra que les deux astres font partie du même système et qu'ils tournent tous deux autour de leur centre de gravité commun, une situation qui signifiait qu'ils étaient de masse comparable. Jusque-là rien d'anormal, mais si 40 Eridani B comme on la surnomma alors était suffisamment massive pour perturber le mouvement de sa brillante compagne, désormais appelée 40 Eridani A, alors son faible éclat ne pouvait s'expliquer que si elle était très froide en surface. En effet, ce qui détermine l'éclat du Soleil ou de n'importe quelle autre étoile, c'est sa taille – plus l'étoile est grosse, plus la surface éclairante est importante – et ce qu'on appelle sa brillance de surface, à savoir l'éclat intrinsèque d'un morceau de sa surface. À ce jeu-là, plus l'étoile est chaude, plus sa brillance de surface est importante. Vous le savez tous : plus le grill de votre four est chaud, plus il brille. La surface du grill ne changeant pas quand il chauffe (ou à peine, en raison de la dilatation thermique), c'est bien la preuve que la brillance de surface augmente avec la température. Or donc, pour revenir à 40 Eridani B, la logique voulait qu'elle soit très froide en surface afin d'expliquer son faible éclat mais à l'initiative de l'astronome Henry Norris Russell (1877-1957) et d'Edward Pickering, Williamina Fleming détermine le spectre de cette étoile et, à leur grande surprise, il s'avère que 40 Eridani B est *bien plus chaude* en surface que 40 Eridani A. Bien plus chaude mais bien moins brillante, c'est donc qu'elle est très petite, peut-être aussi petite qu'une planète. Or cet astre est plutôt massif puisque son existence a été découverte par le fait qu'elle influence le mouvement de sa compagne. On est donc en présence d'un objet de masse stellaire... mais de taille planétaire. Les trois astronomes s'en tiennent à cette affirmation – malgré une certaine incrédulité – quand ils annoncent l'identification de 40 Eridani B en 1910, laissant à d'autres le soin de mieux estimer sa taille. C'est leur confrère Ernst Öpik (1893-1985), plus connu pour ses travaux sur la source d'énergie des étoiles*, qui se charge de cette tâche en 1916 et dont l'issue le plonge dans la plus profonde perplexité. Il estime en effet que la taille de 40 Eridani B est trois fois moindre que celle de Jupiter, en conséquence de quoi sa densité se

* Voir *Pourquoi le Soleil brille*, de Roland Lehoucq.

compte en dizaines de kilogrammes par centimètre cube, un résultat qu'il qualifie immédiatement d'« impossible »... quand bien même il vient de prouver qu'il est vrai ! La réalité est même encore plus extrême car Öpik a sous-estimé l'énormité de son résultat. Là où sur foi des données parcellaires dont il dispose il estime que l'astre est trois plus petit que Jupiter, celui-ci est en réalité dix fois plus petit qu'elle, c'est-à-dire cent fois plus petit que le Soleil en taille. Le Soleil est une étoile de densité relativement modérée : un peu plus d'un gramme par centimètre cube, quelque part entre l'eau et la roche. Mais si le Soleil était, comme 40 Eridani B, cent fois plus petit en taille, il serait donc un million de fois plus petit en volume et par conséquent un million de fois plus dense, ce qui lui conférerait une densité de plus d'une tonne par centimètre cube *. L'astre qu'ont découvert Russell, Pickering et Fleming est, au sens propre, une naine blanche : naine eu égard à sa petite taille et blanche parce qu'elle est très chaude. À l'évidence, il ne ressemble pas du tout à une étoile telle qu'on la conçoit à l'époque. Mais plus remarquable encore, cet

* Rappelons que les métaux les plus denses sont l'osmium et l'iridium, avec une densité d'un peu plus de 20 grammes par centimètre cube. Les calculs d'Öpik indiquaient que 40 Eridani B était dotée d'une densité des milliers de fois plus grande.

astre exceptionnel ne le reste pas longtemps. À peu près à la même époque, on réalise qu'il en existe un autre au voisinage de Sirius, l'étoile la plus brillante du ciel. On sait depuis quelques décennies que son mouvement sur la voûte céleste n'est pas rectiligne comme devrait l'être celui de n'importe quelle étoile qui à l'échelle humaine se déplace en ligne droite dans notre Galaxie. Le mouvement de Sirius oscille légèrement et de façon régulière autour de la trajectoire attendue. C'est donc, à nouveau, qu'il est perturbé par une autre étoile, invisible, qui l'accompagne dans son mouvement. Cette étoile, les astronomes ont toutes les peines du monde à la trouver car elle s'avère plus de 10 000 fois moins brillante que son éclatante compagne, mais à nouveau elle s'avère trois fois plus chaude en surface que Sirius. Même motif, même punition, si l'on peut dire : on est à nouveau en présence d'un astre de masse stellaire (puisqu'il influe sur le mouvement de Sirius) mais de taille terrestre (puisqu'il est à la fois très chaud et très peu lumineux). Et si ces astres ne sont découverts que tardivement, ce n'est pas du fait de leur rareté, mais de la difficulté à les débusquer : trop loin du Système solaire, ces objets intrinsèquement peu lumineux sont hors de portée des instruments de l'époque. Si Sirius B et 40 Eridani B ont pu être détectées, c'est par la combinaison heureuse de la présence pour l'une comme pour l'autre d'un compagnon très brillant dont la trajectoire trahit leur présence, et de leur proximité : Sirius est située à 8 années-lumière du Soleil et 40 Eridani à 16. Hormis le Soleil, seules six étoiles sont plus proches de la Terre que Sirius, et à peine quelques dizaines pour le système 40 Eridani. Si dans un volume aussi petit (astronomiquement parlant) se trouvent au moins deux naines blanches*, c'est soit un très improbable hasard, soit le signe que ces objets sont très, très nombreux ! Peu à peu émerge l'origine de tels astres : une étoile comme le Soleil a envie, si l'on peut dire, de se contracter sous l'effet du champ gravitationnel qu'elle engendre. Mais cette tendance est contrebalancée par le fait que l'énergie qu'elle produit via les réactions nucléaires a tendance à la dilater. Un équilibre s'installe et l'étoile prend sa taille d'étoile. Mais quand l'étoile arrive à court de carburant, rien ne s'oppose à ce qu'elle se contracte. C'est à ce moment-là qu'elle devient une naine blanche. La taille de ces objets est déterminée par une

* Il en existe en fait trois autres, découvertes ou identifiées dans les années qui suivirent dans notre proche voisinage stellaire, ce qui invalide d'autant plus l'hypothèse que cette abondance de naines blanches résulte du seul hasard. Leur nombre total dans notre Galaxie est aujourd'hui estimé à plus de dix milliards.

propriété curieuse des électrons, appelée « pression de dégénérescence ». La place manque pour détailler ce phénomène qui relève de la mécanique quantique, mais disons simplement que les électrons sont des entités qui n'aiment pas être grégaires. Quand il s'en trouve beaucoup au même endroit, ils ne peuvent pas tous avoir la même énergie. Ainsi, si vous accumulez des électrons dans un petit volume, à chaque électron que vous rajoutez, celui-ci va se trouver dans l'obligation de prendre une énergie supérieure à celle de ses congénères. Et cette énergie croissante le fait se déplacer de plus en plus vite. Or, comme l'avait compris Ludwig Boltzmann et quelques autres à la fin du XIXe siècle (voir chapitre 4), la pression d'un gaz est précisément liée à la vitesse d'agitation des atomes ou molécules du gaz. Ici, seuls les électrons sont concernés, mais peu importe : si leur nature les oblige à se déplacer très vite quand ils sont trop les uns sur les autres, ils vont nécessairement générer une pression importante, qui finira par empêcher l'étoile de se contracter plus. Avant d'en arriver là, elle aura tout de même réduit sa taille d'un facteur 100, voire plus (en fonction de sa taille initiale, qui augmente avec sa masse). Jusqu'ici pas de problème, les naines blanches sont certes fort compactes, mais des milliers de fois plus grosses qu'un trou noir de même masse.

Rappelez-vous : une naine blanche de la masse du Soleil a la taille de la Terre, soit une dizaine de milliers de kilomètres de diamètre, alors qu'un trou noir de la masse du Soleil ne fait, lui, que 6 kilomètres de diamètre. Il y a encore de la marge ! Mais un jeune astrophysicien indien, Subrahmanyan Chandrasekhar (1910-1995), va rapidement faire voler en éclats cette certitude.

Né en Inde, Chandrasekhar a suivi une éducation à domicile où il montre rapidement d'excellentes prédispositions. L'instant décisif de ses études a lieu en 1929. Il profite du séjour en Inde d'un physicien européen de premier plan, Arnold Sommerfeld (1868-1951), pour le rencontrer. Ce dernier le convainc de poursuivre ses études en Europe. Chandrasekhar obtient une bourse d'étude et quitte l'Inde pour l'Angleterre et le Trinity College, dans la ville de Cambridge. Le voyage en bateau dure plusieurs semaines. Chandrasekhar n'a pas encore vingt ans, mais déjà (!) quelques articles scientifiques à son actif. Et malgré son très jeune âge, c'est durant ce voyage qu'il va atteindre l'acmé de sa carrière. Il est en effet le premier à essayer de déterminer précisément la taille d'une naine blanche en fonction de sa masse, ce qui lui permet de faire deux découvertes. La première, c'est que plus la naine blanche est massive, plus elle est petite. Autrement dit, les électrons ont de plus en plus de mal à contrebalancer la gravité de l'étoile à mesure que celle-ci est plus massive. Cela n'est pas encore très inquiétant, mais ce que Chandrasekhar montre surtout, c'est que si la masse de la naine blanche dépasse une certaine limite (désormais appelée « masse de Chandrasekhar », elle vaut environ 1,4 fois la masse du Soleil), alors les électrons sont purement et simplement *incapables* de supporter le poids de l'étoile. Si on augmente peu à peu la masse d'une naine blanche, disent les calculs de Chandrasekhar, il vient un moment où elle s'effondre littéralement sur elle-même. C'est cela que découvre Chandrasekhar dans le bateau qui l'emmène de Madras en Angleterre. Une étoile de masse inférieure à la limite peut, et va, se transformer en naine blanche. Mais pour les autres non, car les électrons ne pourront s'opposer à sa contraction ultérieure. Mais alors, que se passe-t-il ? « On ne peut que spéculer quant à d'autres possibilités », écrit-il prudemment dans la dernière phrase de l'article qu'il publie à ce sujet quelques années plus tard, en 1934, après avoir plusieurs fois peaufiné ses calculs.

De nos jours, c'est au moment de la publication d'un article scientifique qu'on le fait connaître. Les publications circulent par voie électronique et tout le monde y a immédiatement accès. Dans les années 1930, les choses se font plus lentement. L'information se propage plutôt lors des conférences scientifiques. C'est lors de l'une d'elles que le jeune Chandrasekhar va devenir célèbre, quoique dans des circonstances dont il se serait sans doute passé. En janvier 1935, il intervient lors de la réunion mensuelle de la Royal Astronomical Society. Il y expose ses calculs et sa conclusion, qui dit en creux que rien ne semble s'opposer à l'effondrement indéfini d'une étoile de masse supérieure à la masse limite qui bientôt portera son nom. Dans l'auditoire se trouvent quelques grands noms de la physique, notamment un dont j'ai abondamment parlé : Arthur Eddington. Eddington a déjà eu l'occasion d'étudier les naines blanches dont il est du reste crédité comme étant l'inventeur du nom. Il connaît bien Chandrasekhar pour avoir eu de nombreux échanges avec lui ces dernières années. Lors de l'élaboration du programme de cette conférence, il a même demandé que Chandrasekhar puisse disposer d'une demi-heure pour son exposé en lieu et place des quinze minutes habituelles. Chandrasekhar l'en a remercié, sans savoir qu'Eddington a aussi insisté pour pouvoir prendre la parole immédiatement après. Les deux hommes se sont croisés plusieurs fois les jours précédant la réunion et à aucun moment Eddington n'a évoqué le fait qu'il s'était rajouté au programme et encore moins ce dont il allait parler. Quelques minutes avant le début de la réunion, alors que Chandrasekhar discute avec un jeune confrère, William McCrea (1904-1999), ce dernier demande à Eddington ce dont il va parler. « Ce sera une surprise pour vous », se contente-t-il de répondre en souriant à l'adresse des deux hommes. C'est peu de le dire. La surprise est totale quand Eddington prend la parole juste après Chandrasekhar. Car s'il commence par affirmer qu'il n'a rien à redire au sujet des calculs de Chandrasekhar (qui sera toujours auréolé d'une réputation méritée de calculateur hors pair), il ajoute qu'il ne peut en aucune façon être d'accord avec la conclusion. Non pas qu'elle ne découle pas logiquement des calculs, mais parce qu'il ne l'accepte pas en tant que telle, ce qu'il résume en une phrase qu'il prononce alors, et depuis restée célèbre : « Je pense qu'il existe une loi de la Nature qui empêche une étoile de se comporter de façon aussi absurde ». Cette façon « absurde », c'est bien sûr l'hypothèse que l'astre s'effondre en un trou noir. C'est cela qu'il explicite dans l'article qu'il vient d'écrire : « [Chandrasekhar] déduit qu'une étoile de grande masse [...] va se contracter jusqu'à ce que, lorsqu'elle atteint un diamètre de quelques kilomètres, son champ de gravité devienne suffisant pour empêcher sa lumière de s'échapper.» C'est-à-dire un trou noir. Et de poursuivre, si tant est que les lecteurs n'aient pas encore compris: «Cela me semble presque une preuve par l'absurde [du bien fondé] de la formule» utilisée par Chandrasekhar. «Cela doit *a minima* éveiller des soupçons quant à la solidité de ses fondations.» Mais en réalité il n'a guère d'arguments à opposer. Il cristallise cependant sa critique sur un point technique: le comportement peu intuitif des électrons (cette pression de dégénérescence) est décrit par la mécanique quantique qui au départ avait été conçue pour décrire le comportement des particules élémentaires animées de mouvements relativement lents. Mais à mesure que la masse de la naine blanche augmente, les électrons se voient obligés de se doter d'une énergie de plus en plus importante et donc d'une vitesse s'approchant de plus en plus de celle de la lumière. Autrement dit, il faut adjoindre aux lois de la mécanique quantique celles de la relativité restreinte. Et cela, Eddington n'en veut pas. Ou plutôt, devrait-on dire, il invoque ceci en guise d'échappatoire commode pour disqualifier la conclusion qui en découle et qui heurte sa conception du monde. Une telle approche est donc, selon lui, incongrue, inappropriée: «Je ne considère pas la progéniture d'une telle union comme née d'un mariage légal», affirme-t-il avec éloquence... en réalité sans argument solide à l'appui. Mais là où la discussion aurait dû rester dans le cadre policé du débat scientifique, Eddington en fait une affaire personnelle et s'en prend nommément à Chandrasekhar. On imagine aisément l'embarras dans lequel l'autorité d'Eddington plongea le jeune émigré, d'autant qu'en plusieurs autres occasions Eddington critiquera voire se moquera de Chandrasekhar en public, sans qu'il lui soit donné de droit de réponse. Le moment culminant de cette mauvaise pièce surviendra six mois plus tard à Paris lors de l'assemblée générale de l'Union Astronomique Internationale qui était alors la grand-messe du monde de l'astronomie. Ce n'est plus devant le parterre de quelques physiciens londoniens qu'elle se joue, mais devant les astronomes du monde entier. Pendant une heure, Eddington réitère non sans mesquinerie ses critiques du résultat de Chandrasekhar, toujours en présence de ce dernier. Celui-ci fait alors passer un papier au président de la session (qui se trouve être Henry Norris Russell), demandant un droit de réponse. « Je préfère que vous ne le fassiez pas », lui répond-il par la même voie, faisant preuve du même manque de courage que plusieurs de ses confrères, en privé d'accord avec les conclusions de Chandrasekhar mais peu enclins à désavouer Eddington en public. L'épisode ternira la réputation d'Eddington qui aura laissé voir quelques aspects peu reluisants de sa personnalité : cassant, cynique, sûr de lui et non dénué de préjugés. Chandrasekhar de son côté en gardera une blessure intime qui ne se refermera jamais complètement. Mais en science, le système est fait pour que celui qui gagne à la fin soit toujours celui qui a raison au départ. Et cette fois, ce sera Chandrasekhar. Ou presque. Parce que ni lui ni personne ne réalise que si une naine blanche atteint la masse critique, alors elle va continuer sa contraction au point d'atteindre des densités et des températures telles qu'un nouveau cycle de réactions nucléaires va s'initier. La contraction est tellement rapide – moins d'une seconde – que les réactions se font partout dans l'étoile. Celle-ci subit alors une explosion thermonucléaire globale, dans une fantastique libération d'énergie qui non seulement arrête la contraction mais aussi disloque complètement l'étoile. Il y a donc une loi de Dame Nature qui empêche une naine blanche de se comporter de cette « façon absurde » qui horrifiait Eddington. A-t-il gagné pour autant ? Non ! Car le phénomène de masse maximale se produit aussi dans d'autres étoiles, plus massives, et avant qu'elles ne s'arrêtent de briller. Faisons maintenant un petit détour vers ces grands phares du cosmos. Ils le méritent bien.

Dans une étoile comme le Soleil, l'énergie est fournie par la combustion de l'hydrogène en hélium (voir chapitre 8). Plus tard, à court d'hydrogène, il se contractera et c'est l'hélium qui deviendra le combustible, pour fabriquer du carbone et de l'oxygène, voire du néon pour des étoiles un peu plus massives. Après, plus rien. Le Soleil se contractera en naine blanche et ce sera aussi le cas pour toutes les étoiles de moins de huit fois la masse du Soleil. En effet, toutes les étoiles en fin de vie sont sujettes à d'importantes pertes de masse. Ainsi, le Soleil perdra 30 % de sa masse dans les dernières phases de sa vie d'étoile. Pour une étoile de huit fois la masse du Soleil, c'est plus de 80 % de la masse qui sera perdue sur la fin, et sa masse sera alors inférieure à 1,4 fois celle du Soleil : même si au départ cette étoile a une masse très supérieure à la limite trouvée par Chandrasekhar, elle en sera en dessous au moment décisif, quand les réactions nucléaires cesseront en son sein. Pour les étoiles encore plus massives, l'aventure continue quand bien même elle durera moins longtemps. Bien que plus massives, et donc pourvues au départ de quantités plus grandes de combustible nucléaire, ces étoiles le consomment à un rythme bien plus rapide que leurs réserves sont loin de pouvoir compenser. Elles sont ainsi dotées d'une espérance de vie bien moindre: moins de 50 millions d'années pour une étoile de dix fois la masse du Soleil, par exemple. Mais le nombre d'étapes de sa brève existence sera plus important. Le carbone produit lors du cycle précédent réagira pour former du néon et un peu de magnésium. Ensuite, le néon fusionnera en magnésium ou sera brisé en oxygène. Puis l'oxygène fusionnera pour donner du silicium. Enfin, le silicium fusionnera pour fabriquer du fer et du nickel, et alors ce sera le début de la fin.

Lors des réactions nucléaires dans les étoiles, on fusionne des noyaux atomiques pour en former d'autres plus massifs. Cela marche parce que la « colle » du noyau massif* est plus efficace que la colle des réactifs plus légers: on peut donc libérer de l'énergie par ce biais. Mais l'efficacité du collage ne s'améliore pas indéfiniment à mesure que le noyau est de plus en plus gros. Vous le savez du reste, car les plus gros noyaux atomiques ne sont pas si bien collés que cela. C'est notamment le cas de l'uranium, qui libère de l'énergie quand on le brise en noyaux plus petits.

* Le terme technique est « énergie de liaison », mais « colle » reste plus évocateur.

C'est le principe de la bombe d'Hiroshima et des centrales nucléaires, comme on l'a vu au chapitre 8. Mais si on gagne de l'énergie en fusionnant des petits noyaux et que l'on en gagne aussi en fissionnant des gros noyaux, c'est la preuve que, quelque part entre les deux, il existe un noyau quasiment incassable et intransformable, au sens où le fusionner en quelque chose de plus gros ou le briser en autre chose de plus petit ne libérera aucune énergie mais au contraire en consommera. Ce noyau-là, ou ces noyaux car il y en a deux, ce sont le fer et le nickel. Peut-être commencez-vous à voir se dessiner l'inéluctable. Au sein des étoiles massives, vient un moment où la température du cœur permet au silicium de se transformer en fer. Mais ce cœur de fer est inerte, il ne s'y produit plus aucune réaction, plus rien. Le cœur de ces étoiles massives n'est donc pas très différent d'une naine blanche. En l'absence de nouvelles réactions nucléaires, c'est donc, comme pour une naine blanche, la pression de dégénérescence des électrons qui le maintient. À l'inverse des naines blanches, ce cœur est enveloppé de matière, ce silicium qui n'a pas encore fusionné en fer et en nickel (puis un peu plus loin, l'oxygène qui va fusionner en silicium, etc.). Et le silicium en périphérie du cœur continue, lui, à synthétiser du fer, augmentant la masse du cœur de fer, toujours aussi inerte. Celui-ci grossit, grossit… jusqu'à atteindre la limite de Chandrasekhar. À ce moment-là, plus rien ne le maintient et il s'effondre en une fraction de seconde. Cette fois, presque rien ne s'oppose à l'effondrement puisque aucune réaction nucléaire ne peut produire de l'énergie pour contrer l'effondrement. Chandrasekhar a presque gagné, mais pas encore. Car l'étoile a un dernier atout dans sa manche (ou, en l'occurrence, dans son cœur). Les électrons sont à la fois obligés de s'agglutiner les uns contre les autres puisque le cœur s'effondre et ont des caractéristiques qui leur interdisent de le faire. Cette situation intenable trouve une issue radicale : les électrons vont ni plus ni moins disparaître ! Non pas d'un seul coup, mais en réagissant avec des particules tout aussi abondantes qu'eux : les protons des noyaux de fer et de nickel. La compression que subit le cœur de l'étoile massive est telle que la température atteint des valeurs faramineuses, capables de détruire les noyaux de fer. Les protons sont en un sens libérés des noyaux et vont fusionner avec les électrons pour fabriquer des neutrons. Le cœur de l'étoile se transforme en moins d'une seconde en une boule de neutrons extraordinairement dense : sa taille est descendue à une vingtaine de kilomètres, sa masse étant égale à la masse limite de Chandrasekhar, soit

1,4 masse solaire. Vous pouvez vérifier avec votre calculatrice, la densité de cet objet est de l'ordre de 500 millions de tonnes par centimètre cube. Si les chiffres astronomiques vous manquaient, en voilà un de plus*! Cette densité, c'est l'équivalent de plusieurs dizaines de milliers de tours Eiffel entassées dans un unique dé à coudre, ou bien celle obtenue en comprimant la Terre entière dans une sphère de 300 mètres de diamètre. Quelle que soit l'analogie, les chiffres sont tellement énormes qu'ils ont l'air absurdes. Mais ils sont exacts.

On pourrait penser que le neutron étant instable, cette boule de neutrons, qu'on appelle une « proto-étoile à neutrons », va finir par disparaître. Mais ça n'est pas le cas. Le neutron seul est instable, mais il l'est nettement moins quand il est en compagnie d'autres neutrons et protons. Quand il n'y a pas assez de protons, les neutrons n'arrivent pas à se coller entre eux, aussi des noyaux atomiques composés de beaucoup de neutrons n'existent pas. Ici, c'est la gravité qui se charge de faire la colle, ce qui suffit au neutron pour être parfaitement stable. La boule de neutrons est stable et même quasiment indestructible.

* Et autant vous prévenir, on va faire bien plus impressionnant dans quelques pages.

Il n'est pas facile de la transformer en quoi que ce soit d'autre. Eddington s'en sort une nouvelle fois, mais d'extrême justesse. Car la boule de neutrons n'est que le cœur de l'étoile massive. En une ou deux secondes, ce cœur, qui avait la taille d'une naine blanche, soit à peu près celle de la Terre, s'est contracté en une sphère de 20 kilomètres de diamètre. Mais tout le reste de l'étoile est toujours là et tombe à une vitesse vertigineuse sur ce cœur qui vient de s'effondrer. À partir de là, deux scénarios sont possibles. Soit la masse de ces couches externes est, astronomiquement parlant, modérée, auquel cas elle rebondit sur ce cœur de neutrons quasi indestructible et tout aussi incompressible. La collision, d'une rare violence (même à l'échelle astronomique !), est telle que l'onde de choc qui en résulte disloque complètement l'étoile, qui se transforme en une immense boule de feu en expansion rapide au centre de laquelle ne subsiste que son cœur effondré et désormais mis à nu. La luminosité augmente (puisque la surface de l'étoile en train d'exploser augmente), et ce de façon considérable. L'étoile devient des dizaines de milliers de fois, voire des millions de fois plus brillante qu'elle ne l'était juste avant – et ces étoiles massives sont déjà très brillantes ! C'est le phénomène de supernova, que l'on a tendance à résumer en disant que l'explosion de l'étoile est aussi lumineuse qu'une galaxie tout entière. Ce n'est pas tout à fait le cas, mais on n'en est pas loin. Le chant du cygne de l'étoile devient visible non seulement dans toute la galaxie, mais de très loin, à plusieurs millions, voire milliards d'années-lumière, si ce n'est bien sûr que le signal lumineux mettra des millions ou des milliards d'années à faire le trajet – on ne dépasse pas la vitesse limite autorisée. Quand l'étoile est vraiment très massive, le destin est encore différent. Il y a tellement de masse dans les couches externes de l'étoile que celles-ci sont capables de comprimer encore un peu plus le cœur de neutrons. Or si ce dernier est quasi indestructible, il a néanmoins un point faible: il n'est guère plus gros qu'un trou noir de même masse. Et si on comprime un objet en dessous de la taille d'un trou noir de masse équivalente, point de salut désormais, il se transforme en trou noir. Chandrasekhar vainqueur!

Hélas pour lui, en 1935, on est encore loin d'imaginer la portée des conclusions du jeune Indien. Un autre grand nom de la science déteste l'idée que la Nature puisse engendrer cette «absurdité» si insupportable à Eddington: Albert Einstein. Lui non plus n'aime pas les trous noirs et il va s'attacher à démontrer qu'ils n'existent pas. Il entreprend donc de calculer à quoi ressemblerait un astre dont le rayon serait plus petit qu'un trou noir. Un tel astre *serait* un trou noir puisque la lumière émise par sa surface serait en-deçà de la limite dont elle ne peut s'échapper. Ce à quoi s'attelle Einstein, c'est de savoir comment la matière s'agence à l'intérieur. Et le résultat qu'il trouve le ravit: il *n'existe pas* de configuration de matière plus petite qu'un trou noir! Il publie son résultat en 1939 dans un article dont la conclusion est sans équivoque: « Le résultat principal de cette investigation est que les « singularités de Schwarzschild » [un des noms donnés aux trous noirs à l'époque] n'existent pas dans la réalité physique. [...] Une singularité de Schwarzschild n'existe pas pour la raison que la matière ne peut être concentrée de façon arbitraire. » Les calculs d'Einstein sont un peu techniques mais aisément compréhensibles par tout étudiant ayant suivi des cours de relativité. Et ils sont parfaitement justes. Mais Einstein a commis une erreur, presque la même que celle qui lui a fait rater la découverte de l'expansion de l'Univers: il a supposé une distribution de matière *statique* à l'intérieur du trou noir. Et effectivement, il n'existe pas de distribution statique de matière dans un trou noir. La matière, ou vous-même si vous pouviez commettre la folie de vous y jeter, ne peut rester au repos dans un trou noir. Non seulement on ne peut pas s'échapper d'un trou noir, mais on est en plus irrémédiablement attiré par le centre. L'intérieur d'un trou noir est le siège de phénomènes tellement extrêmes que la notion de « centre » y est assez subtile mais, de façon (un peu) imagée, ce qu'il se passe est effectivement que tout est attiré vers le centre et s'agglutine en un point dont la densité va plus ou moins devenir infinie. En croyant démontrer que les trous noirs n'existent pas, Einstein a démontré sans le savoir que l'intérieur des trous noirs est une région des plus déroutantes... mais il ne l'a pas compris, pas plus que personne ne l'a fait avant lui.

Depuis quand, et surtout par qui, commence la bonne compréhension des trous noirs ? Par un des scientifiques au bilan le plus ambigu de toute l'histoire des sciences, celui dont le nom est indissolublement lié à la bombe atomique, à savoir Robert Oppenheimer (1904-1967). Avant de jouer un rôle décisif dans son élaboration, Robert Oppenheimer a été un physicien théoricien de premier ordre, qui contribua beaucoup à faire se développer cette discipline outre-Atlantique où jusqu'alors c'est la physique expérimentale qui régnait en maître. C'était surtout un remarquable touche-à-tout, qui s'intéressa à de nombreux sujets auxquels il se consacra pendant une durée relativement courte, le temps d'écrire un ou deux articles scientifiques, souvent de grande qualité et parfois même révolutionnaires comme on va le voir*. En 1938 et 1939, il étudie la structure interne d'une hypothétique étoile à neutrons et en publie deux articles extraordinaires. Dans le premier, il détermine tout d'abord quelles sont les caractéristiques générales de ces objets, à savoir leur taille et leur densité, de l'ordre de ce qui a été dit plus haut. Ensuite, il se livre au même exercice que Chandrasekhar au sujet des naines blanches. Avec son étudiant George Volkoff (1914-2000), il démontre que pour des raisons assez semblables à celles trouvées par Chandrasekhar, il existe aussi une masse maximale au-delà de laquelle une étoile à neutrons ne peut exister. La valeur de la masse est difficile à évaluer car le détail des interactions qui peuvent exister entre les neutrons est encore très mal connu, en revanche l'existence d'une masse maximale est établie avec certitude : il y a *nécessairement* une telle masse limite, très vraisemblablement située aux alentours de trois ou quatre fois la masse du Soleil. Et au-delà de cette limite, désormais point de salut, l'étoile à neutrons n'a d'autre choix que de s'effondrer sur elle-même, et en l'absence de

* C'est du reste cette remarquable capacité d'adaptation qui lui vaudra d'être sollicité pour chapeauter le projet Manhattan, visant à pourvoir l'Amérique de l'arme atomique.

mécanisme susceptible d'arrêter cet effondrement, elle va se transformer en trou noir. Car Oppenheimer va plus loin que ses prédécesseurs. Ni Chandrasekhar, et encore moins Eddington ou Einstein n'ont eu la curiosité ou l'audace de se demander ce qu'il allait exactement se passer quand les forces de pression au sein d'un astre ne seraient plus en mesure de contrer les forces de gravité. Oppenheimer, si. Avec un autre de ses étudiants, Hartland Snyder (1913-1962), il publie en parallèle un autre article intitulé «Au sujet d'une contraction gravitationnelle continue», où il étudie ce qu'il se passe quand une étoile à neutrons s'effondre sur elle-même. Les calculs sont complexes mais en faisant quelques approximations les deux hommes tirent la substantifique moelle de leur modèle: en langage moderne, ils comprennent qu'un observateur extérieur témoin de l'effondrement verra celui-ci se figer peu à peu quand le rayon de l'étoile en train de s'effondrer devient égal au rayon du trou noir de masse équivalente. Pour autant, l'effondrement *ne s'arrête pas là*. Il continue, désormais invisible pour l'observateur extérieur. Comme l'avait compris Einstein avant même 1915, le temps s'écoule d'autant plus lentement que l'on se situe au voisinage d'un objet massif. Et cet «étirement» du temps devient infini à la surface d'un trou noir, c'est-à-dire que ce qu'il s'y passe semble se figer vu de l'extérieur. Mais cela ne signifie pas que tout s'arrête, juste que ce qu'il se passe au-delà est désormais à jamais hors de votre champ de vision : c'est l'essence même de ce qu'est un trou noir. Du point de vue de quelqu'un qui serait situé à la surface de l'étoile en train de s'effondrer, l'effondrement continue après avoir atteint la taille critique. L'étonnant corollaire à cette situation est que la surface d'un trou noir n'en est pas vraiment une. Elle n'est pas matérielle, pas tangible, on n'y trouve strictement rien. Ce qui délimite l'intérieur et l'extérieur du trou noir, c'est cet imperceptible point de non-retour au-delà duquel on ne voit rien quand on est à l'extérieur et qu'on ne peut franchir en faisant demi-tour si on est à l'intérieur. Il n'y a donc pas d'incohérence dans la théorie d'Einstein, et surtout les trous noirs semblent voués à se former au cœur des étoiles massives. La boucle est bouclée, ou plutôt elle aurait dû l'être, car les articles d'Oppenheimer sont publiés à l'été 1939 qui voit le début de la Seconde Guerre mondiale. Ils vont donc être peu à peu mis de côté, d'autant que ce qu'il manque à ce magnifique édifice intellectuel, ce sont des faits qui viennent confirmer ce qui n'est pour l'heure qu'un vaste ensemble d'hypothèses.

CHAPITRE 16

RECONSTITUER LE PUZZLE

Une grande partie du scénario du chapitre précédent n'est pas connue au moment de l'exposé de Chandrasekhar. Quand en 1930 il a son idée de masse maximale des naines blanches, le neutron n'a même pas encore été découvert – il ne le sera qu'en 1932 par l'Américain James Chadwick (1891-1974). Jusque-là, l'existence de l'atome ne faisait plus de doute – grâce à Albert Einstein, souvenez-vous – mais sa structure interne demeurait un mystère. On savait qu'il était composé d'un noyau entouré d'électrons, mais le contenu des noyaux n'était pas connu. Une hypothèse en vogue était qu'il contenait autant de protons qu'il y avait d'électrons périphériques, mais que pour expliquer sa masse, plus importante que celle des seuls protons, on y trouvait aussi des paires protons-électrons, lui assurant une masse supérieure à celle des seuls protons. En fait, c'est tout le détail des réactions nucléaires qui ont lieu dans le cœur du Soleil qui n'est pas encore connu à cette époque. Il sera précisé quelques années plus tard par un étudiant d'Arnold Sommerfeld, Hans Bethe (1906-2005), qui sera fort justement récompensé en 1967 du prix Nobel de physique pour cela, un prix Nobel bien particulier pour les astronomes car ce sera la première fois que le comité Nobel consentira à inclure l'astronomie et l'astrophysique dans les disciplines susceptibles d'être récompensées par le prix en physique. Cela peut paraître incongru de nos jours, mais jusqu'à cette date, *aucune* découverte astronomique n'avait été jugée digne d'être récompensée par le prix le plus prestigieux de la science. Ainsi, si vous vous demandez pourquoi Edwin Hubble ne l'a pas reçu, souvenez-vous : son principal tort… est d'être mort en 1953, soit quinze années trop tôt. Même sort pour Henrietta Leavitt dont une rumeur tenace mais jamais confirmée affirme que Hubble avait dit que c'est elle qui méritait le prix Nobel puisque c'est grâce à ses travaux sur les céphéides qu'il put mettre en évidence la nature des galaxies et l'expansion de l'Univers. Née en 1868, il lui eût fallu devenir centenaire pour avoir ses chances. Subrahmanyan Chandrasekhar sera lui plus chanceux. Il obtiendra bien le prix Nobel, encore qu'il lui aura fallu s'armer de patience. Officiellement, le prix lui fut décerné pour « ses études théoriques des processus physiques d'importance dans la structure et l'évolution des étoiles », une formulation plutôt alambiquée qui englobe l'ensemble de l'œuvre très prolifique du physicien (il publiera plus de 300 articles scientifiques au cours de longue carrière), mais dont les travaux de 1930 dans le navire qui l'emmenait en Europe en représentent l'exemple le plus abouti. L'année de sa récompense ? 1983, soit... plus d'un demi-siècle après avoir pavé le chemin indiquant que la formation des trous noirs était inéluctable.

Pour autant, dès les années 1930, on soupçonne déjà que certaines des étapes décrites plus haut sont susceptibles de se produire. Edwin Hubble, encore lui, y joue du reste un rôle presque involontaire mais décisif par deux fois. D'abord parce que quand il annonce que la Nébuleuse d'Andromède est un objet extragalactique, plusieurs astronomes s'interrogent immédiatement sur la nature d'un événement qui y avait été observé en 1885, à savoir, pensait-on, une nova, et plutôt brillante d'ailleurs, puisqu'elle avait été visible à l'œil nu. En 1934, deux astronomes, Walter Baade (1893-1960) et Fritz Zwicky (1898-1974), réalisent que si la galaxie d'Andromède est, comme l'affirme Hubble, située considérablement plus loin que les limites de notre Galaxie, alors une nova visible à l'œil nu devait être une nova extraordinairement brillante, soit, selon leurs mots, une « super-nova », un terme qui restera, le tiret en moins entre les deux mots le composant. Et comme en 1934 le neutron vient d'être découvert, Baade et Zwicky ne s'arrêtent pas là. Ils émettent presque immédiatement l'hypothèse que si – quelle qu'en soit la raison – une étoile à neutrons venait à se former dans le cœur d'une étoile, alors elle produirait une fantastique libération d'énergie à même d'expliquer la luminosité de la « super-nova » de 1885.

Reste à ce moment-là à identifier clairement une supernova, suffisamment proche pour pouvoir être étudiée en détail, et y déceler le résidu compact en son sein. L'objet qui fit le lien entre tout cet édifice intellectuel et le monde réel, j'en ai parlé brièvement mais dans un tout autre contexte, c'est cette fameuse tache floue que Charles Messier avait pris à tort pour une comète en 1758 et qu'il catalogua peu après sous le nom de M1. Un petit siècle plus tard, l'astronome irlandais William Parsons (1800-1867), plus connu par son titre de noblesse de 3ᵉ Comte de Rosse, en avait fait un croquis détaillé soulignant pour la première fois sa structure filamentaire, qui vers 1850 lui valut d'être baptisée la Nébuleuse du Crabe. La nature de cet objet est restée inconnue jusqu'en 1921, date où l'astronome Carl Otto Lampland (1873-1951) compare des clichés de M1 avec d'autres pris huit ans plus tôt, en 1913. Il note que M1 apparaît légèrement plus grosse désormais et en déduit qu'il s'agit probablement des débris d'une explosion stellaire, à savoir, pense-t-il, une nova. En 1928, Edwin Hubble dispose d'une plus large base temporelle pour la comparaison de tels clichés et peut déterminer sa vitesse d'expansion puis en déduire que la date de l'explosion doit remonter à 900 ans, soit en plein milieu du Moyen Âge. Se pourrait-il qu'elle ait été observée ? Aucune chance de trouver des traces d'observations faites par des Européens en ces temps reculés où l'intérêt pour les phénomènes célestes (et la science en général) était en sommeil, mais Hubble fait le lien avec un article écrit sept ans plus tôt par l'astronome suédois Knut Lundmark (1889-1958) qui fait part de nombreuses observations astronomiques anciennes en provenance d'extrême-Orient faisant référence à des phénomènes pouvant s'assimiler à des novæ. Lundmark lui-même n'effectue pas de travail de compilation, il se fonde principalement sur les recherches de deux scientifiques français issus de la même famille, à savoir Jean-Baptiste Biot, le père (ne vous avais-je pas promis qu'on reparlerait de lui ?) et Édouard Biot, le fils (1803-1850). Ce dernier est sinologue, c'est-à-dire spécialiste de civilisation chinoise, et il a découvert que parmi les nombreuses chroniques impériales rédigées au cours des siècles, certains chapitres mentionnent divers événements astronomiques notables. À l'instigation de son père, il décide donc de porter à la connaissance des astronomes européens de son époque les observations de leurs confrères asiatiques des temps jadis.

Dans le monde chinois, le ciel est le reflet de ce qu'il se passe sur Terre, aussi un événement céleste est-il considéré comme annonciateur d'événements terrestres à venir. Même si les motivations qui sous-tendent leurs observations du ciel sont donc de nature astrologique, l'importance accordée à ces prédictions fait que les astronomes chinois sont des observateurs particulièrement méticuleux. Édouard Biot s'en rend compte en comparant ce que la mécanique céleste de leur temps peut dire sur les dates des éclipses et autres rapprochements de planètes avec les mentions de tels phénomènes dans les documents chinois. Il se dit alors que d'autres événements moins faciles à interpréter peuvent eux aussi avoir été consignés et présenter aussi un intérêt. Parmi ceux-ci figurent les mentions de ce que les astronomes chinois appellent de façon très poétique des « étoiles invitées », décrivant l'apparition parfois fugace, parfois plus longue d'un astre dans le ciel. Certaines de ces étoiles invitées sont elles aussi faciles à identifier : ce sont des comètes, d'ailleurs parfois qualifiées d'« étoiles balais » avec un pragmatisme certain par les astronomes chinois. Édouard Biot arrive ainsi à exhumer nombre des passages passés de la plus célèbre de toutes les comètes, dont nous avons déjà parlé, la comète de Halley*. De ce fait, il est particulièrement confiant dans le fait que les autres mentions d'étoiles invitées peuvent livrer des secrets, notamment des mentions de novæ suffisamment lumineuses pour avoir été vues sans instrument. Il exhume entre autres observations celle d'une étoile invitée apparue, après conversion au calendrier européen, à l'aube du 4 juillet 1054 au voisinage de l'étoile appelée *Tianguan* par les astronomes chinois, et correspondant à l'étoile cataloguée par les Européens sous le nom de dzêta Tauri, à proximité de laquelle se trouve M1. D'après les chroniques dont dispose Biot, il est indiqué en des termes vagues que l'étoile invitée a été visible jusqu'à la fin de l'année. Trois quarts de siècles plus tard, Lundmark redécouvre le travail de Biot mais ne fait pas de lien avec la Nébuleuse du Crabe,

* Des recherches plus poussées faites à la fin du siècle dernier ont réussi à trouver mention dans des documents chinois de tous les passages de la comète de Halley depuis l'an - 240.

un pas que franchit peu après l'inévitable Hubble, non sans une certaine fierté*, et d'autant plus facilement qu'à l'inverse de Lundmark il a compris que l'explosion qui lui a donné naissance date d'environ neuf siècles.

Au moment où Hubble fait le lien entre la Nébuleuse du Crabe et une explosion stellaire, impossible de savoir de quel type d'explosion il s'agit, mais peu à peu s'impose l'hypothèse d'une supernova. Car en exhumant d'autres sources chinoises, il s'avère que l'étoile invitée ressuscitée par Biot n'a pas disparu comme le croit le savant français à la fin de l'année de son apparition, mais à la fin *de l'année suivante*. Encore plus remarquable, ces sources mentionnent que presque immédiatement après son apparition, elle était devenue suffisamment brillante pour être visible en plein jour pendant plus de trois semaines et précisent qu'au maximum de son éclat elle surpassait celui de Vénus. Plus de doute permis, il s'agit d'un événement d'une brillance et d'une durée exceptionnelles, donc d'une supernova.

* Dans l'article qu'il rédige à ce sujet, il ponctue d'un point d'exclamation la phrase où il annonce l'association entre la Nébuleuse du Crabe et l'explosion observée en 1054. Ce simple signe de ponctuation dénote une rare marque d'enthousiasme pour un article scientifique, traditionnellement rédigé dans un style sobre, impersonnel et bien sûr dénué d'affect.

Mais qu'y a-t-il au centre ? La plupart des nébuleuses – au sens moderne du terme – sont des régions du ciel riches en gaz et illuminées pour une raison ou une autre par des étoiles brillantes. C'est notamment le cas de la nébuleuse la plus brillante du ciel, celle d'Orion (ou M42 – Charles Messier est décidément partout !). Rien d'étonnant dans ces conditions à ce que ces nébuleuses soient plus brillantes au centre qu'en périphérie. Mais la Nébuleuse du Crabe est à ce titre bien singulière. En effet, elle est certes nettement plus brillante au centre, mais si c'est bien le reste d'une explosion d'étoile… il ne devrait plus rien rester à l'intérieur pour éclairer quoi que ce soit ! Ce pourrait être le cas en périphérie de la nébuleuse, quand le matériel éjecté par la supernova heurte le milieu interstellaire. Celui-ci, même très ténu, interagit avec le matériau éjecté et forme une coquille faiblement lumineuse révélée par les photographies à longue pose. C'est par exemple le cas des Dentelles du Cygne, ce délicat entrelacs de volutes s'étendant sur une vaste zone à peu près circulaire située dans la constellation éponyme. Mais en son centre, il n'y a absolument rien qui brille. Pourquoi donc la Nébuleuse du Crabe est-elle si différente, si brillante en son centre ? Dans les années 1950 et 1960, l'explication émerge peu à peu. Quand le cœur d'une étoile massive s'effondre en une étoile à neutrons, celui-ci change brutalement de taille. À l'instar du Soleil ou des planètes, tous les astres du cosmos tournent sur eux-mêmes. Mais si l'astre qui s'effondre tournait lentement sur lui-même avant l'effondrement, sa rotation s'en trouve considérablement augmentée. C'est l'effet bien connu de la patineuse qui tourne d'autant plus vite sur elle-même qu'elle ramène ses bras le long du corps. Pour une étoile, l'effet est démesurément plus grand. Si on raisonne en termes d'ordres de grandeur, quand vous divisez le rayon d'une étoile par dix, sa vitesse de rotation est multipliée par cent. Considérez maintenant le Soleil, qui tourne sur lui-même en quelques semaines, disons quinze jours*. Faites passer son rayon de sa valeur actuelle (dans les 650 000 km) à celui d'une étoile à neutrons (10 km), sa vitesse de rotation s'en trouve augmentée de quelque chose comme 4 milliards. Le Soleil ne tourne plus sur lui-même en quinze jours, mais... en moins d'une milliseconde. Alors bien sûr, le cœur d'une étoile massive n'est pas vraiment de la taille du Soleil (il est plutôt de la taille de la Terre), mais il a lui-même atteint cette taille moindre après s'être contracté. Il

* La surface du Soleil effectue un tour complet en un mois environ, mais on sait désormais que le cœur du Soleil tourne sur lui-même en seulement sept jours.

est donc normal d'imaginer que le cœur d'une étoile à neutrons fraîchement formée est en rotation très, très rapide. Mais il est une autre chose qui se voit augmentée lors de la contraction de l'étoile : c'est son champ magnétique, lui aussi amplifié dans les mêmes proportions. Une étoile à neutrons est donc, du point de vue magnétique, un aimant d'une force hallucinante en rotation très rapide. Maintenant, souvenez-vous du chapitre 1, de James Clerk Maxwell et de Michel Faraday : que fait un aimant en rotation ? Il produit un champ électrique ! Qui lui-même génère un champ magnétique et ainsi de suite : c'est donc un très puissant émetteur d'ondes électromagnétiques. Une étoile à neutrons brille (un peu) par sa surface parce qu'elle est chaude, et elle brille surtout très intensément du fait de sa rotation, comme des centaines de milliers de soleils, en fait. Mais cet éclat n'a pas de raison d'être réduit à de la lumière visible. Il produit en cascade quantité de phénomènes qui l'étalent sur une très, très vaste gamme de longueurs d'onde, des ondes radio aux rayons X. Ce raisonnement-là fut trouvé en premier par l'Italien Franco Pacini (1939-2012) en novembre 1967, mais il passa dans un premier temps totalement inaperçu car rien n'indiquait que ces objets allaient émettre un rayonnement particulièrement intense ou caractéristique dans tel ou tel domaine de longueurs d'ondes, aussi leur détection semblait-elle difficile. Fort heureusement, cette situation ne dura pas.

Car à cette époque-là, la radioastronomie est une discipline en plein essor. Elle doit son existence à une retombée pacifique de la Seconde Guerre mondiale qui avait vu le développement des radars, c'est-à-dire de récepteurs particulièrement sensibles dans le domaine des ondes radio. C'est dans ce contexte que quelques mois à peine après l'article de Pacini, l'Anglaise Jocelyn Bell (1943-)*, alors doctorante de l'université de Cambridge détecte une source radio périodique. Digne d'un métronome, la source envoie des sortes de bips relativement brefs espacés les uns des autres d'exactement 1,337 302 088 seconde. Pensant à une interférence terrestre elle n'y prête pas attention mais elle constate rapidement que l'instrument qu'elle utilise détecte cette source chaque jour avec quatre minutes d'avance sur le jour précédent, exactement comme le ferait un objet situé sur la voûte céleste qui, du fait de la course de la Terre autour du Soleil, voit l'heure de son lever et de son coucher se décaler de quatre minutes chaque jour. L'extrême régularité du signal lui confère un aspect terriblement

* Sans lien de parenté avec le John Stewart Bell du chapitre 14.

artificiel, aussi est-il confidentiellement baptisé LGM-1, le LGM étant l'acronyme anglais de *Little Green Men*, soit « petits hommes verts », bien sûr ! Peu après, il est rejoint par LGM-2 quand une autre source du même type est détectée. Mais point d'intelligence extraterrestre ici. Ce qu'a découvert Jocelyn Bell, c'est l'émission d'ondes radio produites par la rotation d'une étoile à neutrons, aussi appelée « pulsar » en raison de l'extrême régularité du signal qu'elles émettent et dont la forme évoque celle des pulsations cardiaques. La périodicité du signal est due au fait que le signal radio émis par le pulsar s'en échappe sous forme de deux faisceaux centrés sur les pôles magnétiques de l'astre. Ce qui importe c'est que comme sur Terre, rien n'oblige l'axe magnétique et l'axe de rotation à être confondus, de sorte que le faisceau radio balaie le ciel du fait de la rotation du pulsar, à l'image d'un immense phare cosmique. C'est ce qu'avait prédit Franco Pacini mais son article étant passé inaperçu, il faudra que son raisonnement soit refait par un autre chercheur, Thomas Gold (1920-2004) pour que la communauté scientifique comprenne quelle était la nature de ces pulsars récemment découverts. Chose amusante, au moment où Gold et Pacini proposaient chacun de leur côté et à seulement six mois d'intervalle d'associer étoiles à neutrons et pulsars, tous deux ignoraient le travail de l'autre... alors que leurs bureaux respectifs n'étaient éloignés que de quelques mètres ! Le jeune Franco Pacini (28 ans à l'époque) était en effet depuis quelques mois un visiteur au centre de radiophysique et de recherche spatiale de l'université Cornell où travaillait Thomas Gold. Le premier débutait sa carrière dans le monde de la recherche en s'intéressant aux étoiles à neutrons alors que le second, plus senior et plus éclectique, travaillait à l'époque sur plusieurs sujets allant de la cosmologie à l'exploitation scientifique des missions lunaires. Quand bien même ils étaient quasi voisins, ils n'avaient sans doute pas eu jusque-là de centres d'intérêt communs pour échanger leurs idées sur les astres compacts. Peu de temps après l'article de Thomas Gold, les radioastronomes recherchent le même type de signal en direction de la Nébuleuse du Crabe. Ils peinent à le trouver cependant, non pas parce qu'il est faible, mais parce que le pulsar du Crabe (c'est ainsi qu'il est appelé désormais) est en rotation bien plus rapide : plus de 30 fois par seconde, ce que les récepteurs radio de l'époque ont peine à déceler, ayant besoin d'un temps d'intégration plus long pour détecter les faibles signaux astronomiques.

Dès lors, la boucle était quasiment bouclée. M1 était le résidu d'une explosion fantastiquement puissante observée neuf siècles plus tôt. Si elle était encore aussi lumineuse, c'est qu'une intense source d'énergie avait survécu en son centre, et les signaux radio périodiques indiquaient avec certitude qu'il s'agissait d'un pulsar, c'est-à-dire un astre formidablement compact issu de l'explosion d'une supernova. La découverte des pulsars était donc l'ultime chaînon manquant nécessaire pour décrire l'évolution des étoiles massives. Dès lors, il pouvait sembler normal que la personne qui les eût découvert ait été récompensée du prix Nobel. Pourtant, ce ne fut pas le cas et, au contraire, le dénouement de cette grande aventure donna lieu à une des plus grandes injustices et une des plus grandes controverses de l'histoire du prix Nobel toutes disciplines confondues. En effet, après les quelques années nécessaires à évaluer l'importance de ce résultat, le comité Nobel ne récompensa *pas* Jocelyn Bell. Au lieu de cela, il préféra récompenser en 1974 deux de ses homologues, masculins et plus âgés. Le premier, Martin Ryle (1918-1984), était un pionnier de la radioastronomie. Il avait grandement contribué à développer l'instrumentation utilisée par Jocelyn Bell pour découvrir les pulsars. Sa récompense apparaît donc plutôt légitime. En revanche, le second récipiendaire du prix Nobel fut... le directeur de thèse de Mme Bell, dont aucun document n'indique qu'il joua de rôle décisif dans la découverte de son étudiante qu'il avait du reste plutôt incitée à étudier d'autres domaines de la radioastronomie. On pourrait à l'extrême rigueur imaginer qu'en ayant contribué à l'aider à mettre le pied à l'étrier il pouvait être associé au prix, mais pourquoi diable en exclure Jocelyn Bell? Parce qu'elle était trop jeune? Ou qu'elle était une femme? Il y avait des précédents dans ces deux domaines, pourtant. En 1915, l'Australien William Bragg (1890-1971) était devenu (et reste à ce jour) le plus jeune lauréat du prix Nobel de physique à seulement 25 ans, certes pour des travaux réalisés avec son père, et de son côté Marie Curie avait été récompensée, et par deux fois, en 1903 puis 1911 (cette fois-ci en chimie). Près d'un demi-siècle après la non-récompense de Jocelyn Bell, personne ne sait avec certitude les motivations de cette décision pour le moins étrange, les archives du comité Nobel étant impossibles à consulter. Mais ce raté est particulièrement malheureux et injuste, d'autant que ce prix Nobel-là est le premier à avoir intégralement récompensé des travaux en rapport avec l'astronomie. Certes, sept ans plus tôt, Hans Bethe l'avait reçu pour avoir établi le détail des réactions nucléaires dans le Soleil, mais il avait aussi (et peut-être majoritairement) été récompensé pour l'ensemble de ses travaux en physique nucléaire. L'astronomie n'avait pas été la seule récompensée, donc. Mais en 1974, si. La polémique sur l'« oubli » de Jocelyn Bell a débuté dès l'annonce du prix et n'est jamais complètement retombée. Et en prime, elle a aussi causé quelques dégâts collatéraux. Car de grands noms de l'astronomie prirent très tôt la défense de Mme Bell et parfois pour leurs frais. Ce fut notamment le cas de Fred Hoyle (1915-2001). Je n'ai pas eu le temps ni la place de vous parler de lui, mais disons pour simplifier qu'il fut un des grands architectes de la compréhension de l'évolution des étoiles à l'instar de Chandrasekhar et de Robert Fowler (1911-1995), un astronome américain qui fut récompensé du prix Nobel en 1983 conjointement avec Chandrasekhar. Si l'apport de Chandrasekhar domine celui des deux autres hommes, la comparaison des contributions scientifiques de Hoyle et Fowler ne permet pas d'expliquer pourquoi le second a été récompensé et non le premier, d'autant qu'ils ont cosigné (et avec deux autres astronomes) leur article le plus célèbre décrivant dans les grandes lignes l'ensemble des processus nucléaires au sein des étoiles*. Récompenser Fowler sans y associer Hoyle apparaît quelque peu discutable, d'autant que le comité Nobel autorise dans ses statuts

* Il s'agit de l'article dit « B2FH », voir, à nouveau, *Pourquoi le Soleil brille*, de Roland Lehoucq.

que chaque année jusqu'à trois personnes partagent le prix dans chacune des catégories (la physique en l'occurrence). La raison serait semble-t-il à chercher du côté d'une sanction implicite infligée par les membres du comité Nobel à celui qui les avait critiqués, et ce à juste titre et avec la virulence qui s'imposait.

Cela dit, comme j'ai pu le rappeler dans un autre contexte, la science est organisée pour que celui qui gagne à la fin soit celui qui avait raison au départ, ou en l'occurrence celle qui avait raison. Le nom de Jocelyn Bell est connu de tous les astronomes et même un peu au-delà. Celui de son directeur de thèse* l'est beaucoup moins, ce qui est sans doute un juste retour des choses. À partir de 1974, il ne reçut pour ainsi dire aucune distinction scientifique, à l'inverse de Jocelyn Bell qui fut récompensée par à peu près tout ce que l'astronomie compte de prix prestigieux.

Mais à propos, qu'en fut-il des prix scientifiques que reçut Albert Einstein ? Eh bien, il fut, sans surprise, lauréat de la récompense suprême, mais là où il l'aurait légitimement méritée au moins quatre fois (pour ses trois premiers articles de 1905 plus la

* Dont j'avoue avoir volontairement omis de mentionner le nom, d'autant qu'il n'a jamais défendu son étudiante dans cette polémique et qu'il a au contraire affirmé que le mérite lui revenait.

relativité générale), il ne le reçut qu'une fois, en 1922*, « pour l'ensemble des services rendus à la physique théorique, et en particulier pour sa découverte des lois de l'effet photoélectrique », une formulation suffisamment floue pour incorporer à peu près tout de la production du grand savant mais qui au final apparaît quand même bien ingrate, une ingratitude qu'Einstein dénoncera indirectement, d'ailleurs : non présent en Europe au moment de la réception de son prix, il ne prononcera l'équivalent de son discours d'acceptation qu'en 1923… où il ne parlera que de relativité (restreinte et générale) sans la moindre mention à l'effet photoélectrique. Consolons-nous en constatant par exemple que depuis 1975 le comité Nobel a récompensé en au moins sept occasions des travaux ou découvertes s'expliquant dans le cadre de la relativité générale qui est la grande œuvre de sa vie**.

* Pour être précis, il reçut en 1922 le prix pour l'année 1921, le comité Nobel ayant à l'époque reporté d'un an sa décision. Ce retard fut en partie dû aux difficultés rencontrées par le comité pour juger par lui-même (c'est-à-dire sans solliciter d'expertise externe) de l'importance des contributions d'Einstein dont une partie des travaux étaient accueillis avec des réticences certaines par plusieurs membres du comité.

** On peut par exemple citer le prix décerné en 2011 récompensant les découvreurs de la constante cosmologique (voir chapitre 13), ou celui de 2017, récompensant la détection de la fusion de trous noirs, dont je vais vous parler dans deux chapitres.

Et puis, ces considérations académiques n'ont guère d'importance tant le génie d'Albert Einstein n'a pas eu besoin d'être officiellement récompensé pour être reconnu de par le monde. C'est sans doute là que se manifeste la pleine mesure de son aura, qui dépasse largement le cadre scientifique.

CHAPITRE 17

LA FIN DE LA QUÊTE

Aussi remarquables que soient la découverte des pulsars, leur identification à des cadavres d'étoiles massives et la connexion faite avec une supernova vieille de plus de 900 ans soigneusement documentée par les astronomes chinois du XIe siècle, tout cela ne répond pas à *la* question de départ : les trous noirs existent-ils ? Car la quête n'est toujours pas finie. Les trous noirs existent *potentiellement*, car il ne fait pas de doute depuis les travaux d'Oppenheimer que les étoiles à neutrons possèdent une masse maximale. Mais existent-ils *réellement* ? La preuve certaine, irréfutable, définitive, va devoir encore attendre quelques années... et surtout de nombreuses *autres* années pour être acceptée.

En fait, il n'est pas clair que, dans les années 1960, les astronomes espéraient vraiment disposer un jour d'une telle preuve. C'est en tout cas un peu par hasard qu'elle est arrivée. Je vous ai dit que les années d'après-guerre avaient vu le développement de la radioastronomie. À l'évidence, observer le ciel dans d'autres longueurs d'onde que celles visibles par nos yeux révélait des choses nouvelles sur l'Univers. C'était aussi le cas du rayonnement ultraviolet, émis en des quantités plus ou moins importantes par les étoiles. Vous avez peut-être entendu dire que ce rayonnement est dangereux pour la santé, c'est pourquoi on recommande à tous et toutes de ne pas trop s'exposer au Soleil quand l'« indice ultraviolet » fourni par les prévisions météo est trop élevé. Cet indice ne fait que refléter l'intensité de ce rayonnement reçu à la surface de notre planète, qui dépend avant tout de l'ensoleillement et donc de la hauteur du Soleil au-dessus de l'horizon, raison pour laquelle c'est surtout en été que cet indice est élevé. Mais dès la fin du XIXe siècle, on soupçonnait que l'atmosphère jouait un rôle de filtre, une bonne chose pour les organismes vivants qu'elle protège de ce rayonnement plutôt nocif... mais une bien mauvaise nouvelle pour les astronomes qui souhaitent étudier le rayonnement ultraviolet émis par le Soleil ou les étoiles. Et à ce jeu-là, point de salut depuis la Terre. C'est principalement l'ozone, un gaz composé de trois atomes d'oxygène, qui absorbe une bonne partie de ce rayonnement depuis une altitude de... 50 km. Même au sommet des plus hautes montagnes, on ne peut s'affranchir de cette couche absorbante. Et ce qui est vrai pour le rayonnement ultraviolet l'est encore plus pour les rayons X. Ces rayonnements, encore plus délétères que les ultraviolets, sont émis en faibles quantités par le Soleil: si nos yeux n'étaient sensibles qu'à ce rayonnement, notre étoile vue de l'espace aurait un éclat comparable à la pleine lune, largement suffisant cela dit pour que des télescopes dédiés puissent détecter ce rayonnement en provenance non seulement du Soleil mais aussi d'autres étoiles. Pour le Soleil, l'origine de ce rayonnement est connue: il est lié à l'activité magnétique de notre étoile, aussi responsable des taches solaires qui à l'occasion sont le siège de phénomènes localisés et éphémères particulièrement énergétiques qu'on appelle les éruptions solaires. C'est donc pour mieux étudier celles du Soleil et détecter celles des autres étoiles que dès le début des années 1960 plusieurs scientifiques américains fondent de grands espoirs dans la conquête spatiale pour étudier les rayons X en provenance du cosmos et dont aucun ne traverse l'atmosphère. Problème, à cette époque, la conquête spatiale est un enjeu technologique et idéologique, pas scientifique. Si on expédie des engins dans l'espace, c'est pour y envoyer des hommes et un jour les amener sur la Lune. Les scientifiques américains doivent dans ce contexte se contenter des modestes fusées de la classe Aerobee, sorte de cousines germaines des fusées V-2 construites dans les années 1940 par l'Allemagne nazie pour bombarder Londres. Non destinées à mettre en orbite des satellites, elles sont tout de même capables de s'élever à 200 ou 300 km d'altitude et d'emporter une soixantaine de kilos d'équipements scientifiques. À l'initiative de Bruno Rossi (voir chapitre 6), cette opportunité est saisie par l'astronome américain d'origine italienne Riccardo Giacconi (1931-2018) pour tenter de détecter des rayons X en provenance d'autres astres que le Soleil. Le premier lancement de fusée Aerobee destiné à cet effet dépasse toutes ses espérances et provoque un choc au sein de la communauté astronomique. La très faible sensibilité de son expérience ne permet de détecter qu'une source astronomique de rayons X, mais elle possède des propriétés extraordinaires, au premier chef desquelles... le fait qu'elle soit suffisamment intense pour être détectable malgré une instrumentation si rudimentaire. Située dans la constellation du Scorpion et baptisée à ce titre Sco X-1, elle s'avère immensément plus brillante que tout ce à quoi Giacconi et ses confères s'attendaient. Hélas pour les astronomes, ils ne vont progresser que très lentement dans l'étude de cet astre hors norme, et pour cause : le très faible temps de vol des fusées Aerobee ne leur permet guère que des durées d'observation de… cinq minutes, à raison d'un ou deux lancements par an jusqu'à la fin des années 1960. On estime ainsi que durant l'ensemble de cette décennie, le temps d'observation du ciel dans le domaine des rayons X a à peine dépassé une heure. Suffisant néanmoins pour que deux vols d'Aerobee plus tard soient détectées diverses autres sources, notamment deux annoncées en 1965. Tout d'abord, la Nébuleuse du Crabe, prouvant qu'une intense source d'énergie l'alimentait, un résultat sur lequel Franco Pacini s'appuierait deux ans plus tard pour proposer qu'une étoile à neutrons en rotation rapide en fût la source. Mais c'est surtout l'autre, découverte dans la constellation du Cygne (et baptisée suivant la même nomenclature Cygnus X-1) qui va jouer un rôle décisif. En cette époque pionnière, les détecteurs de rayons X sont terriblement myopes. Il est difficile de localiser les sources précisément dans le ciel et ça l'est tout autant de déterminer si elles sont ponctuelles (comme peut l'être une étoile) ou étendues (comme le serait une nébuleuse). Malgré tout, une année plus tard, Sco X-1 est finalement identifiée comme étant une source ponctuelle et surtout on arrive à déterminer sa contrepartie optique, c'est-à-dire l'astre qui émet ces rayons X mais cette fois observé par sa lumière visible. Et c'est là que les propriétés extraordinaires – ou en tout cas complètement inattendues – de Sco X-1 apparaissent. Il s'agit en effet d'une étoile deux fois moins massive que le Soleil et assez distante. Moins massive, donc moins brillante, sauf que dans le domaine des rayons X elle est *au moins mille fois plus brillante* que ne l'est le Soleil en lumière visible, un résultat en absolue contradiction avec tout ce que l'on sait des étoiles.

Pour réellement progresser dans l'étude de cet objet étrange, il faut bien sûr disposer d'un vrai télescope, à demeure dans l'espace et capable d'opérer des années durant. Toujours sous l'impulsion de Riccardo Giacconi, la Nasa entreprend de construire un télescope dédié, qui, chose rare, sera baptisé d'un nom africain : Uhuru. Ce mot signifie « liberté » en swahili – la langue officielle du Kenya –, référence faite à la plate-forme de lancement du satellite située au large des côtes kényanes et au fait que le satellite fut lancé un 12 décembre, date d'anniversaire de la récente indépendance du pays. Uhuru va multiplier par des dizaines de milliers le temps d'observation jusqu'alors réalisé dans le domaine des rayons X et découvrir de nombreuses autres sources. L'une d'elles va éclairer la nature de ces objets inattendus : Centaurus X-3 (qui, vous l'avez compris, est donc la troisième source de rayons X détectée dans la constellation du Centaure). Le flux de rayons X qu'elle émet disparaît subitement à intervalles très réguliers, alors que l'étude de la lumière de la contrepartie optique indique que l'étoile effectue un mouvement de va-et-vient de même période. Les astronomes en déduisent qu'ils observent non pas un astre, mais deux: une étoile ordinaire et l'objet émetteur de rayons X, en orbite l'un autour de l'autre. Si le système est vu par la tranche et que l'étoile ordinaire est plus grande que la zone émettrice de rayons X, alors celle-ci sera entièrement occultée quand elle passera derrière sa compagne, à l'image de l'étoile double Algol dans la constellation de Persée dont la luminosité baisse brièvement en deux occasions quand l'une de ses étoiles passe devant l'autre, un phénomène connu depuis l'Antiquité (quoique à l'époque bien mystérieux). Et si Centaurus X-3 ou Sco X-1 sont de puissants émetteurs dans le domaine X, c'est parce que l'une des étoiles du couple n'est pas, ou n'est plus, une étoile mais un astre compact. Celui-ci vampirise sa compagne dont la masse tombe à une vitesse folle vers elle et s'échauffe au point d'atteindre des températures très élevées (vous saurez pourquoi dans quelques pages). Une telle configuration était pour les astronomes de l'époque totalement inattendue.

Difficile pour eux d'imaginer qu'un couple étoile ordinaire-étoile à neutrons puisse exister tant il paraissait évident que la supernova donnant naissance à l'étoile à neutrons aurait dû souffler l'étoile ordinaire voisine. À l'évidence ça n'était pas le cas. Et s'il subsistait quelques doutes, c'est maintenant l'entrée en scène de Cygnus X-1 qui va les lever.

Le ciel dans le domaine des rayons X est moins lumineux que celui dans le domaine visible, en revanche l'énergie individuelle des photons X est nettement plus élevée que celle des photons de la lumière visible. En conséquence, le *nombre* de photons X détectés est très faible. Il était par exemple de quelques dizaines par seconde lors du premier vol Aerobee qui avait découvert Sco X-1*. Ainsi, il est possible d'étiqueter les temps d'arrivée des photons détectés. Et Cygnus X-1 présente une propriété aussi inattendue que révélatrice : le flux de rayons X varie de façon très erratique à l'échelle de la milliseconde. C'est une observation précieuse parce qu'elle révèle quelque chose sur la taille de cet objet. Imaginez pour le comprendre qu'une personne située au centre du Soleil le refroidisse instantanément et fasse

* En comparaison, lors d'une nuit de pleine lune, ce sont des dizaines de milliards de photons qui à chaque seconde pénètrent dans nos yeux, et ce sans même regarder la Lune directement.

disparaître tous les photons qu'il contient. Depuis la Terre, rien ne se produira pendant huit minutes, le temps que les photons émis avant l'instant fatidique arrivent jusqu'à nous. Mais après, le Soleil ne disparaîtra pas instantanément. Ce sera d'abord le centre du disque solaire qui s'éteindra en premier car il correspond en réalité à la partie de la surface de notre étoile qui est la plus proche de nous (située devant le centre géométrique du Soleil) et qui montre donc ce qu'il s'y passe avec le moins de retard. Une fois que le centre du disque solaire se sera assombri, cette obscurité s'étendra vers l'extérieur en un peu plus de deux secondes. Pourquoi deux secondes ? Parce que les régions en périphérie du disque, par exemple les deux pôles du Soleil, sont, elles, situées à la même distance que le centre de notre étoile, c'est-à-dire un rayon solaire plus loin. On voit donc ce qu'il s'y passe avec un retard égal au temps que la lumière met pour parcourir cette distance supplémentaire, soit un peu plus de deux secondes pour un rayon de 650 000 km. Vu depuis la Terre, le Soleil mettra deux secondes pour s'éteindre complètement. D'une manière générale, la luminosité d'un astre ne peut varier notablement sur une durée inférieure au temps mis par la lumière pour parcourir sa taille. Avec des variations de luminosité de l'ordre de la milliseconde (voire moins puisqu'il s'agissait là de la résolution temporelle des instruments de Uhuru), Cygnus X-1 révèle que sa taille est au plus égale à la distance parcourue par la lumière en une milliseconde, soit 300 km, un chiffre qui excluait qu'il soit autre chose qu'une étoile à neutrons ou un trou noir. Mais comment choisir entre les deux? Certaines sources de rayons X comme le pulsar du Crabe présentent en rayons X la même modulation caractéristique des pulsars observée dans le domaine des ondes radio, mais à l'inverse, l'absence de pulsations ne permet pas de décider s'il s'agit d'un pulsar (et donc d'une étoile à neutrons) dont le faisceau n'atteint jamais la Terre, ou alors d'un trou noir. S'il faut attribuer à une seule personne le privilège d'avoir apporté la preuve décisive à cette ultime question, alors il faut citer le nom de l'astronome canadien Tom Bolton (1943-). Autant vous le dire tout de suite, ce n'est pas l'étape la plus difficile que franchit Tom Bolton. Mais c'est la dernière et donc la plus décisive. Tout d'abord, il peut s'appuyer sur l'identification de la contrepartie optique de Cygnus X-1. La région dans laquelle elle se situe est traversée par le disque de la Voie lactée et se trouve donc particulièrement riche en étoiles, rendant d'autant plus difficile l'identification de celle qui est une si forte émettrice de rayons X. Les astronomes y parviennent en s'appuyant sur le fait que la débauche d'énergie responsable d'une telle émission de rayons X s'avère lors de ses sursauts d'activité générer quantité d'autres rayonnements, notamment dans le domaine radio. Or si les radiotélescopes sont de piètres imageurs – ils ne sont pas dotés d'un équivalent d'une pellicule photo leur permettant de fabriquer une image en une observation –, ils sont dotés en revanche d'une extraordinaire précision de pointage. Et à ce jeu, les astronomes découvrent qu'il n'y a qu'une étoile siège d'une émission d'ondes radio dans la zone d'incertitude où les télescopes à rayons X ont pu cerner Cygnus X-1. Le nom de l'étoile ? HDE 226868. L'acronyme ne vous dit bien sûr rien du tout mais les deux premières lettres indiquent son appartenance au catalogue d'étoiles qui l'a recensé, en l'occurrence le catalogue Henry Draper, baptisé en l'honneur de l'astronome amateur Henry Draper (1837-1882). Celui-ci s'est inscrit dans cette grande tradition américaine d'amateurs amoureux de l'astronomie qui ont œuvré à améliorer le savoir des professionnels, que ce soit en apportant des fonds (comme l'ont fait John Daggett Hooker ou avant lui James Lick [1796-1876] qui avait financé l'observatoire qui porte son nom; voir chapitres 13 et 12 respectivement) ou, dans le cas de Draper, en apportant des compétences, tout amateur qu'il fût. En effet, Henry Draper a été un des pionniers de l'astrophotographie. C'est lui qui a photographié le premier spectre stellaire (Véga, en 1872), la première nébuleuse (celle d'Orion, en 1880) et la première comète (en 1881). Il nourrissait de nombreux projets astronomiques avec son épouse, Anna Draper (1839-1914), une riche héritière qui assurait au couple d'être à l'abri du besoin. À la mort prématurée de son époux, celle-ci décida de continuer son œuvre en faisant don de leur matériel et de fonds substantiels à l'université Harvard où travaillait Charles Pickering, et surtout en contribuant à lui faire réaliser l'apport immense que la photographie allait permettre en astronomie – voilà donc pour les « bienfaiteurs » qui avaient inspiré Pickering. La réalisation du catalogue Henry Draper fait ainsi partie du travail de fourmi des nombreuses « calculatrices » dont s'était entouré Pickering pour mener à bien tous ces projets. Dans ce contexte, nul doute que c'est l'une d'elles, probablement Williamina Fleming, qui catalogua et étudia sommairement cette étoile que rien ne prédestinait alors à entrer dans l'histoire. Plus d'un demi-siècle après, cette histoire bascule avec Tom Bolton. En plus de la rapide variabilité de l'astre, il remarque que s'y superpose ce qui semble être une modulation bien plus lente de son rayonnement X. Il en vient naturellement à soupçonner que cette modulation est due au fait qu'on est en présence de deux astres en orbite l'un autour de l'autre et que l'on voit donc sous des angles différents au cours de leur orbite, ce qui modifie le flux de lumière qu'on en reçoit. Les données dans le domaine des rayons X sont bien trop parcellaires pour vérifier l'hypothèse aussi pour s'en assurer faut-il observer le spectre de l'étoile en lumière visible sur plusieurs jours et vérifier si la vitesse de l'étoile par rapport à la Terre varie effectivement de façon périodique. C'est ce qu'il fait dans le courant de l'automne 1971. Il en tire que les deux astres tournent l'un autour de l'autre en 5 jours, 14 heures et 24 minutes, puis il vérifie que la modulation de Cygnus X-1 observée par le satellite Uhuru est compatible avec cette période, confirmant au passage si besoin était que HDE 226868 est bien la contrepartie optique de Cygnus X-1. Mais la partie décisive réside dans ce que révèle le mouvement de l'étoile. Son spectre, qu'il prend le temps d'étudier plus en détail dans le courant de l'année 1972, indique en effet que la vitesse de l'étoile varie de plusieurs dizaines de kilomètres par seconde lors de son orbite. Or les « calculatrices » de Harvard avaient noté que cette étoile était particulièrement chaude, parmi les plus chaudes qui existent même, avec une température de surface de 30 000 degrés. Elles ne le savaient pas à l'époque, mais en 1972, soit des décennies de recherches en évolution stellaire plus tard, on sait qu'une étoile aussi chaude est nécessairement particulièrement massive, au moins dix fois plus que le Soleil, peut-être même 20 ou 30. Et les lois de la mécanique céleste sont formelles : pour que le compagnon invisible de HDE 226868 puisse causer un tel déplacement à son imposante compagne, c'est qu'il est lui-même massif, très massif même. Au minimum 3,4 fois la masse du Soleil, mais, remarque Tom Bolton, elle est *certainement* bien plus grande. En effet, ce que le spectre d'une étoile révèle, c'est le déplacement de l'étoile le long de la ligne de visée. Il ne dit rien sur un éventuel déplacement de l'étoile dans les autres directions. Si vous observez deux étoiles en orbite l'une autour de l'autre depuis le plan de leur orbite, la vitesse maximale qu'indiquera la spectroscopie va restituer fidèlement la vraie valeur de la vitesse orbitale de l'étoile. Mais si vous observez le système de biais, alors la spectroscopie *sous-estimera* la vraie vitesse de l'étoile. Or, poursuit Tom Bolton, on ne voit pas le système HDE 226868-Cygnus X-1 par la tranche car si tel était le cas, on observerait le même phénomène d'éclipse que pour Centaurus X-3. Et l'inclinaison du système est même loin d'être négligeable : le système HDE 226868-Cygnus X-1 est à la fois relativement resserré (raison pour laquelle les deux astres tournent l'un autour de l'autre en moins de 6 jours), et l'intense éclat de l'étoile HDE 226868 indique que cette dernière est d'assez grande taille (plus de dix fois celle du Soleil). Finalement, la distance qui sépare Cygnus X-1 de la surface de sa compagne ne peut guère excéder le rayon de l'étoile elle-même. Dans ces conditions, l'absence d'éclipse implique que l'on voit le système plutôt de dessus que par la tranche et par conséquent la vraie vitesse de l'étoile sur son orbite est significativement plus grande que celle mesurée, ce qui nécessite que son compagnon soit doté d'une masse d'autant plus grande. Cette information géométrique doublée d'une estimation de la masse de HDE 226868 suffisent à Tom Bolton pour déduire que la masse de Cygnus X-1 est située aux alentours de 10 masses solaires. Même si le chiffre est incertain, il est environ trois fois plus grand que la masse maximale d'une étoile à neutrons, quand bien même il existe aussi des incertitudes sur cet autre chiffre. Mais pas assez, loin s'en faut, pour changer la donne. « Les données indiquent que [le compagnon de HDE 226868] est un trou noir », annonce Tom Bolton fin 1972, sans user d'un conditionnel qui à l'évidence lui semble superflu (à raison).

Voilà pour l'étape décisive. Fin de partie, pourriez-vous penser. Sauf qu'il en reste une autre, qui va s'avérer étonnamment ardue : convaincre. On a tendance à dire qu'en science, toute affirmation extraordinaire nécessite une preuve extraordinaire. C'est souvent vrai, en tout cas. Et à l'évidence, en ce début des années 1970, affirmer qu'on a découvert un trou noir *est* une affirmation extraordinaire. Ou *est encore*, devrait-on dire puisque ça ne l'est plus aujourd'hui. Est-ce l'effet des réticences d'Eddington quarante ans plus tôt ? Ou celles d'Einstein ? Toujours est-il que c'est avec une circonspection extrême que l'annonce est accueillie. Pourtant, le raisonnement de Tom Bolton est d'une simplicité quasi biblique, reposant sur des calculs de début de cycle universitaire. Les données sur lesquelles il s'appuie sont elles aussi limpides et ne nécessitent pas de traitement sophistiqué pour en tirer quelque chose. *Mais*, cela ne suffit pas. Pas tout de suite, pas à tout le monde. Pendant longtemps on ne parlera pas de Cygnus X-1 ou de quelques-uns de ses congénères qui seront peu à peu découverts comme étant des trous noirs, mais des « candidats trous noirs ».

S'il faut une preuve pour s'en convaincre, avançons d'une décennie. De nombreuses générations d'étudiants et d'étudiantes se sont nourries de ce qui fut longtemps l'ouvrage de référence sur le sujet, fort justement intitulé *Trous noirs, naines blanches et étoiles à neutrons – La physique des objets compacts*. La première édition de cet ouvrage remonte à 1983, quinze ans après la découverte des pulsars, plus de quarante ans après les travaux d'Oppenheimer, près de cinquante après la controverse Chandrasekhar-Eddington, et surtout plus de dix ans après les premières estimations de la masse de Cygnus X-1 menant à l'inéluctable conclusion qu'il s'agissait d'un trou noir. L'ensemble des étapes de l'évolution des étoiles est désormais bien compris, on observe des pulsars par centaines, on sait bien évaluer la masse des étoiles, on en observe certaines qui font des dizaines et des dizaines de fois celle du Soleil, on observe des supernovæ dans de nombreuses galaxies, bref, il ne fait aucun doute que tout ce qui touche à l'évolution des étoiles est maîtrisé dans les grandes lignes. Le fait que les étoiles les plus massives soient vouées à donner naissance à des trous noirs ne peut guère être remis en doute sur le plan théorique. Mais quand est évoquée l'idée que ces objets existent réellement, le malaise subsiste. Ce qui pourrait sembler aujourd'hui une réminiscence archaïque d'une querelle scientifique révolue est toujours là, à la fois impalpable et omniprésent. Dans leur ouvrage, les deux auteurs,

Stuart Shapiro (1947-) et Saul Teukolsky (1947-), font preuve d'une circonspection presque caricaturale dès qu'ils évoquent Cygnus X-1. Il est d'abord qualifié en page 5 de « bon candidat trou noir » et peu après (p. 12) de seulement « candidat trou noir ». Quelques chapitres plus loin, l'on nous dit qu'« il a de fortes chances d'être un trou noir » (p. 256). Plus loin encore, il est « la première preuve plausible que les trous noirs puissent réellement exister dans l'espace » (p. 336). Peu après, Cygnus X-1 se distingue, nous disent-ils, des autres sources de rayons X identifiées à des pulsars par le fait qu'il mène à « une conclusion dramatiquement différente » (p. 372). Vous en voulez encore ? Nous avons le « possible candidat trou noir » (p. 375), puis « la source [de rayons X] ayant le plus de chances d'être un trou noir » (p. 382), enfin, nous dit-on, l'étude de Cygnus X-1 mène à « la profonde conclusion qu'il est le plus vraisemblablement un trou noir ! » (p. 387, point d'exclamation compris), une conclusion qu'on se sent quand même forcé de ne pas considérer si « profonde » que cela, tant les auteurs font preuve d'une prudence qui semble confiner à la mauvaise foi. Bref, comme les auteurs se sentent malgré tout obligés d'écrire les choses noir sur blanc, la conclusion de Tom Bolton (vieille de plus de dix ans, donc, et maintes fois vérifiée avec une précision croissante dans les années qui ont suivi) « mène à l'identification préliminaire de Cygnus X-1 en tant que trou noir » – admirez au passage le talent évident de circonlocution ! Car bien sûr si de telles précautions oratoires sont de mise, c'est que dans l'hypothèse improbable où tout le monde n'aurait pas compris, si cette identification est correcte, alors nous chuchotent les auteurs, « cette découverte sera sans le moindre doute une des plus remarquables découvertes dans l'histoire des sciences ». Mais est-ce réellement le cas ? Ou est-ce simplement le reflet d'une querelle qui avait déchiré le monde des astrophysiciens un demi-siècle plus tôt et qui ne s'était jamais complètement estompée ? C'est l'hypothèse retenue par plusieurs historiens des sciences, qui n'hésitent pas à dire qu'Eddington a été responsable d'au moins un quart de siècle de stagnation dans l'étude des trous noirs. C'est évidemment difficile à dire pour l'auteur de ces lignes, né peu de temps après les articles de Tom Bolton et pour qui l'existence des trous noirs a toujours fait partie du paysage. Mais pour les générations plus anciennes, les choses furent très différentes et la lenteur du processus d'acceptation en a sûrement exaspéré certains.

Cette situation a sans doute œuvré à nimber les trous noirs d'une étrange aura auprès du grand public, dans un mélange de fascination, de crainte et de mystère. Il y aurait bien des choses à dire sur ces objets effectivement fascinants*, mais je me contenterai ici de casser deux ou trois idées reçues (et fausses) à leur sujet. Tout d'abord, les trous noirs ne sont pas des tourbillons géants qui aspirent tout sur leur passage. Si jamais des mains titanesques comprimaient le Soleil en un trou noir de même masse, cela ne changerait strictement rien au mouvement des planètes. Notre bonne vieille Terre continuerait sa course comme si de rien n'était, tout comme ses sept consœurs planétaires. La seule différence, c'est qu'il n'y aurait alors plus rien pour les éclairer, ce qui bien sûr serait une fort mauvaise nouvelle pour la vie terrestre. Alors oui, un trou noir en couple avec une autre étoile peut vampiriser celle-ci si elle se trouve trop près de lui, ou si lors de son évolution elle grossit suffisamment pour que ses couches externes ne soient plus assez solidement rattachées à elle, mais la même situation peut se produire avec deux banales étoiles : sous certaines conditions, l'une peut transférer de la masse à la seconde. La seule différence est que ce transfert de masse est potentiellement réversible s'il se fait entre deux étoiles, alors

* J'ai d'ailleurs écrit un livre à ce sujet, cité en bibliographie.

qu'avec une étoile et un trou noir, il ne se fait que dans un seul sens. L'autre idée reçue concerne la dangerosité fantasmée des trous noirs. Non, il n'est pas possible à un savant fou de fabriquer un trou noir, et même si c'était le cas, celui-ci n'engloutirait pas la Terre : quelles que soient sa taille ou sa masse initiales, un trou noir est doté d'un rythme de croissance fort lent qui ne lui permet guère de doubler sa masse en moins de 40 millions d'années. Comptez ensuite 40 millions d'années supplémentaires pour la doubler à nouveau et ainsi de suite : même si la masse initiale du trou noir se comptait en milliards de tonnes (soit la masse d'une petite montagne que l'on aurait on ne sait comment comprimée dans un volume de la taille d'un atome pour en faire un trou noir), l'engloutissement de la Terre se ferait en plus d'un milliard d'années ! Enfin, ne vous réveillez pas le matin en vous demandant si un trou noir surgi du fin fond du cosmos ne va pas engloutir la Terre. Les trous noirs sont des objets bien plus rares que les étoiles (sans doute dans les 10 000 fois plus rares), donc si jamais un astre devait entrer en collision avec la Terre, ce serait… une étoile ! Mais l'immensité des distances entre étoiles – notre plus proche voisine stellaire est à plus de 4 années-lumière, soit plus de 40 000 milliards de kilomètres – et leurs vitesses relatives assez modérées nous assurent que même en attendant plus d'un milliard d'années, il est statistiquement quasi impossible qu'une étoile s'approche à moins de 15 milliards de kilomètres de la Terre, soit 100 fois la distance Terre-Soleil. Les trous noirs étant 10 000 fois moins nombreux, la probabilité du passage rapproché avec l'un d'eux s'en trouve réduite d'autant. Et même si nous étions incroyablement malchanceux pour que cela arrive, cette distance d'approche serait encore bien assez grande pour ne pas avoir de conséquences dramatiques. Pas d'accident en vue, donc !

Pour l'anecdote, même si la messe était dite depuis longtemps, les plus réfractaires à l'idée de l'existence des trous noirs ont finalement dû se ranger à l'évidence avec un autre jeu de preuves indiscutables, qui cette fois n'étaient pas dans les couples d'étoiles mais au centre des galaxies qui s'avèrent toutes posséder en leur sein un trou noir géant dont la masse se compte en millions de fois celle du Soleil voire bien plus encore, une certitude qui s'imposera progressivement dans le courant des années 1990, notamment pour ce qui est du trou noir central de la Voie lactée. Si vous voulez en savoir plus sur ces objets d'une rare démesure, patientez encore un chapitre, j'y reviendrai.

CHAPITRE 18

$E = mc^2$, TOUJOURS

À ce moment de votre lecture, peut-être trouverez-vous qu'on s'éloigne franchement de la célébrissime équation $E = mc^2$. Certes les trous noirs sont des objets intéressants, fascinants même, certes ils sont produits par des étoiles qui ont tiré leur énergie grâce à $E = mc^2$. Et qui n'ont pu éviter de se transformer en trous noirs parce que ce fameux $E = mc^2$ ne leur était plus d'aucun secours. Tout de même, une fois le trou noir formé, le $E = mc^2$ apparaît bien lointain. Pourtant il va revenir, et par la grande porte pourrait-on dire car il va ici atteindre le faîte de sa puissance. Autrement dit, comme on est en astronomie où les chiffres sont souvent... astronomiques, on va ici être confronté à l'extrême de l'extrême. Jugez plutôt.

La relativité générale nous dit que l'espace est une entité qui se déforme sous l'effet de la matière. Elle ne se déforme pas facilement, cela dit. La déformation de l'espace au voisinage de la Terre n'est pas bien grande. Suffisante pour faire tomber une pomme ou même satelliser la Lune autour de la Terre, cependant en termes de variations effectives de longueurs ou de durée, l'effet est vraiment très faible. Mais il existe. Imaginez la Terre autour du Soleil (ou la Lune autour de la Terre, ou n'importe quoi orbitant autour de n'importe quoi d'autre). La Terre déforme localement l'espace puisqu'elle produit un champ de gravité. Le Soleil fait de même, ce grâce à quoi la Terre peut tourner autour de lui. L'espace est donc déformé par tout ce petit monde, mais cette déformation bouge au cours du temps puisque la Terre et dans une moindre mesure le Soleil se déplacent autour de leur centre de gravité commun. Imaginez maintenant que vous plongiez une cuillère dans une bassine d'eau. La cuillère a déplacé de l'eau. Elle a donc, en un sens, déformé l'eau. Après, tant que la cuillère ne bouge pas, il ne se passe rien d'autre. En revanche, si vous touillez dans la bassine, vous allez imprimer des déformations qui varient dans le temps, et si votre bassine est suffisamment grande, vous allez observer des ronds à la surface de l'eau, qui se propagent vers l'extérieur. Le déplacement de l'eau localisé en une région se propage au loin. Ce qu'Einstein comprend immédiatement après avoir découvert sa théorie en 1915, c'est que le même phénomène va se produire au niveau des déformations de l'espace causées par des corps en orbite les uns autour des autres. En d'autres termes, les mouvements des corps massifs vont faire vibrer l'espace-temps, qui à l'image de la surface au repos d'un liquide verra des sortes de rides s'éloigner du lieu où les corps se déplacent. Ici, comme l'espace est à trois dimensions, ce sont plutôt des coquilles sphériques qui emportent avec elles une infime déformation de l'espace-temps et qui se suivent les unes les autres tant que les corps au centre sont en mouvement, mais le principe est bien sûr le même. Or, comprend Einstein, ces vibrations de l'espace-temps ne sont rien d'autre que des ondes, à l'image des ondes sonores ou des ondes électromagnétiques. Leur nature est différente à chaque fois, bien sûr : le son est une vibration de l'air, la lumière une vibration de champs électriques et magnétiques, et ici nous avons une vibration de l'espace lui-même, qu'Einstein baptise en 1916, et assez logiquement, *ondes gravitationnelles*. Néanmoins, la nature ondulatoire du phénomène prévaut dans tous les cas. La genèse de ces entités fut cependant plus compliquée qu'il n'y paraît. Einstein et plusieurs physiciens des années 1920 et 1930 hésitent longtemps avant de s'accorder sur la réalité du phénomène dont ils se demandent s'il n'est pas un artefact mathématique sans intérêt, une situation qu'Arthur Eddington résume en évoquant l'hypothèse, mi-sérieuse, mi-humoristique, que les ondes gravitationnelles « se déplacent à la vitesse de la pensée », façon de dire qu'elles n'existent peut-être que dans l'esprit des physiciens. C'est Einstein lui-même qui scelle la question une vingtaine d'années plus tard, non sans un étonnant scénario. En 1936, aidé une fois n'est pas coutume d'un jeune collaborateur dont j'ai brièvement parlé, à savoir Nathan Rosen, il croit avoir décelé une erreur dans son raisonnement de 1916 et envoie à la revue scientifique *Physical Review* un article au titre assez explicite, « Les ondes gravitationnelles existent-elles ? », revenant sur ses conclusions vieilles de vingt ans. À sa grande surprise et son grand déplaisir, la revue lui répond quelque temps plus tard qu'elle ne peut publier l'article en l'état, celui-ci se fondant sur un raisonnement incorrect d'après le rapporteur qu'elle a sollicité pour l'évaluer. Ce système d'évaluation par les pairs, qui est de nos jours la norme dans tout domaine scientifique, est encore balbutiant à l'époque et Einstein, peu préparé à l'idée que son travail soit soumis à une évaluation préalablement à sa publication se trouve fort vexé de s'entendre dire par un rapporteur – qui plus est anonyme – qu'il n'a pas bien compris un point de sa propre théorie. « Nous (M. Rosen et moi) vous avions envoyé notre manuscrit *pour publication* et ne vous avions pas autorisé à le montrer à des spécialistes avant qu'il ne soit sous presse», écrit (accentuation comprise) un Einstein visiblement très agacé au directeur de la publication de la revue. Et de poursuivre: «Je ne vois aucune raison de répondre aux commentaires – en tout état de cause erronés – de votre expert anonyme. Sur la base de cet incident, je préfère publier l'article ailleurs.» Il s'empresse alors de soumettre son article à une autre revue, notablement moins prestigieuse mais où la procédure de relecture par des pairs n'a pas cours. Cependant, les remarques du rapporteur anonyme témoignent d'une relecture particulièrement attentive du manuscrit d'Einstein et à ce titre ne peuvent être prises à la légère. De fait, elles font leur chemin, pas tant dans l'esprit d'Einstein que dans celui d'un autre chercheur en contact avec lui, Leopold Infeld (1898-1968). Les deux hommes travaillent ensemble (et en compagnie d'un troisième chercheur, Banesh Hoffmann [1906-1986]) sur un problème particulièrement ardu: implémenter dans le cadre de la relativité générale la prise en compte de l'influence mutuelle des planètes les unes sur les autres dans leur course autour du Soleil. Quelques mois avant de finaliser cet autre projet, Infeld a l'occasion de discuter avec le rapporteur et finit par se ranger à ses arguments, puis achève ensuite de convaincre Einstein, lui-même ayant semble-t-il réalisé qu'il s'était fourvoyé. Le processus de publication de l'article d'Einstein dans la seconde revue est déjà très avancé mais Einstein parvient malgré tout à obtenir d'en modifier le contenu dont les conclusions sont alors radicalement changées, ainsi bien sûr que le titre, qui devient plus sobrement « Au sujet des ondes gravitationnelles ». Pour l'anecdote, l'identité de ce rapporteur anonyme a été conservée secrète pendant près de soixante-dix ans, et ce n'est qu'au XXIe siècle que la revue *Physical Review* révélera officiellement son nom, en l'occurrence Howard Percy Robertson (1903-1961), qui était alors le meilleur spécialiste américain de la relativité générale et qui avait entre autres amélioré par certains aspects les modèles d'Univers en expansion de Friedmann et Lemaître avant de contribuer à diffuser outre-Atlantique la théorie d'Einstein et en particulier tout ce qui touche à la cosmologie*.

L'existence des ondes gravitationnelles faisant désormais consensus, se pose un autre problème, autrement plus ardu mais de grande importance :

* Par exemple, dans son ouvrage *The Realm of the Nebulæ*, Hubble cite Robertson plutôt que Lemaître à propos des modèles d'Univers en expansion, voir chapitre 13.

ces ondes emportent-elles avec elles de l'énergie ? C'était le cas des ondes sonores et des ondes électromagnétiques, aussi pourrait-il sembler logique que ce soit pareil avec les ondes gravitationnelles mais la preuve de cette intuition sera particulièrement difficile à acquérir. C'est encore Albert Einstein qui dès 1918 répond le premier par l'affirmative, mais suivant un raisonnement heuristique assez peu rigoureux et ce ne sera qu'un demi-siècle plus tard – bien après sa mort, donc – que les derniers doutes seront levés par un effort collectif assez important de nombre d'esprits brillants*. Mais le plus important est qu'une fois le résultat établi, celui-ci ouvre de nombreux horizons. Les ondes gravitationnelles ne sont pas seulement de discrètes messagères des phénomènes gravitationnels, elles agissent en retour sur eux : l'énergie qu'elles emportent avec elles, elles la prélèvent sur le système qui leur a donné naissance. Or quand un système émet de l'énergie, c'est exactement comme quand deux noyaux atomiques en libèrent en fusionnant pour en faire un plus gros. Leur nouvel état est plus stable, ils sont plus « collés » l'un à l'autre. Dans le cas de deux corps en orbite

* Parmi lesquels un intervenant majeur des chapitres précédents, Subrahmanyan Chandrasekhar.

l'un autour de l'autre, cela revient à dire qu'ils sont physiquement plus proches. Deux corps en orbite l'un autour de l'autre vont inéluctablement se rapprocher du fait de leurs mouvements qui génèrent ces ondes gravitationnelles.

Quand deux corps voient leur orbite se resserrer, leurs mouvements sont de plus en plus rapides. Peut-être le savez-vous déjà, d'ailleurs. La Station spatiale internationale orbite à environ 400 km d'altitude au-dessus du plancher des vaches et fait le tour de notre planète en un peu plus d'une heure et demie. On en déduit aisément que sa vitesse est de l'ordre de 8 kilomètres par seconde (dans les 28 000 km/h si vous préférez). À l'inverse, la Lune met un petit mois pour tourner autour de la Terre dont elle est distante d'environ 400 000 km. Sa vitesse est de l'ordre de 1 km/s. Finalement, plus les corps se rapprochent, plus ils vont tourner vite l'un autour de l'autre, et plus l'émission d'ondes gravitationnelles sera intense, ce qui accélère encore leur rapprochement. Si aucun événement ne vient perturber le phénomène, les deux corps finiront par entrer en collision l'un avec l'autre. Rassurez-vous cependant, quand on considère des objets du Système solaire, les vitesses en jeu sont modérées (par exemple, la Terre tourne autour du Soleil à 30 km/s), et l'émission d'ondes gravitationnelles y est alors tellement faible qu'on peut la négliger complètement. Pour qu'elle commence à jouer un rôle, il faudrait atteindre plusieurs dizaines de milliards de milliards d'années (un 1 suivi de 19 zéros). Mais avec des corps beaucoup plus massifs et surtout beaucoup plus rapprochés, l'histoire est fort différente. Deux étoiles massives en orbite l'une autour de l'autre ont déjà plus de chances de se rapprocher en des temps plus brefs. Là encore cela sera sans conséquence car leur durée de vie de quelques dizaines de millions d'années est trop courte pour que les ondes gravitationnelles fassent leur œuvre. Mais si ça n'est pas de leur vivant, cela pourra se faire dans leur au-delà, quand elles auront cessé de briller et qu'elles se seront transformées en cadavres stellaires qui disposent de l'éternité devant eux. Et le processus pourra être accéléré lors de la fin de leur vie d'étoile car lors de leur explosion en supernova, il peut arriver que la trajectoire du cadavre stellaire qui en résulte soit significativement modifiée. L'orbite des deux étoiles peut alors se rétrécir considérablement, et donner naissance à un système de deux trous noirs en orbite rapprochée. Tout est alors en place pour le drame, ou en tout cas pour l'événement le plus violent de tout l'Univers depuis le Big Bang.

Les trous noirs sont des objets très compacts. Ils sont même, par définition, les objets les plus petits qui puissent exister pour une masse donnée. Cela a pour conséquence qu'un objet qui orbite à proximité d'un trou noir sera doté d'une vitesse considérable, certes inférieure mais du même ordre que celle de la lumière, une valeur immensément plus grande que celle de la Terre autour du Soleil qui avec ses 30 petits kilomètres par seconde ne pointe qu'à 0,01 % de la vitesse de la lumière. Cette faible valeur explique que notre planète ne produise dans sa course autour du Soleil que bien peu d'ondes gravitationnelles, d'où ce temps de fusion démesurément long de 10 milliards de milliards d'années. Mais avec des objets plus massifs, plus compacts et surtout plus rapprochés, tout change. Car comme avait commencé à le pressentir Einstein dès 1916, l'émission d'ondes gravitationnelles augmente très, très vite avec la vitesse orbitale (ce qui sera démontré de façon rigoureuse quelques décennies plus tard). Historiquement, les ondes gravitationnelles ont été observées pour la première fois de façon indirecte grâce à un couple de deux pulsars en orbite l'un autour de l'autre. Les signaux émis par les pulsars étant d'une parfaite régularité, tout mouvement d'un pulsar par rapport à l'autre se signalera par une légère modulation des temps d'arrivée des signaux qu'ils émettent. Cela ne vous rappelle rien ? C'est exactement par ce biais qu'Ole Rømer avait mis en évidence la finitude de la vitesse de la lumière ! Mais revenons aux pulsars. Avec l'instrumentation moderne, il est possible de déterminer le temps d'arrivée des signaux de certains pulsars avec une précision meilleure que la microseconde, et par suite de déterminer avec une précision extrême leur orbite et l'évolution éventuelle de celle-ci au cours du temps. Car que croyez-vous que font deux pulsars en orbite l'un autour de l'autre ? Ils émettent des ondes gravitationnelles ! En 1974, fut identifié pour la première fois un couple de deux pulsars, répondant au doux nom* de PSR B1913+16. Depuis la Terre, un seul de ces pulsars est détectable car le faisceau d'ondes radio émis par son compagnon n'intercepte jamais la Terre. Mais ça n'est pas gênant, l'observation d'un seul pulsar permet de déterminer les caractéristiques physiques et orbitales du couple. On sait ainsi que les deux astres sont d'une masse quasi identique (1,441 et 1,387 masse solaire, soit, dans les deux cas, un chiffre très proche

* Ce nom étrange n'est autre que l'acronyme « PSR » qui signifie « pulsar », suivi des coordonnées célestes approximatives où ces objets se trouvent, ce qui permet d'éviter toute confusion avec d'autres pulsars.

de la masse de Chandrasekhar) et ils parcourent une orbite relativement resserrée qui ne les voit jamais s'éloigner de plus de 3,2 millions de kilomètres l'un de l'autre. Ils effectuent une orbite complète en 7 heures 45 minutes 6,975 secondes mais, du fait des ondes gravitationnelles qu'ils émettent, leur orbite s'use lentement. Leur période orbitale diminue de 0,07 microseconde à chaque révolution et la distance moyenne qui les sépare diminue d'un peu plus de 4 millimètres à chaque orbite, soit environ 5 mètres par an, un effet infime mais cumulatif qui finit par être observé en quelques années grâce à l'extraordinaire régularité des signaux émis par les pulsars. La découverte et l'étude détaillée de PSR B1913+16 est à mettre au crédit des américains Russell Hulse (1950-) et Joseph Taylor (1941-), le premier étant à l'époque l'étudiant du second. Tous deux furent récompensés du prix Nobel de physique en 1993, le comité Nobel ne faisant pas cette fois, et à raison, de distinction entre l'étudiant et le directeur de thèse contrairement à sa fatale erreur de 1974.

Les deux pulsars étant bien plus massifs qu'une planète et surtout bien plus rapprochés, ils émettent bien plus d'ondes gravitationnelles que le couple Terre-Soleil. Le système PSR B1913+16 « brille » ainsi autant en ondes gravitationnelles qu'une petite étoile ne le fait en lumière visible. Mais cela ne suffit pas, loin de là, pour que l'on détecte directement ces ondes, c'est-à-dire que l'on décèle depuis la Terre les vibrations de l'espace engendrées par les deux corps. Pour ce faire, il faut considérer un couple d'objets autrement plus extrêmes, à savoir deux trous noirs, de préférence bien plus massifs que le Soleil et surtout bien plus rapprochés l'un de l'autre que le couple PSR B1913+16. Avec de tels objets, c'est une quantité gigantesque d'énergie qui est emportée sous forme d'ondes lors du processus final qui va voir les objets spiraler l'un vers l'autre, puis fusionner. Et c'est donc là que $E = mc^2$ va frapper. C'est ce processus de fusion qui a été observé pour la première fois le 14 août 2015. Près d'un siècle après leur prédiction par Einstein, des instruments dédiés très sensibles ont enfin réussi à détecter l'infime train d'ondes gravitationnelles émis par la phase finale de la collision de deux trous noirs. Et la forme exacte de ce train d'ondes permet de déterminer la masse des trous noirs avant et après la fusion. Leur masse au départ ? 36 et 29 fois celle du Soleil. Celle du trou noir résultant ? 62 masses solaires. Oui, c'est bien 62, quand bien même 36 et 29 font 65. Il manque quelque chose ! Vous l'aurez compris, ce quelque chose, c'est l'énergie qui a été emportée par les ondes gravitationnelles. Pendant la phase finale de la coalescence des trous noirs (c'est le terme utilisé en astronomie plutôt que celui de fusion ou collision), c'est ni plus ni moins que l'équivalent de trois fois la masse du Soleil qui s'est envolée, emportée par le flot d'ondes gravitationnelles. Mais là où les chiffres donnent vraiment le vertige, c'est quand on considère que si le rapprochement progressif des trous noirs dure des centaines de millions d'années, il s'avère que le gros des ondes gravitationnelles est émis lors de la phase *finale* de la coalescence. Et pour ces deux trous noirs, les calculs (et désormais les observations) indiquent que cette phase-là dure à peine… deux dixièmes de seconde. Je vous ai dit il y a quelques chapitres que le Soleil s'allégeait à chaque seconde de 4 millions de tonnes, soit 800 000 tonnes en deux dixièmes de secondes. La collision de ces deux trous noirs les a, elle, allégés pendant la *même* durée, de trois fois la masse du Soleil, soit quelque chose comme – exceptionnellement je vais mettre tous les zéros – 6 000 000 000 000 000 000 000 000 000 tonnes. Vous pouvez compter, le second chiffre comporte 22 zéros de plus que le premier. Cela signifie que pendant le temps, certes bref, que dure la collision des deux trous noirs, ceux-ci « brillent » en ondes gravitationnelles quelque chose comme

10 000 000 000 000 000 000 000 fois ce qu'une étoile typique brille de sa lumière ordinaire. Or ce chiffre à 22 zéros, c'est 100 milliards multiplié par 100 milliards. Dans une galaxie comme la nôtre, il y a de l'ordre de cent milliards d'étoiles, et, dans l'Univers observable, il y a de l'ordre de cent milliards de galaxies. Un 1 suivi de 22 zéros, c'est donc le nombre approximatif d'étoiles qu'il y a dans tout l'Univers observable où l'on voit pourtant s'étendre des galaxies à perte de vue. Cela signifie que pendant le temps, certes bref, de la coalescence, la minuscule région de l'espace où elle se produit (elle tiendrait facilement dans le volume occupé par la Lune !) brille autant, peut-être même plus, que *toutes* les étoiles de l'Univers observable. Alors certes les trous noirs ne brillent qu'en ondes gravitationnelles, mais que ce soit de la lumière ou des ondes gravitationnelles, cela reste quand même un peu la même chose, car c'est ni plus ni moins que l'expression de $E = mc^2$, cette fois poussée à son paroxysme le plus démesuré *.

* Et pour tout vous dire, si vous jetez un œil sur la couverture du livre que vous tenez entre les mains, vous y noterez que le titre se trouve au milieu de deux disques presque fondus l'un dans l'autre. C'est en référence au fait que c'est la fusion de deux trous noirs, objets plutôt ronds, qui est la plus grandiose manifestation de l'équation $E = mc^2$...

CHAPITRE 19

LE VOIR POUR LE CROIRE

La détection des ondes gravitationnelles fut annoncée en grande pompe en février 2016, soit presque un siècle jour pour jour après leur prédiction par Albert Einstein*. Eût-elle pu avoir lieu bien plus tôt, elle aurait été un grand moment dans l'histoire des sciences, car même si le concept est peu connu en dehors du monde scientifique, les ondes gravitationnelles sont une des plus emblématiques manifestations de la relativité générale et, qui plus est, une qui était particulièrement chère à son découvreur. Mais si en prime on tient compte de l'extrême difficulté que représente leur détection directe et de la très longue attente qui en a découlé, alors on est face à un moment vraiment rarissime, ce qui renforce d'autant sa portée historique. Pour autant, il est probable que nombre de personnes, dont vous peut-être, aient été déçues par l'annonce. Il n'existe pas grand-chose de moins

* 99 ans et 8 mois exactement.

tangible qu'une onde gravitationnelle. On ne la « voit » pas, elle échappe totalement à nos sens. Tout au plus les non spécialistes ont-ils vu des graphiques* desquels « on » – c'est-à-dire les scientifiques – leur a assuré que oui, c'était la preuve que les ondes gravitationnelles existaient et que oui, ces petites oscillations rouges et bleues révélaient la collision entre deux trous noirs il y a bien longtemps sur une galaxie fort lointaine**. Les trous noirs et les ondes gravitationnelles existent, ont alors affirmé les scientifiques, toutefois, il fallait les croire sur parole.

Mais par un heureux hasard, les évolutions technologiques ont permis peu de temps après d'apporter une preuve bien plus concrète, plus directe de l'existence de ces objets. Cette preuve, c'est celle que l'astronomie offre bien souvent au public : l'imagerie directe. Mais comment donc voir un trou noir, c'est-à-dire un objet parfaitement sombre avec en arrière-plan le fond du ciel qui, lui, est presque parfaitement noir ? En général c'est impossible, sauf dans un cas particulièrement intéressant. La lumière

* Les graphiques en question se trouvent ici : https://physics.aps.org/featured-article-pdf/10.1103/PhysRevLett.116.061102

** En l'occurrence, l'événement s'est produit dans une galaxie située à plus d'un milliard d'années-lumière, et donc il y a plus d'un milliard d'années.

ne peut s'échapper d'un trou noir, pas plus que la matière qui tombe dedans. Mais paradoxalement, *avant* de disparaître à jamais, la matière peut devenir très lumineuse. En fait, comme vous allez le voir, la matière n'a pas vraiment le choix : elle *doit* devenir très lumineuse dans ce cas-là. Paradoxale en apparence, cette affirmation est en fait assez simple à comprendre. Imaginez que vous teniez en main un caillou et que vous le lâchez. Le caillou va être accéléré vers le sol qui va interrompre sa chute. Souvenez-vous de ce que je vous ai dit au chapitre 8 : en étant attiré par le champ de gravitation terrestre, un objet gagne de l'énergie cinétique, qui bien sûr se dissipe presque instantanément au moment du choc sur la surface. Comme je l'ai dit, avec une chute d'un mètre au niveau de la surface de notre planète, l'énergie à dissiper n'est pas bien grande : à peine dix joules par kilogramme. En revanche, plus vous allez laisser tomber votre caillou d'une grande hauteur, plus l'énergie à dissiper devient grande. Au-delà d'une certaine hauteur, elle sera telle que le caillou ne résistera pas à l'impact. Il se brisera et, avec une hauteur de chute bien plus grande, il cessera même d'exister en tant que tel : l'énergie sera dissipée sous forme de chaleur et celle-ci pourra être bien assez grande pour intégralement vaporiser votre caillou. C'est du reste ce qu'il se passe lors du plus romantique des événements astronomiques : les étoiles filantes. En effet, une étoile filante n'est rien d'autre qu'un petit caillou ou un simple grain de poussière qui croise la Terre sur son orbite. Même si au départ la trajectoire du caillou épouse presque celle de la Terre, le caillou va être attiré par la Terre et pénétrer dans son atmosphère à une vitesse d'au minimum 40 000 km/h, soit un peu plus de 11 kilomètres par seconde. Si jamais le caillou se déplace dans le Système solaire selon une trajectoire assez différente de celle de la Terre, alors la vitesse peut friser les 250 000 km/h (ou 70 km/s si vous préférez) au moment de la rencontre. Avec une telle énergie, les frottements sur l'atmosphère de notre planète sont très intenses et on comprend aisément que le caillou soit complètement vaporisé bien avant d'atteindre le sol. Il disparaît en haute altitude en laissant une belle trace lumineuse, vestige de sa fulgurante mais bien fugace existence terrestre. Ce même raisonnement peut être fait en remplaçant la Terre par n'importe quel autre objet astronomique. Le résultat des courses est toujours le même : quand le caillou heurte la surface de l'objet, il va dissiper l'énergie accumulée sous forme d'énergie cinétique lors de sa chute vers l'objet, ou éventuellement la dissiper en se vaporisant avant d'atteindre le sol. Et à ce jeu, plus l'objet est petit et plus il est massif, plus l'énergie à dissiper par l'impacteur est grande. Prenez par exemple une naine blanche : un caillou qui s'écraserait à sa surface aurait une vitesse d'impact qui avoisinerait les 6 000 km/s. Et à la surface d'une étoile à neutrons ? Dans les 150 000, voire 200 000 km/s. Et avec de telles valeurs, l'énergie dissipée est du même ordre de grandeur que le canonique $E = mc^2$... Sans doute vous direz-vous que ce raisonnement a bien peu de chance d'être valide pour un trou noir, puisque le trou noir n'a pas de surface sur laquelle la matière qui tombe sur lui pourrait s'écraser. Et vous aurez parfaitement raison, mais il y a un « mais ».

Quand il y a beaucoup de matière qui tombe sur un objet, trou noir ou non, il vient un moment où la petitesse de l'objet se transforme en un goulet d'étranglement. Plutôt que de tomber directement sur l'objet, la matière va être ralentie par celle qui la précède et peu à peu s'organiser en un disque entourant l'objet, un peu à la façon des anneaux de Saturne, mais en plus étendu, plus épais et surtout plus massif. Chacune des particules du disque tourne suivant une orbite circulaire autour de l'objet central et les lois de la gravitation nous disent qu'elles tournent d'autant plus rapidement autour de l'objet central qu'elles en sont proches. C'est d'ailleurs exactement ce qu'il se passe dans le Système solaire : la Terre effectue sa course autour du Soleil à une trentaine de kilomètres par seconde alors que Mercure, plus proche de notre étoile, se déplace à 48 km/s et qu'à l'inverse Neptune, bien plus éloignée, ne voyage qu'à 5,5 km/s. Dans le Système solaire, ces différences de vitesse n'ont guère d'importance, chaque planète se trouvant à grande distance des autres. Mais à l'intérieur du disque qui entoure un trou noir, on trouve d'innombrables grains de poussière ou simples atomes, comme dans l'air ambiant, et chaque portion du disque orbite à des vitesses légèrement différentes de la portion voisine. Ces écarts de vitesse sont à l'origine de frottements entre les différentes parties du disque, et qui dit frottement dit dissipation d'énergie sous forme de chaleur. Quand un satellite artificiel, un caillou ou un simple atome en orbite autour d'une planète perd de l'énergie, point de salut, il se rapproche lentement mais sûrement de la planète. Les particules du disque ne tournent pas autour de l'objet central, en réalité elles spiralent lentement vers lui en dissipant de l'énergie, étant vouées à tomber sur lui un jour ou l'autre. Ainsi, même si l'objet est un trou noir et même s'il n'y aura pas d'énergie libérée au moment de l'impact, les particules du disque auront subi une perte d'énergie assez considérable dans le disque, *avant* qu'elles ne pénètrent dans le trou noir. Des calculs plus détaillés indiquent que la matière qui tombe vers un trou noir va perdre une quantité d'énergie qui est au minimum de 6 % de son mc^2, un chiffre qui peut même avoisiner les 40 % dans certains cas. C'est là une part considérable. Souvenez-vous que ce qui fait briller le Soleil, c'est la conversion d'hydrogène en hélium, qui ne dégage « que » 0,7 % du mc^2 de l'hydrogène. Et encore : seuls 10 % de l'hydrogène disponible seront effectivement convertis (soit un rendement net de 0,07 % rapporté à la masse disponible) et, surtout, cette conversion s'étalera sur toute la durée de vie de l'étoile, soit plus de dix milliards d'années pour notre Soleil. Quand de la matière tombe sur un trou noir, le rendement de l'opération (la quantité d'énergie par unité de masse) est considérablement plus grand (6 à 40 % au lieu des 0,07 %) et se fait en un temps bien plus bref. Résultat des courses : l'environnement d'un trou noir est, dans certains cas, *beaucoup plus lumineux* qu'une étoile. Par exemple, de la matière qui tomberait avec le débit le plus élevé possible sur un trou noir de la masse de notre Soleil brillerait 30 000 fois plus que ce dernier. Voilà donc la raison pour laquelle l'objet compact de Sco X-1 était bien plus lumineux que son étoile compagne ! On comprend bien dans ces conditions comment voir un trou noir : il suffit d'en surprendre un en plein festin. Dans ce cas, on ne verra toujours pas sa surface, mais on distinguera sa *silhouette* se découpant devant le fond lumineux produit par la matière qui tombe inexorablement vers lui. La version scientifico-artistique du phénomène est ce que vous avez peut-être vu dans le film *Interstellar* : un disque sombre nimbé d'un halo de lumière, dont l'aspect exact dépend de l'inclinaison sous laquelle on voit le disque. Même si un certain nombre d'entorses à l'exactitude scientifique sont présentes dans le film de Christopher Nolan, il permet de saisir une partie de l'essence du phénomène. Dans la vraie vie, un trou noir entouré de son disque de matière va être plus ou moins lumineux, en fonction de sa masse et du flux de matière qui l'alimente. Celui d'*Interstellar* est, selon les mots du conseiller scientifique de Christopher Nolan *, très massif mais plutôt « anémique » car bien peu alimenté et donc assez peu brillant, juste de quoi illuminer et chauffer un peu les planètes qui tournent autour. Mais certains trous noirs géants en pleine crise de boulimie peuvent être épisodiquement

* Il s'agit de l'Américain Kip Thorne (1940-), un des plus grands spécialistes actuels de la relativité générale et un des fondateurs de l'instrument LIGO qui a détecté la première coalescence de trous noirs.

bien plus lumineux... que la galaxie dans laquelle ils se trouvent. Vous l'avez peut-être compris, c'est exactement la configuration des quasars brièvement évoqués au chapitre 14, qui ne sont rien d'autre que la combinaison d'un trou noir très massif parfois alimenté par un immense flux de matière. Et quelle que soit la taille du trou noir, le flux qui l'alimente est quelque peu turbulent, ce qui explique les sautes de luminosité de ces objets, à l'échelle de la milliseconde pour des petits trous noirs comme Cygnus X-1 et de la semaine pour des trous noirs bien plus massifs et donc bien plus gros comme dans le cas des quasars, ce qui dans un cas comme dans l'autre permet d'estimer leur taille.

Hélas, quand il ne s'agit plus simplement de détecter un trou noir mais de l'imager directement, se dresse un obstacle de taille, dans tous les sens du terme : les trous noirs sont des objets « petits », au sens où ce sont les plus petits objets d'une masse donnée. Pour *voir* réellement un trou noir, il ne suffit pas de détecter sa présence par la lumière émise par la matière qu'il engloutit. Encore faut-il qu'il soit suffisamment gros ou suffisamment proche pour que nos télescopes soient en mesure de distinguer leur silhouette. Et malheureusement, cette fois les chiffres ne sont pas du tout du côté des astronomes...

Considérons le cas du premier trou noir jamais détecté, Cygnus X-1. La matière qu'il happe de son étoile compagne devrait en principe permettre de distinguer sa silhouette, sauf qu'il est situé à un peu plus de 6000 années-lumière de la Terre, soit soixante millions de milliards de kilomètres. Pour ce qui est de sa taille, c'est assez facile à calculer. La taille d'un trou noir est proportionnelle à sa masse, à raison de 3 kilomètres de rayon par masse solaire. C'est la raison pour laquelle dans les calculs de Karl Schwarzschild évoqués au début du chapitre 15, j'ai indiqué qu'il se passait quelque chose de bizarre si le Soleil faisait moins de trois kilomètres de rayon. Cygnus X-1 est environ dix fois plus massif que le Soleil et en conséquence son diamètre n'est que de… 60 kilomètres. Dans les faits cependant, un trou noir apparaît toujours plus gros que ce qu'il est. Comme au voisinage du Soleil, la lumière voit sa trajectoire déviée en passant près d'un trou noir mais bien sûr de façon bien plus marquée, de sorte que quand on regarde un trou noir de loin, celui-ci agit comme un système optique qui focalise littéralement la lumière, faisant apparaître sa silhouette plus grosse qu'elle ne l'est en réalité. Ce phénomène optique permet d'augmenter sa taille apparente d'un facteur 2,5. Autrement dit, si on essaie de distinguer la silhouette de Cygnus X-1, celle-ci semblera avoir une taille non pas de 60 km, mais plutôt de 150. C'est certes un peu mieux mais ridiculement faible eu égard à la distance astronomique qui nous en sépare. Amusez-vous à faire une règle de trois*, et vous constaterez que distinguer la silhouette d'un objet d'aussi petite taille à une telle distance, c'est comme distinguer un objet d'un micron qui serait situé sur la Lune. Autrement dit, si, depuis la Terre, vous arriviez à voir une bactérie sur la Lune, alors vous pourriez envisager de voir la silhouette de Cygnus X-1. Autant vous le dire tout de suite (mais vous l'aviez pressenti avant même que je ne l'écrive), il est totalement inconcevable d'envisager pouvoir construire un instrument optique doté d'une telle acuité. Ce n'est du reste même pas un problème technologique, mais une réelle impossibilité physique : les lois de l'optique et le phénomène de diffraction obligent un télescope doté d'un tel pouvoir de résolution (c'est le terme technique employé par les astronomes) à être bien plus gros que la Terre.

Faute de pouvoir voir les trous noirs « normaux », pourrait-on dire, il reste un dernier atout aux astronomes : observer un de ces trous noirs géants. Si

* Ou contentez-vous de demander à vos enfants de faire le calcul en guise d'exercice de mathématiques !

les trous noirs les plus nombreux sont, de loin, ceux issus de l'évolution des étoiles massives (voir chapitre 15), les astronomes ont soupçonné à partir des années 1960, puis détecté à partir des années 1990, des trous noirs beaucoup, beaucoup plus gros (et donc beaucoup, beaucoup plus massifs). Ces trous noirs géants, sobrement baptisés « trous noirs supermassifs » sont très rares : pas plus d'un par galaxie, et ils en sont situés au centre. Ces objets sont complètement hors norme, avec une masse qui souvent se compte en millions, mais peut allègrement dépasser le milliard de masses solaires, quoique pour l'heure leur origine reste un mystère. Eu égard au fait qu'on en trouve toujours un au centre des galaxies, il semble acquis qu'ils évoluent conjointement avec la galaxie qui les héberge, et d'ailleurs on constate que plus une galaxie est massive, plus le trou noir supermassif qu'elle héberge l'est aussi. Pour autant, le détail de leur formation ou de leur évolution reste assez mystérieux aujourd'hui encore. Peu importe cependant : s'ils existent, autant essayer de les voir.

Mais même là, les chiffres ne sont guère encourageants. Le trou noir supermassif le plus proche est sans surprise celui de notre Galaxie, la Voie lactée.

Baptisé* pour diverses raisons « Sgr A* », il n'est pas trop loin, astronomiquement parlant : seulement 26 000 années-lumière, soit guère plus que quatre fois la distance de Cygnus X-1. En revanche, il est incomparablement plus massif et donc incomparablement plus gros : avec ses quatre millions de masses solaires, son diamètre frise les vingt-cinq millions de kilomètres, soit 400 000 fois plus que Cygnus X-1. Finalement, s'il est 4 fois plus éloigné mais 400 000 fois plus gros, sa taille apparente sera 100 000 fois plus grande. Voilà qui est encourageant, mais la même règle de trois que précédemment va vite rabaisser cet enthousiasme : la silhouette de ce trou noir n'est guère plus grosse que celle d'un objet

* Si vous voulez vraiment tout savoir : « Sgr » est l'abréviation officielle de la constellation du Sagittaire, la région du ciel où se situe le centre de notre Galaxie. Le « A » vient du fait que dans les années 1940, à l'époque balbutiante des débuts de la radioastronomie, très peu de sources d'ondes radio étaient détectées dans le ciel, et étaient baptisées par le nom de leur constellation d'appartenance – Sgr dans ce cas – suivi d'une lettre suivant l'ordre alphabétique. Sgr A est donc la première source d'ondes radio détectée dans la constellation du Sagittaire. Par la suite, l'amélioration des instruments permit de déceler plusieurs sous-structures au sein de Sgr A, dont une, apparemment ponctuelle comme l'est une étoile, d'où le terme de Sgr A* (prononcez « Sagittarius A étoile », ou, si vous préférez le franglais des astronomes « Sédjèïstar »). Ce n'est que bien plus tard que Sgr A* fut identifié comme un trou noir supermassif, sans que cela amène les astronomes à le rebaptiser d'un nom moins barbare.

de 10 centimètres (un pamplemousse par exemple) qui serait posé sur la Lune. Peut-on faire mieux avec un autre trou noir ? Non, mais on peut faire aussi bien. Dès que l'on sort de notre Galaxie, les distances augmentent très vite. Si on excepte quelques petites galaxies comme les Nuages de Magellan, notre plus proche voisine est la galaxie d'Andromède (M31, vous vous souvenez ?), déjà située à 2 millions d'années-lumière, soit 80 fois plus loin que le trou noir supermassif de notre Galaxie. Il faudrait donc que le trou noir supermassif de M31 soit plus de 80 fois plus massif que Sgr A* pour qu'il soit plus facile à observer, ce qui n'est pas le cas, un résultat guère surprenant puisque M31 et notre Galaxie sont assez similaires et que leurs trous noirs supermassifs respectifs doivent donc être assez semblables. Idem pour les autres membres de notre proche voisinage galactique, sauf une. Notre Galaxie se trouve en effet relativement proche du centre d'un superamas. Les superamas de galaxies sont les plus grosses structures que l'on trouve dans l'Univers. Comme leur nom l'indique, ce sont des concentrations importantes de galaxies dont le nombre peut parfois dépasser les 10 000. Au centre d'un superamas se trouvent une ou deux galaxies particulièrement imposantes et c'est le cas de celui qui se situe non loin de notre Galaxie. Sa galaxie géante se prénomme M87 : encore un objet trouvé par Charles Messier ! M87 est 25 fois plus éloignée que M31, mais sa taille imposante fait qu'elle reste facilement observable avec un petit instrument. C'est du reste grâce à cela qu'elle a pu être cataloguée par Charles Messier, même si c'est sans surprise un des objets les plus lointains qui fasse partie de son catalogue. Or donc, M87 est une galaxie géante, et même une des plus grandes et plus massives galaxies connues : avec un diamètre proche du million d'années-lumière, elle est huit à dix fois plus étendue que notre Voie lactée et surtout des centaines de fois plus massive. Son trou noir central suit sans surprise cette tendance à des proportions titanesques : plus de 6 milliards de masses solaires, soit plus de 1 500 fois celle de Sgr A*. Finalement, le trou noir central de M87, appelé M87* par imitation de son plus frêle cousin Sgr A*, est 2 000 fois plus éloigné, mais presque 2 000 fois plus massif, et donc presque 2 000 fois plus gros. L'un compensant l'autre, cela fait que l'observation de M87* est du même ordre de difficulté que celle de Sgr A*. Ce sont ces deux objets qui ont focalisé l'attention des astronomes en vue d'en faire une image.

Vous ne serez pas surpris d'apprendre que voir des détails aussi petits qu'un pamplemousse sur la Lune est un défi technologique effroyablement compliqué à relever. Sans entrer dans la technique, disons qu'il est impossible de distinguer des détails d'aussi petite taille avec un unique télescope. Il est nécessaire de mobiliser tout un réseau de télescopes, de préférence aussi éloignés que possible les uns des autres. Mais à ce jeu, effectuer une telle opération avec des télescopes optiques (c'est-à-dire sensibles à la lumière que voient nos yeux) est à l'heure actuelle hors de portée de nos technologies : il faudrait pour cela utiliser un réseau de télescopes espacés de plusieurs kilomètres là où on ne sait le faire que sur des distances de quelques dizaines de mètres. Au lieu de cela, on est contraint d'utiliser un réseau de radiotélescopes (sensibles au ondes radio, donc), mais au prix que le réseau de radiotélescopes soit bien plus étendu. Et le réseau le plus étendu qui puisse se concevoir aura la taille... de la Terre. C'est donc en utilisant des radiotélescopes situés en Europe, aux États-Unis, sur les îles Hawaï, au Mexique, au Chili et même au pôle Sud que les astronomes ont finalement réussi à produire la première image d'un trou noir, en l'occurrence celle de M87*. J'emploie ici à dessein l'expression « produire une image » plutôt que « prendre une photo », car la façon dont on a produit cette image n'a franchement plus grand-chose à voir avec le fonctionnement d'un appareil photo tel qu'on le connaît, mais peu importe :

après de nombreuses années d'effort et de péripéties diverses, une équipe internationale a réussi à « voir l'invisible », à voir la première image d'un trou noir. Alors bien sûr, pour celles et ceux qui sont habitués aux magnifiques images du télescope spatial *Hubble*, cette image n'est pas très jolie, elle est même franchement floue *, mais c'est parce que l'objet imagé nécessite un zoom incomparablement plus grand que ce que peut faire le plus célèbre des télescopes spatiaux. Pour vous en rendre compte, prenez votre cliché préféré réalisé par le télescope *Hubble* durant les trente années de sa riche existence, et zoomez sur celui-ci jusqu'à ce que vous ne voyiez plus qu'un unique pixel de l'image sur votre écran. Subdivisez maintenant cet énorme pixel en mille lignes et mille colonnes, soit en un million de sous-pixels. Eh bien l'image de M87* est *plus petite* qu'un de ses sous-pixels ! Autrement dit, même si *Hubble* permettait de faire des images 1 000 fois plus détaillées... ce ne serait pas suffisant pour distinguer la silhouette de M87*.

Que nous montre cette image ? Une zone noire entourée d'un cercle orange légèrement aplati. Ce cercle, c'est bien sûr le disque de matière qui entoure le trou noir et que l'on voit de dessus avec une faible

* Avouez, vous avez râlé qu'elle soit aussi floue !

inclinaison. Le disque est plus étendu que ce qu'on en voit, mais seule sa partie interne, la plus proche du trou noir, est suffisamment brillante pour être visible car c'est là que la dissipation d'énergie y est la plus importante. Le bord interne du disque est, lui, à proximité immédiate du trou noir, M87*. C'est donc bel et bien la silhouette de ce dernier que l'on distingue, entourée du disque de matière qu'il est en train d'engloutir. Et comme nous arrivons à la fin de cet ouvrage, je peux peut-être vous donner un dernier chiffre astronomique, ou même deux : l'éclat du disque permet de déterminer qu'à l'heure actuelle il alimente le trou noir à raison d'une masse terrestre par jour, un chiffre en réalité bien modeste eu égard à la quantité de matière que cet objet hors norme a dû engloutir depuis sa création, qui se monte en réalité à 400 ou 500 masses terrestres par jour *en moyenne*, et ce sans discontinuer depuis 10 ou 12 milliards d'années. Finalement, ne vous méprenez surtout pas sur la qualité en apparence médiocre de cette image. Dites-vous au contraire que cette apparente mauvaise qualité d'image est le signe qu'on est à la limite de ce qu'il est possible d'obtenir, et surtout, réjouissez-vous que l'objet le plus emblématique du cosmos ait enfin pu devenir accessible aux sens de chacun.

CHAPITRE 20

L'ULTIME MYSTÈRE

Les trous noirs sont des objets astronomiques comme les autres. Ils l'ont toujours été bien sûr (Dame Nature n'a pas besoin de notre avis à ce sujet !), pourtant l'idée a infusé assez lentement dans l'esprit des astronomes, ou en tout cas de certains d'entre eux, réfractaires à l'idée même de leur existence. Mais ceci appartient désormais au passé. On n'est plus dans les débats sur l'existence ou non de ces objets. C'est là un défi relevé depuis une bonne trentaine d'années, voire plus. Les trous noirs ont depuis longtemps cessé d'être des entités purement abstraites qui ne pouvaient être étudiées que par la seule force de la pensée. Ce qui intéresse désormais les astronomes, c'est de cerner au mieux la façon dont les trous noirs interagissent avec leur environnement, chose que la seule connaissance de l'« objet » trou noir ne suffit pas à déterminer, de la même façon que la connaissance du fonctionnement des étoiles ne suffit pas à comprendre comment le cycle de vie de celles-ci influe sur l'évolution des galaxies par le biais de la façon dont elles redistribuent une partie de la matière qu'elles ont possédée. Le principal défi qui se pose désormais à ceux qui étudient les trous noirs n'est guère différent de celui qui se pose à ceux qui s'intéressent aux autres objets astronomiques: comprendre la partition que chacun joue dans la grande symphonie cosmique qui s'exécute depuis 13,8 milliards d'années «devant notre regard admiratif et étonné», comme le disait si bien Galilée il y a quatre siècles. Pourtant, il reste un point fondamental sur lequel les trous noirs restent et resteront peut-être longtemps des objets à part.

L'intérieur des astres est en général inaccessible. Même sans aller à l'autre bout du cosmos, le centre de notre bonne vieille Terre est déjà hors d'atteinte, n'en déplaise à Jules Verne et son *Voyage au centre de la Terre*: trop chaud et surtout trop écrasant. Malgré tout, on peut prédire un certain nombre des propriétés de l'intérieur de notre planète. Les lois qui le régissent sont celles de la gravitation (d'Isaac Newton ou d'Albert Einstein, peu importe, elles sont équivalentes dans ce contexte), doublées du comportement de la matière aux conditions de température, de densité et de pression qui règnent là-bas. Ces conditions physiques sont raisonnablement bien connues, quoique l'état exact de la matière le soit un peu moins : à de telles pressions, les nuages électroniques des atomes s'interpénètrent d'une façon difficile à modéliser, ce qui empêche de bien pouvoir déterminer la compressibilité de la matière aux pressions qui règnent là-bas. Pour autant, les lois physiques à l'œuvre sont parfaitement connues. Ce sont celles de la mécanique quantique, qui régissent le comportement de la matière à l'échelle atomique et dont du reste Einstein avait commencé à paver le chemin en démontrant que la lumière était, selon le cas, soit une onde, soit une particule (voir chapitre 4). En d'autres termes, l'intérieur de la Terre est certes inaccessible *en pratique*, que ce soit par l'expérience ou par la modélisation, mais il est « connaissable » *en principe* puisque les lois fondamentales qui y sont à l'œuvre le sont.

C'est sur ce dernier point que les trous noirs se distinguent d'à peu près tout ce qui existe dans l'Univers. Revenons un instant à la fin du chapitre 15 et à Robert Oppenheimer. Le scientifique américain expliquait en 1939 comment qualitativement se produisait l'effondrement d'un astre en trou noir. Vu de l'extérieur, celui-ci semble se figer quand l'astre atteint la taille d'un trou noir, mais un observateur qui serait situé à sa surface le verrait se poursuivre sans que quoi que ce soit ne l'entrave, jusqu'à ce que la matière de plus en plus comprimée atteigne une densité infinie. Mais qu'est-ce que cela peut bien signifier ? En physique, on s'intéresse aux relations et à l'évolution de diverses quantités telles que la pression, la densité ou la température. Ce sont des équations mathématiques qui déterminent comment ces quantités, qui sont des nombres, évoluent. Mais bien sûr, aucune équation ne peut gérer les situations où ces quantités deviennent infinies. Si des infinis apparaissent dans l'évolution d'un système physique, c'est qu'il y a une erreur quelque part ! De quelle erreur s'agit-il dans le cas d'un trou noir ? C'est une *prédiction* de la relativité générale que la densité de la matière formant le trou noir y devient infinie.

Cette dernière remarque n'est pas dénuée d'ironie. Einstein a montré par la relativité restreinte et son emblématique $E = mc^2$ qu'il existe une limite absolue à la vitesse de propagation de la lumière, et donc que la gravitation selon Newton était certainement inexacte. Il l'a alors supplantée par sa théorie dont la raison d'être était de corriger un défaut de celle de Newton. Et cette théorie-là prédit, n'en déplaise à son géniteur, l'existence des trous noirs... au sein desquels la matière atteint une densité infinie, ce qui est évidemment absurde. La théorie d'Einstein prédit sa propre perte. Le serpent se mord la queue. Comment donc sortir de ce cercle vicieux? Quand les physiciens étudient le monde, ils cherchent en premier lieu à déterminer les lois qui le décrivent. Mais ces lois sont une forme de modélisation du réel, comme l'avaient deviné Empédocle et quelques autres il y a 2400 ans (voir chapitre 2). Par exemple, Newton dit que la force exercée par la Terre peut être assimilée à un objet mathématique appelé «vecteur». Cela vous dit peut-être quelque chose car on l'étudie au lycée. On peut symboliser un vecteur par un segment dont une extrémité porte une flèche. Or personne n'a jamais vu de flèche pendouillant vers le bas en dessous d'une pomme. Le vecteur en question est une entité abstraite, qui a pour but de décrire les phénomènes, mais à aucun moment l'entité mathématique utilisée pour décrire ce réel ne se voit attribuer une réalité physique. Autrement dit, le *modèle* que nous utilisons pour décrire le réel n'*est pas* le réel. C'en est au mieux une approximation. La théorie d'Einstein en est à ce titre une meilleure approximation que celle de Newton. Les mouvements des planètes autour du Soleil sont fort bien mais néanmoins imparfaitement décrits par la théorie de Newton, ils s'en écartent un peu. La théorie d'Einstein n'est, elle, à l'heure de l'écriture de ces lignes, pas encore mise en défaut. Mais elle prédit qu'elle l'est à coup sûr à l'intérieur des trous noirs. On sait donc avec certitude qu'elle est incomplète, mais pour autant ce n'est pas forcément un mal : quitte à ce qu'une théorie ait des limitations, autant savoir où elles se trouvent plutôt que croire naïvement qu'elle fonctionnera toujours. Exemple trivial de la vie courante : quand vous prenez l'ascenseur, préférez-vous qu'il soit indiqué « poids maximal 630 kg », ou qu'il y ait un écriteau indiquant « on ne sait pas à partir de quel poids le câble finira par casser » ? Quand des limites existent, autant les connaître !

Vous pourriez penser que ces histoires de densités infinies ne sont pas si graves que cela. Peut-être suffirait-il de légèrement amender les lois de la relativité générale dans les conditions extrêmes qui permettent l'apparition des trous noirs pour éviter une telle catastrophe, mais ce n'est pas le cas, et ce grâce à plusieurs résultats obtenus par le seul physicien de l'ère moderne dont la renommée s'approche de celle d'Einstein, le seul dont le nom est connu à peu près partout dans le monde, et qu'il est impossible de ne pas évoquer quand on parle des trous noirs : il s'agit de l'anglais Stephen Hawking (1942-2018). Précisons d'emblée que Stephen Hawking a été un grand scientifique, un très grand même, qui n'a rien eu à envier à la plupart de ceux que j'ai cités ici. Cependant, il ne peut se comparer à Albert Einstein. De l'aveu même du Britannique, sa notoriété était d'abord et avant tout due au terrible handicap qui le frappa alors qu'il n'avait pas 25 ans. Atteint de la maladie de Charcot, une affection neurodégénérative qui le laissa peu à peu entièrement paralysé, il s'est retrouvé enfermé dans un corps défaillant, ce à quoi s'est ajoutée une pneumonie contractée en 1985 qui l'a obligé à subir une trachéotomie pour mieux respirer et l'a définitivement privé de l'usage de la parole. Il put assez rapidement bénéficier d'un synthétiseur vocal, un objet assez révolutionnaire à l'époque, mais les limites technologiques d'alors ne purent lui conférer qu'une voix robotique, artificielle, désincarnée même, renforçant cette image, symbolique bien sûr, d'un être qui s'était transformé en pur esprit, une image saisissante pour quelqu'un qui a consacré sa carrière à étudier les objets les plus inaccessibles à l'expérimentation directe, à savoir les trous noirs.

Il y a deux raisons pour lesquelles il est difficile de ne pas parler de Stephen Hawking en conclusion de cet ouvrage. La première est le phénomène le plus important qu'il ait découvert. Il est directement lié à l'équation $E = mc^2$, et on peut même dire qu'il en est l'incarnation la plus pure. Ce résultat qui l'a rendu à jamais célèbre date de 1975, année où il a montré que les trous noirs... n'étaient pas tout à fait noirs. Pour comprendre cette affirmation que bien des physiciens théoriciens considèrent comme l'un des plus importants résultats obtenus dans leur discipline depuis un demi-siècle, il faut revenir à la définition même du concept : un trou noir est une région dont on ne peut s'échapper. Si vous êtes dehors, vous pouvez éventuellement en réchapper ; une fois dedans, point de salut. Mais les choses sont légèrement plus compliquées car, dans le monde microscopique, les lois de la mécanique quantique indiquent qu'aucun objet ne peut être parfaitement localisé : rappelez-vous le chapitre 4, Einstein est le premier à entrevoir que les entités du monde microscopique se comportent à moitié comme des particules, à moitié comme des ondes. Or une onde est un objet intrinsèquement étendu, on ne peut pas la localiser avec une précision arbitraire. Cette indétermination de la position des objets vaut donc aussi pour une particule happée par le trou noir... ou pour la frontière du trou noir lui-même. Pour toutes ces raisons (dont le détail serait hélas assez long à expliquer), les trous noirs sont amenés à perdre de l'énergie en émettant un très, très, très faible rayonnement, un flux très faible de photons de très grande longueur d'onde. Comme l'énergie des photons diminue quand leur longueur d'onde augmente (voir chapitre 1), ces photons possèdent une quantité infime d'énergie, mais comme l'énergie se conserve dans le processus, il faut bien que ce soit le seul autre acteur en présence, à savoir le trou noir lui-même, qui en perde. Et la seule énergie du trou noir, c'est sa masse. Ainsi, la masse du trou noir diminue-t-elle d'une valeur *m* donnée par l'incontournable $E = mc^2$, le *E* étant l'énergie des photons qu'il émet. Les calculs de Hawking nous disent que, lors de ce processus, ce n'est pas la matière qui a formé le trou noir qui se transforme en lumière et qui s'échappe sous cette forme. C'est l'essence même du trou noir, la déformation de l'espace qu'il engendre, qui se transforme en énergie. Car le trou noir une fois formé a en quelque sorte perdu la mémoire de la matière qui lui a donné naissance, la seule information qui a subsisté lors de sa formation (et lors de sa croissance ultérieure), c'est la masse de la matière qui est entrée en jeu. Et cette masse, nous a dit Hawking, se transforme en énergie qui s'évade au loin. Selon les termes proposés par Stephen Hawking, les trous noirs « s'évaporent », un phénomène aussi inattendu que remarquable du point de vue des physiciens... mais parfaitement sans intérêt pour les astronomes, pour une raison très simple : l'énergie des photons émis est ridiculement faible et ceux-ci sont émis à un rythme tout aussi faible, de sorte que le processus se produit à un rythme invraisemblablement lent. Même les plus petits trous noirs que l'on puisse envisager, qui font tout de même entre trois et cinq fois la masse du Soleil, ne verront leur masse diminuer notablement à cause du phénomène d'évaporation qu'au bout d'un nombre d'années désespérément grand: écrit en chiffres, ce serait quelque chose comme un 1 suivi de soixante-sept zéros...

Mais tout aussi surprenant que soit ce résultat (parfaitement invérifiable au demeurant mais dont l'existence semble établie de façon extrêmement convaincante), ce n'est pas celui-là qui nous intéresse ici, mais un autre qu'il avait obtenu plusieurs années auparavant. On peut en effet considérer Stephen Hawking comme l'ultime fossoyeur des espoirs d'Eddington quant à la possibilité qu'il existe une loi de la Nature empêchant l'existence des trous noirs. En 1939, Oppenheimer avait démontré qu'une étoile à neutrons était vouée à se transformer en trou noir si elle atteignait une certaine masse critique, mais il restait une dernière zone d'ombre: sa démonstration nécessitait que l'étoile à neutrons fût suffisamment sphérique. Peut-être restait-il possible que, du fait d'une rotation très rapide, la force centrifuge soit en mesure de disperser une partie de la matière de l'étoile à neutrons en train de s'effondrer, lui permettant ainsi d'échapper à son inéluctable destin. C'est à nouveau Stephen Hawking qui put démontrer que cela ne pouvait être le cas, grâce à des travaux faits en collaboration avec son compatriote mathématicien Roger Penrose (1931-). Roger Penrose est un mathématicien de tout premier plan. Auprès du grand public, il est sans doute surtout connu pour avoir découvert ce qui est désormais appelé les « pavages de Penrose », une méthode permettant de remplir un plan avec un petit nombre de motifs qui s'assemblent approximativement à l'identique de proche en proche mais qui à la longue ne s'agencent jamais exactement de la même façon*. D'une manière générale, le sujet de prédilection de cet insatiable touche-à-tout est la géométrie sous diverses formes, ce qui l'a naturellement amené à s'intéresser à la relativité générale – théorie géométrique de l'espace-temps. Avec Stephen Hawking, il s'est donc intéressé à déterminer s'il existait des contraintes plus précises conditionnant la formation ou non des trous noirs. Ce travail fut réalisé dans le courant des années 1960, à une époque où les meilleurs ordinateurs étaient loin de

* Votre moteur de recherche favori vous donnera de nombreux exemples des magnifiques structures qu'ils permettent de construire.

rivaliser avec les smartphones bas de gamme d'aujourd'hui. Impossible donc d'aborder la question sous l'angle des simulations numériques, le problème général demeurant aujourd'hui encore hors de portée des plus puissants calculateurs modernes. C'est donc par la seule force du raisonnement que Hawking et Penrose arrivèrent à leur résultat majeur, à savoir que la formation des trous noirs était un phénomène absolument inévitable une fois qu'une étoile à neutrons commençait à s'effondrer, et ce quel que soit le détail de sa structure interne, quels que soient sa rotation, son champ magnétique ou quoi que ce soit d'autre. La formation d'un trou noir était l'issue certaine, inéluctable, universelle de l'effondrement, et ce, démontrèrent aussi Penrose et Hawking, même si les lois de la gravitation différaient au voisinage des trous noirs de celles trouvées par Einstein.

Bref, là où Eddington et Einstein pensaient, espéraient qu'il existait une loi fondamentale empêchant l'existence des trous noirs, Hawking et Penrose ont complètement inversé l'argument en démontrant qu'il existait une loi fondamentale (la relativité générale ou une variation de celle-ci) qui rendait inéluctable leur existence.

L'histoire n'est pas finie pour autant car rien n'a changé concernant le problème de départ de ce chapitre. Au centre d'un trou noir, donc, les lois de la gravitation prédisent que la matière atteint assez rapidement une densité infinie, signe que ces lois deviennent inopérantes : un jeu d'équations qui déterminent l'évolution d'une quantité physique comme la densité, la pression ou la température devient inopérant dès lors qu'une de ces quantités devient infinie, ce qui est en général signe que ces lois sont fausses, ou ont atteint les limites de leur champ d'application. Dans les conditions les plus extrêmes qui puissent être, à savoir au centre d'un trou noir, la théorie d'Einstein finit donc par atteindre ses propres limites, pour une raison facilement identifiable : les lois édictées par Einstein font implicitement l'hypothèse que la matière est constituée d'entités tangibles, qui sont individuellement parfaitement localisées dans l'espace. Mais les lois du monde microscopique disent que ça n'est pas le cas. Et aux densités extrêmes que l'on finit par atteindre au centre d'un trou noir, on ne peut plus négliger la nature profonde des particules élémentaires, photons, électrons, protons, neutrons ou leurs composants. Inversement, les lois du monde microscopique qui d'ordinaire font abstraction des champs de gravitation ne peuvent plus se permettre un tel oubli. Il faut donc marier la relativité générale et la mécanique quantique, ces deux grands livres des lois de la nature qui régissent notre monde, une tâche qui pour de nombreuses raisons techniques s'avère formidablement complexe au point qu'après des décennies de recherche personne n'en a trouvé de solution ni même acquis de certitude que l'une des pistes déjà explorées s'avérera être la bonne. Pour beaucoup de physiciens théoriciens, arriver à « marier » ces deux mondes ou à les « unifier » selon la terminologie en vigueur, est le plus grand problème auquel ils aient jamais été confrontés. Il s'agit bien sûr d'une question de point de vue, chaque discipline scientifique ayant parfois la faiblesse de croire que les grands problèmes auxquels elle s'attaque sont les plus importants, les plus fondamentaux, les plus grandioses, les plus ceci ou cela. Mais pour Stephen Hawking et nombre de ses confrères, il s'agit (ou s'agira) de l'achèvement de cette quête des lois fondamentales de la Nature à laquelle Einstein a apporté jusqu'ici la plus grande contribution. Connaître ces lois ultimes, ce sera peut-être aussi comprendre la nature exacte du Big Bang et résoudre ni plus ni moins le problème de l'origine de l'Univers. Dans un élan de lyrisme qu'à titre personnel j'ai toujours trouvé empreint d'un certain mysticisme, Hawking concluait son ouvrage *Une brève histoire du temps* par ces quelques mots : « Si nous trouvons la réponse, ce serait le triomphe ultime de la raison humaine – à ce moment, nous connaîtrons la pensée de Dieu, nous saurions l'esprit de Dieu*.» Mais en attendant ce jour, peut-être (sans doute?) bien lointain, l'intérieur des trous noirs, à la fois si proche de nous mais terriblement hors d'atteinte, recèle les phénomènes à la fois les plus fondamentaux et les plus mal connus qui puissent être.

Alors, connaîtrons-nous un jour ce «triomphe ultime de la raison humaine»? Et si oui, quand? Une citation attribuée au physicien danois Niels Bohr (1885-1962) dit que «les prédictions sont difficiles, surtout quand elles concernent l'avenir». Sans doute cet adage humoristique mais néanmoins empreint de sagesse est-il une bonne incitation à ne pas trop s'avancer sur ce genre de question. Bien évidemment, tout scientifique et même, au-delà, toute personne intéressée par la science espère que le mariage de la relativité générale et de la mécanique quantique se réalisera de son vivant. Les médias ne sont pas

---

* Cette citation de Hawking pourra être comparée à ce qu'Einstein disait de façon bien plus neutre sur le même sujet: «La tâche suprême du physicien est d'arriver à des lois élémentaires et universelles à partir desquelles le cosmos peut être construit par la seule déduction. Il n'y a pas de cheminement logique menant à ces lois: seule l'intuition, se reposant sur la plongée dans l'expérience, peut les atteindre.»

en reste, et font de temps à autres leurs gros titres sur un « nouvel Einstein », dès lors qu'un chercheur, reconnu ou iconoclaste, semble avoir découvert une piste hâtivement jugée prometteuse. Bien souvent, l'annonce retombe comme un soufflet et la figure tutélaire d'Albert Einstein reprend vite sa place, se remettant à veiller sur le monde de la physique avec le regard sage et bienveillant du grand homme. Une chose est sûre en tout cas : il n'y aura probablement jamais de « nouvel Einstein », pour la même raison qu'Einstein n'a pas été le « nouveau Newton », pas plus que celui-ci n'a été le « nouveau Galilée ». S'il y a une leçon à tirer des multiples scientifiques cités dans cet ouvrage, c'est leur grande diversité : tous sont différents, et il n'y a pas de raison de penser qu'il en ira autrement avec ceux et celles qui s'élèveront encore plus haut qu'Einstein, et qui « verront plus loin parce qu'ils se seront hissés sur les épaules de géants », comme l'avait dit avec beaucoup d'humilité Isaac Newton en rendant hommage à Galilée et quelques autres de ses glorieux prédécesseurs.

S'il fallait résumer ce qui me semble être le sentiment général de mes confrères, j'aimerais citer un épisode remontant à 1930. Quand en novembre 1919 Eddington annonça avoir vérifié la théorie d'Einstein, ce dernier n'était pas en Angleterre, mais il s'y rendit en quelques occasions dans les années qui suivirent. Le 27 octobre 1930, une réception fut ainsi donnée en son honneur à l'hôtel Savoy, à Londres. L'auteur irlandais Georges Bernard Shaw (1856-1950) faisait partie des orateurs et lui rendit ce remarquable hommage en forme d'interrogation : « Napoléon et d'autres hommes de sa grande stature étaient des faiseurs d'empires. Mais il est une espèce d'hommes qui vont encore au-delà. Ils ne sont pas faiseurs d'empires mais faiseurs d'univers. Et après avoir façonné ces univers, leurs mains ne sont pas tachées du sang de quelque être humain qui soit. Ptolémée a créé un univers qui a subsisté 1 400 ans durant*. Newton a, lui aussi, créé un univers, qui a tenu 300 ans. Einstein, à son tour, a créé un univers, et je ne peux dire combien de temps il tiendra. » Près d'un siècle plus tard, la question reste toujours posée.

---

* L'orateur fait référence au modèle dit de Ptolémée qui plaçait la Terre au centre de l'Univers, entourée de la Lune, du Soleil et des planètes qui tournaient autour d'elle. Voir (une fois de plus) *Pourquoi la Terre est ronde*.

CHAPITRE 21

L'ÉVOLUTION D'UNE THÉORIE

L'expansion de l'Univers implique que la matière se dilue et se refroidit au cours du temps. Si on déroule à l'envers le fil des événements, c'est le contraire qui se produit. Il s'en déduit logiquement le concept du Big Bang: une phase extraordinairement dense et chaude dont est issu l'Univers tel que nous le connaissons. Si cette phase a réellement existé, alors du fait de sa température très élevée, elle était aussi très lumineuse. Cet éclat fulgurant de l'Univers jeune s'est par la suite dilué et refroidi, mais rien ne peut l'avoir fait complètement disparaître. Il doit encore exister de nos jours une sorte d'écho lumineux au Big Bang, un «rayonnement fossile», si l'on veut. Celui-ci a été découvert un peu par hasard en 1965 par deux radioastronomes travaillant pour le compte des laboratoires Bell, Arno Penzias (1933-) et Robert Wilson (1936-). La preuve définitive du Big Bang était là, mais Einstein n'était plus de ce monde pour en être le témoin. Décédé en 1955, il ne vécut pas non plus assez longtemps pour assister à la première identification d'un trou noir, le fameux Cygnus X-1, au début des années 1970. Ainsi n'eut-il jamais la preuve définitive que les deux monstres qu'avait engendrés sa théorie existaient réellement alors qu'il en avait farouchement rejeté l'idée de l'un comme de l'autre. Aussi est-il difficile de deviner quel regard Einstein porterait sur ce qu'est devenue aujourd'hui la grande œuvre de sa vie. Sans doute n'aimerait-il pas que ses conséquences les plus extrêmes soient devenus les objets les plus emblématiques de l'astronomie, au point que leur nom, « Big Bang » et « trou noir » fassent partie du vocabulaire courant. En revanche, il aimerait certainement savoir que les ondes gravitationnelles ont fini par être détectées, fût-ce par l'intermédiaire de ces trous noirs dont l'existence lui déplaisait tant. Et il serait certainement très heureux de savoir que désormais sa théorie n'est plus seulement une description des phénomènes, mais un *outil* pour sonder l'Univers. En effet, un des premiers effets dont il a prédit l'existence, à savoir la déviation de la lumière par les objets massifs, est utilisée dans à peu près tous les domaines de l'astronomie, que ce soit la recherche des exoplanètes, la détermination de la masse des galaxies, ou même l'étude détaillée des mouvements des planètes dans le Système solaire. Et bien sûr, il serait honoré de savoir qu'un autre effet de sa théorie, à savoir la variation d'écoulement du temps en fonction de la distance aux objets massifs, est utilisé dans des milliards de dispositifs électroniques. En effet, les systèmes de positionnement par satellite – GPS, Galileo ou autre – fonctionnent par la détermination du temps de trajet de signaux émis par ces constellations de satellites, temps de trajet indexés par des horloges atomiques embarquées sur ces satellites. Dans ce contexte, la localisation ne peut se faire que via des calculs qui doivent impérativement tenir compte du fait que les horloges terrestres ne tournent pas au même rythme que celles à bord des satellites orbitant à 20000 km d'altitude : sans relativité, point de GPS.

Mais peu importe au fond ce qu'Einstein penserait de tout cela. L'important est l'héritage inestimable qu'il nous a laissé et dont les scientifiques d'aujourd'hui sont les heureux légataires.

ÉPILOGUE

POURQUOI $E = mc^2$?

En sciences, on cherche essentiellement à expliquer le monde qui nous entoure. La pomme tombe du pommier parce qu'elle est attirée par la Terre, suivant une loi mathématique qui surgit dans l'esprit d'Isaac Newton il y a trois siècles et demi. Mais certains, scientifiques ou simples curieux, peuvent légitimement se poser une nouvelle question: pourquoi la Terre attire-t-elle la pomme? Il n'est pas forcément facile de répondre à cette autre question. Le domaine du scientifique est surtout celui du *comment*: à partir du moment où il est avéré que la Terre attire la pomme, on va essayer de déterminer la loi qui décrit cette attraction. C'est Isaac Newton, donc, qui en a trouvé une très bonne approximation qui fut, deux cent et quelques années plus tard, améliorée par Einstein. Mais dans un cas ou dans l'autre, on ne répond pas à une question que l'on peut juger encore plus fondamentale: *pourquoi* donc la Terre attire-t-elle la pomme? Plus généralement, pourquoi les lois physiques que nous observons sont-elles ce qu'elles sont ? Il est rarement facile de répondre à ces questions. Malgré tout, dans certains cas le pourquoi de ces lois est déterminé via une sorte de démonstration par l'absurde. Le monde tel que nous le connaissons est façonné par les lois physiques qui le gouvernent. Imaginer changer ces lois, c'est changer, souvent de façon radicale, le monde qui en résulterait. Si on changeait les lois de la physique nucléaire, de nombreux atomes ne pourraient purement et simplement pas exister... et la vie non plus par voie de conséquence. Cela ne nous dit toujours pas pourquoi ces lois sont ainsi, mais au moins peut-on trouver une explication simple au fait qu'on les observe telles qu'elles sont : si ça n'était pas le cas, nous ne serions pas là pour en parler ! Autrement dit, on est assez proche du « si c'était pas pareil, ce serait différent » un proverbe que ne renieraient sans doute pas les Shadoks, bien que le tout soit enveloppé de science plus sérieuse qu'il n'y paraît.

Mais l'équation $E = mc^2$ est différente. On peut retracer plus que pour bien d'autres son origine, son pourquoi originel. Cette équation est la conséquence absolument inéluctable de la relativité restreinte. Et cette relativité restreinte, Einstein l'a construite en se fondant sur cette propriété déroutante de la lumière, qui va toujours à la même vitesse quel soit le mouvement de celui qui la mesure. Surtout, cette relativité implique qu'il existe une vitesse limite à toute forme d'interaction ou de transfert d'information, dont la lumière est l'illustration la plus évidente. Et si l'information voyage à une vitesse finie, impossible pour un observateur de tout savoir sur l'Univers actuel. Quand nous regardons les étoiles proches, situées à quelques années-lumière, nous ne les voyons pas telles qu'elles sont aujourd'hui, mais telles qu'elles étaient il y a plusieurs années. Prenons l'exemple de Bételgeuse, l'étoile de la constellation d'Orion reconnaissable à sa couleur rougeâtre et célébrée dans quelques œuvres littéraires de science-fiction, de *La planète des singes* de Pierre Boulle, au *Guide du routard galactique* de Douglas Adams. C'est une étoile massive située à 640 années-lumière de nous. Elle est en toute fin de vie et n'en déplaise aux auteurs cités, il ne fait pas bon y vivre, ne serait-ce que parce que sa très courte durée de vie est incompatible avec l'apparition et l'évolution d'une vie intelligente dans son voisinage. De cette étoile, on sait qu'elle est en train de vivre les derniers milliers d'années de sa brève existence, sa masse et son éclat lui faisant consumer ses réserves bien plus vite que notre modeste Soleil. Un jour ou l'autre – un battement de cil à l'échelle cosmique –, elle finira par exploser en supernova. Peut-être l'a-t-elle déjà fait d'ailleurs, nous ne le saurons que dans 640 ans, le temps que la lumière de son explosion passée nous atteigne après un voyage de 640 années-lumière, illuminant peu à peu notre Galaxie. Mais nous ne le saurons pas avant, et nous n'aurons aucun moyen de le savoir : aucune information au sujet de son explosion éventuelle ne peut nous parvenir instantanément.

$E = mc^2$, c'est l'assurance que l'instantanéité n'existe pas, c'est la certitude que nul ne peut être omniscient. C'est une sorte de limite absolue à la connaissance. Une limite que nous pouvons certes utiliser à notre avantage, surtout en astronomie, car grâce à elle regarder loin, c'est regarder tôt, mais c'est, et cela restera toujours, une limite définitive.

POSTFACE D'ÉTIENNE KLEIN

« M. Einstein loin des canons, croyant travailler pour lui seul, a découvert des équations qui vont vous tomber sur la gueule. »

LÉO FERRÉ, « Y en a marre »

Qu'ajouter à ce que vient de nous raconter Alain Riazuelo ? Je ne vois rien qui manque dans son merveilleux livre, d'autant moins qu'il y décrit non seulement l'origine et la signification de la formule $E = mc^2$, mais aussi ses innombrables conséquences dans les champs de la physique ou de la cosmologie.

Je me contenterai donc de faire ici un petit pas de côté, en dénonçant l'association trop directe que nous avons pris l'habitude de faire entre cette formule et l'arme nucléaire.

Chacun le sait : il y a d'abord eu *Little Boy* larguée sur Hiroshima le 6 août 1945, son explosion à six cents mètres d'altitude, accompagnée d'un éclair foudroyant, suivi d'une boule de feu et d'une onde de choc dévastatrice qui fit vibrer les corps jusqu'à la rupture, brûlant les chairs et tuant sur le coup soixante-quinze mille personnes n'ayant rien vu venir, et des milliers d'autres par la suite. Et puis, trois jours plus tard, *Fat Man* larguée sur Nagasaki, provoquant un désastre similaire.

Dans l'imaginaire collectif, $E = mc^2$ est intriquée à ces deux événements tragiques. Cet amalgame commença un an après le premier essai d'une bombe atomique, qui avait eu lieu le 16 juillet 1945 sur le champ de tir d'Alamogordo, au Nouveau-Mexique. Pour le commémorer et en prévision de l'essai nucléaire planifié dans les jours à venir, le magazine *Time* daté du 1er juillet 1946 afficha sur sa couverture une représentation saisissante d'Einstein « le cosmoclaste », c'est-à-dire « le destructeur de l'ordre ». Elle montre le visage bienveillant du savant, crinière en bataille, traits marqués, le regard portant au loin comme s'il interrogeait la postérité, cependant qu'en arrière-plan une colonne de flammes et de fumées s'élève vers un nuage en forme de tête d'un cobra. Inscrite sur le nuage, l'équation $E = mc^2$ symbolise le pacte faustien que la physique la plus théorique aurait là conclu avec le Mal le plus concret.

Pourtant, $E = mc^2$ n'a ni plus ni moins de lien avec la bombe atomique qu'avec le craquement d'une allumette ou la chute d'un crayon à papier.

Revenons en l'année 1905. Épuisé par la rédaction de son article sur la théorie de la relativité qu'on qualifiera par la suite de « restreinte », Einstein dut rester alité pendant plusieurs jours durant le mois de juillet. Il accepta ensuite la proposition de son épouse, Mileva, de partir en vacances. Les Einstein partirent avec leur fils Hans-Albert à Titel, en Serbie, où Albert fit la connaissance de ses beaux-parents. Ce voyage ne l'empêcha guère de continuer à développer le fil de sa pensée. Entre deux promenades, il lui apparut que le mariage de l'espace et du temps qu'il avait célébré en juin engendrait un drôle de rejeton: le principe de relativité, associé aux équations de l'électromagnétisme, indique que la masse d'un corps est une mesure directe de l'énergie qu'il contient.

Quelques semaines plus tard, en septembre 1905, il adressa à la revue *Annalen der Physik* « L'inertie d'un corps dépend-elle de son mouvement ? », son cinquième et dernier article de l'année. En à peine trois pages, il offrait une démonstration générale de l'équation $E = mc^2$. Imaginons, dit Einstein, un corps émettant de la lumière, c'est-à-dire des ondes électromagnétiques. Par exemple, un métal chauffé.

Par ce processus, ce corps perd une certaine quantité d'énergie, exactement égale à celle qu'emportent les ondes électromagnétiques dont il est la source. Ces dernières étant dépourvues de masse, on s'attend à ce que cette perte d'énergie ne s'accompagne pour le métal d'aucune perte de masse : comment donc un corps pourrait-il perdre de la masse s'il ne rayonne rien qui soit massif ? Ce qu'Einstein démontre par le calcul, à partir des principes de sa théorie de la relativité restreinte et de ceux de la mécanique, c'est qu'en réalité le corps perd de la masse du seul fait qu'il perd de l'énergie. Plus précisément, s'il perd une énergie E, il se débarrasse concomitamment d'une masse égale à E / c^2. Si la lettre c, qui désigne la vitesse de la lumière, a pris place dans cette formule, c'est parce qu'il a été supposé que le corps perdait son énergie en émettant de la lumière. Mais Einstein attribua une portée universelle à sa formule en affirmant qu'elle doit demeurer vraie même si aucune lumière n'intervient dans le processus par lequel le corps perd de l'énergie. En conséquence, si un corps perd de l'énergie, sous n'importe quelle forme, *que celle-ci soit lumineuse ou non*, il perd aussi de la masse en vertu d'une formule faisant intervenir dans tous les cas la... vitesse de la lumière ! La vitesse de la lumière n'est donc plus seulement la vitesse de la lumière. Elle intervient de façon explicite dans tous les processus physiques, y compris dans ceux dans lesquels la lumière elle-même ne joue aucun rôle. Elle change ainsi radicalement de statut. Avec Einstein, elle cesse d'être la vitesse de propagation d'un phénomène physique particulier pour devenir une constante universelle de la physique.

Il y a plus encore. La masse, qui jusqu'alors ne mesurait que la quantité de matière contenue dans un corps, en vient donc à mesurer aussi son contenu en énergie : tout corps massif se voit ainsi doté d'une « énergie de masse », c'est-à-dire d'une énergie qu'il possède du seul fait qu'il est massif. La formule $E = mc^2$ indique explicitement que cette énergie de masse se calcule en multipliant la masse par le carré de la vitesse de la lumière. Dans cette opération, le statut de la vitesse de la lumière change une seconde fois. Elle se voit attribuer un rôle plus large que celui d'une vitesse associée à des déplacements, puisque l'équivalence qui s'établit là entre la masse et l'énergie ne fait aucune référence à aucun mouvement : même immobile, au repos, un corps massif contient de l'énergie.

La formule $E = mc^2$ s'applique à tous les phénomènes dans lesquels de l'énergie est échangée ou transformée. Mais rien en elle ne suggère le processus par lequel l'énergie contenue dans un morceau de matière, quel qu'il soit, pourrait être libérée. Encore moins l'énergie contenue dans un atome... puisque l'existence de l'atome, *a fortiori* celle de ses composants, n'était alors nullement avérée, ainsi que nous l'a raconté Alain Riazuelo !

La bombe atomique est née d'un tout autre événement : la découverte fortuite, en décembre 1938, par Lise Meitner (1878-1968) et Otto Hahn (1879-1968) d'une propriété singulière et stupéfiante du noyau d'un isotope de l'uranium, l'uranium-235 : celle de fissionner, libérant une grande quantité d'énergie. Qu'il fût loisible de calculer cette énergie grâce à $E = mc^2$ allait de soi pour tout physicien de l'époque. Le seul sujet d'étonnement, et même de sidération, était que ce noyau d'uranium fissionnât et provoquât une réaction en chaîne induite par la libération concomitante de plusieurs neutrons. Cela posé, le reste coulait de source, pourvu qu'on y mît les moyens. Mais dans les années 1930, Einstein n'avait que faire de la physique nucléaire, alors en plein essor. Une obsession unique l'habitait : élaborer une théorie unifiée de la gravitation et de l'électromagnétisme. Aussi, lorsqu'au tout début de l'année 1939, Niels Bohr lui rendit visite à Princeton pour discuter avec lui des données les plus récentes sur la fission des noyaux d'uranium, le père de la relativité ne lui accorda qu'une indifférence polie. Il fallut les explications de son ami hongrois Leó Szilárd (1898-1964), quelques mois plus tard, pour qu'Einstein se dessille enfin et admette la possibilité d'une réaction en chaîne explosive – qu'Enrico Fermi (1901-1954), réfugié depuis peu en Amérique, s'apprêtait à démontrer expérimentalement. « Je n'y avais jamais pensé ! » s'exclama Einstein après avoir écouté son ami. Sitôt convaincu, il eut besoin d'agir. Sachant Hitler capable de tout – surtout du pire –, il voulut alerter le président des États-Unis du cataclysme que la fission de l'uranium et la réaction en chaîne pourraient causer – il demeurait cependant fort sceptique sur la possibilité de mettre au point une bombe atomique. L'informer, aussi, sur les progrès des physiciens allemands dans le domaine de la physique nucléaire. C'est ainsi que le 2 août 1939, il signait une lettre rédigée par Leó Szilárd et Eugene Wigner (1902-1995), un autre physicien hongrois, à l'attention du président Franklin Roosevelt. Elle commence ainsi :

Monsieur,

Un travail récent d'Enrico Fermi et Leó Szilárd, dont on m'a communiqué le manuscrit, me conduit à penser que l'uranium va pouvoir être converti en une nouvelle et importante source d'énergie dans un futur proche. Certains aspects de cette situation nouvelle demandent une grande vigilance et, si nécessaire, une action rapide du gouvernement. Je considère qu'il est donc de mon devoir d'attirer votre attention sur les faits et recommandations suivants. Au cours des quatre derniers mois, grâce aux travaux de Joliot en France et ceux de Fermi et Szilárd en Amérique, il est devenu possible d'envisager une réaction nucléaire en chaîne dans une grande quantité d'uranium, laquelle permettrait de générer beaucoup d'énergie et de très nombreux nouveaux éléments de type radium. Aujourd'hui, il est pratiquement certain que cela peut être obtenu dans un futur proche. Ce fait nouveau pourrait aussi conduire à la réalisation de bombes, et l'on peut concevoir – même si ici il y a moins de certitudes – que des bombes d'un genre nouveau et d'une extrême puissance pourraient être construites. Une seule bombe de ce type, transportée par un navire et explosant dans un port pourrait en détruire toutes les installations ainsi qu'une partie du territoire environnant.

On connaît la suite de l'histoire : cette lettre contribua à la décision d'enclencher deux ans plus tard (après l'attaque japonaise sur Pearl Harbor, le 7 décembre 1941) ce qui deviendrait le projet

« Manhattan ». Ironie du sort, Einstein, en la signant, n'avait en tête que de parer à l'utilisation de la bombe atomique par les Allemands, au cas où ceux-ci parviendraient à la fabriquer. Le 6 août 1945, apprenant par la radio le largage de *Little Boy* sur Hiroshima, il ne put articuler que ces mots : « Pauvre de moi ! » Profondément touché par le drame du Japon qu'il avait visité en 1921, il lui semblait avoir appuyé lui-même sur le bouton. Einstein était un solitaire qui aimait ses frères humains. Jamais il n'avait envisagé ce crime contre l'humanité. C'est le suprême et terrible paradoxe de la bombe atomique : elle fut l'aboutissement ultime mais indirect de l'acte épistolaire d'un homme doux.

Devenu vieux, Einstein confia qu'il aurait préféré être un homme dont le travail inoffensif eût consisté à réparer des robinets et des tuyauteries ou à bâtir des murs de brique. S'il avait déployé une énergie surhumaine à percer certains secrets de la matière, d'autres que lui avaient prolongé ce travail, d'autres encore avaient détourné ces secrets dans le seul but d'anéantir des centaines de milliers de vies et des villes entières. Pareil bilan ne pouvait que le rendre amer, même si l'on peut lire sous sa plume cette mise au point datant de novembre 1945 : « Je ne me considère pas moi-même comme le père de la libération de l'énergie atomique. Mon rôle en la matière a été tout à fait indirect. En fait, je n'ai pas prévu qu'elle serait libérée de mon vivant. Ce n'est devenu possible qu'à la suite de la découverte accidentelle de la réaction en chaîne, et ce n'est pas quelque chose que j'aurais pu prévoir.*»

Lent à appréhender les risques de la fission, Einstein comprit en revanche mieux et plus vite que beaucoup d'autres qu'Hiroshima et Nagasaki constituaient une bifurcation dans l'histoire de la pensée, une authentique disruption conceptuelle. D'un coup, presque d'un flash, la condition humaine s'était trouvée irrémédiablement aggravée.

Mais on sait que l'Histoire manie l'ironie. Elle ne fit pas d'exception pour Einstein. Le 1er novembre 1952, la bombe à hydrogène *Ivy Mike* dévasta l'atoll d'Enewetak. Elle ne fit pas que détruire: l'analyse de ses déchets au laboratoire de Berkeley montra que son explosion avait conduit par une succession de réactions nucléaires à la formation de deux nouveaux éléments chimiques très radioactifs: le premier, dont le numéro atomique est égal à 100, fut appelé le fermium (en hommage à Enrico Fermi); le second, de

* EINSTEIN A., «*Atomic War or Peace*», *Atlantic Monthly*, novembre 1945.

numéro atomique 99, est un métal blanc argenté qui fut baptisé l'einsteinium... Cette information secrète ne fut révélée qu'après la mort d'Einstein, en 1955. Heureux délai, sage précaution, car il y a fort à parier que cet étrange hommage l'aurait accablé.

INDEX DES PERSONNES

BIBLIOGRAPHIE

RÉFÉRENCES GÉNÉRALES

HOCKEY T., *Biographical Encyclopedia of Astronomers*, 3e éd., Berlin, Springer-Verlag, 2017.

LEHOUCQ R., *Pourquoi le Soleil brille*, Paris, humenSciences, 2020.

PAIS A., *«Subtil est le Seigneur», La vie et l'œuvre d'Albert Einstein*, Malakoff, Dunod, 1993.

RIAZUELO A., *Les trous noirs – À la poursuite de l'invisible*, Paris, DeBoeck Supérieur, 2018.

RIAZUELO A., *Pourquoi la Terre est ronde*, Paris, humenSciences, 2019.

POUR LES ÉTUDIANTS ET CEUX OU CELLES QUI VEULENT LE (RE)DEVENIR

Pour tout savoir sur la relativité restreinte :

GOURGOULHON É., *Relativité restreinte – Des particules à l'astrophysique.*, Les Ulis, EDP Sciences, 2010.

Pour la relativité générale (et l'électromagnétisme) :

UZAN J.-P. et DERUELLE N., *Théories de la relativité*, Paris, Belin, 2014.

Sur l'évolution stellaire :

KIPPENHAHN R., WEIGERT A. et WEISS A., *Stellar Structure and Evolution*, 2e éd., Berlin, Springer-Verlag, 2012.

QUELQUES SOURCES INTÉRESSANTES, CHAPITRE PAR CHAPITRE

Chapitre 1

«*Double Slit Experiment - Water Wave Interference Pattern*», chaîne YouTube *AllRealityVideo*, 10 juin 2013.

BASDEVANT J.-L., «Le Mémoire de Fresnel sur la diffraction de la lumière», Bibnum, Physique, consulté le 16 novembre 2020.

BEAUBOIS F., « Rœmer et la vitesse de la lumière », Bibnum, Physique, consulté le 13 novembre 2020.

BERDNIKOV A., « Exemple de figure d'interférence avec la lumière », Wikimedia Commons, consulté le 19 novembre 2020 : https://commons.wikimedia.org/wiki/File:Double_slit_interference.png

SAMUELI J.-J. et MOATTI A., « L'acte de naissance de l'électromagnétisme », Bibnum, Physique, consulté le 16 novembre 2020.

Chapitre 2

ALLEAU R., « Éléments, Théorie des », *Encyclopædia Universalis,* consulté le 18 novembre 2020.

« Carl Wilhelm Scheele (1742-1786) », Société Chimique de France, consulté le 18 novembre 2020.

FRERCKS J., WEBER H. et WIESENFELDT G., *« Reception and discovery : the nature of Johann Wilhelm Ritter's invisible rays », Studies in History and Philosophy of Science, Part A,* vol. 40, 2009, p. 143-156.

GUILLERME J., « Cavendish Henry - (1731-1810) », *Encyclopædia Universalis,* consulté le 18 novembre 2020.

WEST J.B., « *Carl Wilhelm Scheele, the discoverer of oxygen, and a very productive chemist* », *American Journal of Physiology – Lung, Celular and Molecular Physiology*, vol. 307, 2014, p. L811-L816.

WEST J.B., « *Joseph Priestley, oxygen, and the Enlightenment* », *American Journal of Physiology – Lung, Celular and Molecular Physiology*, vol. 306, 2014, p. L111-L119.

WHITE J.R., « *Herschel and the Puzzle of Infrared* », *American Scientist,* vol. 100, 2012, p. 218.

Chapitre 3

LE RILLE A., Figure d'interférence réalisée avec un interféromètre de Michelson, Wikimedia Commons, consulté le 28 janvier 2021 : https://commons.wikimedia.org/wiki/File:MichelsonCoinAirLumiereBlanche.JPG

Chapitre 4

DUPLANTIER B., « Le mouvement brownien, « divers et ondoyant » », Séminaire Poincaré 2005.

FLAMM D., « *History and outlook of statistical physics* », arXiv:physics/9803005, 1998.

Chapitre 6

CANALES J., *The Physicist & the Philosopher – Einstein, Bergson and the Debate that Changed our Understanding of Time*, Princeton, Princeton University Press, 2015.

« Rayons cosmiques : particules de l'espace », Centre Européen de la Recherche Nucléaire (CERN), consulté le 29 janvier 2021.

RENOIRTE F., « Henri Bergson, Durée et simultanéité à propos de la théorie d'Einstein [compte-rendu] », *Revue néo-scolastique de philosophie*, 2e série, vol. 3, 1924, p. 371-375.

Chapitre 8

« *APS News : This Month in Physics History. May, 1911 : Rutherford and the Discovery of the Atomic Nucleus* », *American Physical Society*, vol. 15, mai 2006, consulté le 24 novembre 2020.

Chapitre 10

ISAACSON W., « Comment Einstein a réinventé la réalité », *Pour la Science*, vol. 457, novembre 2015.

JUHEL A., « Dans la Chaleur des Séries... Une Promenade Fouriériste ! (Partie 1) », consulté le 24 novembre 2020.

KEESING R. G., « *The history of Newton's apple tree* », *Contemporary Physics*, vol. 39, 1998, p. 377-391.

LASKAR J., « Des premiers travaux de Le Verrier à la découverte de Neptune », *Comptes Rendus Physique*, vol. 18, 2017, p. 504-519.

TISSERAND J. M., « Les travaux de Le Verrier », *Annales de l'Observatoire de Paris*, vol. 15, 1880, p 23-43.

Chapitre 11

ANONYME, « *Stop Press News* », *The Observatory*, vol. 42, 1919, p. 256.

BROUGHTON P., « *The First Predicted Return of Comet Halley* », *Journal for the History of Astronomy*, vol. 16, 1985, p. 123-132.

« La comète de Halley, la première comète périodique », Observatoire de Paris, consulté le 25 novembre 2020.

« *Highest resolution image of the 1919 solar eclipse* », Observatoire Européen Austral (ESO), consulté le 27 novembre 2020.

Chapitre 12

CRELINSTEN J., « *William Wallace Campbell and the "Einstein Problem": An Observational Astronomer Confronts the Theory of Relativity* », *Historical Studies in the Physical Sciences*, vol. 14, 1983, p. 1-91.

PETIT G., « Vente record pour un manuscrit d'Albert Einstein », *Euronews*, décembre 2018.

HENTSCHEL K., « *Erwin Finlay Freundlich and Testing Theory of Relativity* », *Archive for History of Exact Sciences*, vol. 47, 1994, p. 143-201.

HOLTON G., « *Mach, Einstein, and the Search for Reality* », *Daedalus, Historical Population Studies*, vol. 97, 1968, p. 636-673.

MOATTI A., *Einstein, un siècle contre lui*, Paris, Odile Jacob, 2007.

WHITEHEAD A. N., *Science and the Modern World*, New York, Free Press, 1970.

TRESCHMAN K. J., « *Early astronomical tests of General Relativity : the gravitational deflection of light* », *Asian Journal of Physics*, vol. 23, 2014, p. 145-170.

VON KLÜBER H., « *The determination of Einstein's light-deflection in the gravitational field of the sun* », *Vistas in Astronomy*, vol. 3, 1960, p. 47-77.

KRIVINE J.-P., « Einstein et l'astrologie : une citation fausse qui a la vie dure », *Science et Pseudo-Sciences*, vol. 250, 2001.

WILL C. M., « *The Confrontation between General Relativity and Experiment* », *Living Reviews in Relativity*, vol. 17, n° 4, 2014.

Chapitre 13

Interview de Milton Humason par Bert Shapiro, réalisée vers 1965, American Institute of Physics, consulté le 2 décembre 2020.

BRASHEAR R., « Edwin Hubble et l'Univers de galaxies », *Dossier Pour la Science*, vol. 56, juillet 2007.

BRÉMOND A. et CHABOT H., « À l'aube de la découverte de l'expansion de l'Univers », *Histoire & Mesure*, vol. 21, 2006, p. 157-186.

CHABERLOT F., *La voie lactée – Histoire des conceptions et des modèles de notre galaxie des temps anciens aux années 1930*, Paris, CNRS Éditions, 2003.

DAVIS T. M. et LINEWEAVER C.H., « *Expanding Confusion : common misconceptions of cosmological horizons and the superluminal expansion of the Universe* », *Publications of the Astronomical Society of Australia*, vol. 21, 2004, p. 97-109. (Version traduite par les auteurs et simplifiée, « Les paradoxes du Big Bang », *Pour la Science*, vol. 330, avril 2005).

HUBBLE SPACE TELESCOPE SCIENCE INSTITUTE, « *Hubble views the star that changed the Universe* », communiqué de presse du 23 mai 201, consulté le 30 novembre 2020.

LUMINET J.-P., *L'invention du Big Bang*, Paris, Seuil, 2004.

MAYALL N. U., « *Milton L. Humason – Some Personal Recollections* », *Mercury*, vol. 2, 1973, p. 3-8.

« *Historical Highlights from Mount Wilson Observatory's First 100 Years* », Observatoire du Mont Wilson, consulté le 2 décembre 2020.

« *Hubble's Famous M31 VAR! Plate* », Observatoires Carnegie, consulté le 30 novembre 2020.

OSTERBROCK D. E., BRASHEAR R. S. et GWINN J. A., « *Self-Made Cosmologist : The Education of Edwin Hubble* », dans KRON R. G., *ASP Conference Series, Vol.10, Evolution of the Universe of Galaxies ; Proceedings of the Edwin Hubble Centennial Symposium*, Astronomical Society of the Pacific, 1990, p. 1-18.

SOBEL D., *The Glass Universe – The hidden history of the women who took the measure of the stars*, New York, Harper Collins, 2016.
« *IAU members vote to recommend renaming the Hubble law as the Hubble–Lemaître law* », Union astronomique internationale, communiqué de presse iau1812, octobre 2018.

Chapitre 14

KE Q. *et al.*, « *Defining and identifying Sleeping Beauties in science* », *Proceedings of the National Academy of Sciences of the United States of America*, vol. 112, 2015, p. 7426-7431.
RENN J. et SAUER T., « *Eclipses of the Stars – Mandl, Einstein, and the Early History of Gravitational Lensing* », dans ASHTEKAR A. *et al.*, *Revisiting the Foundations of Relativistic Physics – Festschrift in Honour of John Stachel*, Dordrecht, Kluwer Academic Publishers, 2003, p 69-92.
SIEGFRIED T., « *The amateur who helped Einstein see the light* », *ScienceNews*, octobre 2015.

Chapitre 15

EISENSTAEDT J., « D'Einstein aux trous noirs, le renouveau relativiste », *Dossier Pour la science*, vol. 38, janvier 2003.
« *Monitorial system* », *Encyclopaedia Britannica*, consulté le 3 décembre 2020.
GOONERATNE S., « *The White Dwarf Affair : Chandrasekhar, Eddington and the Limiting Mass* », thèse de doctorat de l'université de Londres, 2005.
HIRSHFELD A., « *Williamina Fleming – Brief life of a spectrographic pioneer : 1857-1911* », *Harvard Magazine*, vol. 119, janvier-février 2017, p 48-49.
HOLBERG J. B., « *The Discovery of the Existence of White Dwarf Stars : 1862 to 1930* », *Journal for the History of Astronomy*, vol. 40, 2009, p 137-154.
MENA J. G. et PERES T. S. C., « *The Chandrasekhar-Eddington dispute* », MacTutor History of Mathematics Archive, School

of Mathematics and Statistics - Université de St Andrews, Écosse, consulté le 3 décembre 2020.

NAPIWOTZKI R., « *The galactic population of white dwarfs* », *Journal of Physics: Conference Series*, vol. 172, 012004, 2009.

UZAN J.-P. et EISENSTAEDT J., *Einstein et la Relativité Générale : une histoire singulière*, documentaire réalisé par Lazzarotto Q., produit par Look at Sciences, Institut Henri Poincaré – IHP & RMC Découverte, 2015.

WALI K. C., *Chandra – A biography of S. Chandrasekhar*, Chicago, The University of Chicago Press, 1991.

Williamina Fleming, Your Dictionnary, consulté le 3 décembre 2020.

Chapitre 16

« *APS News : This Month in Physics History. February 1968 : The Discovery of Pulsars Announced* », American Physical Society, février 2006, consulté le 3 décembre 2020.

PENG YOKE H., « *Ancient and mediaeval observations of comets and novae in Chinese sources* », *Vistas in Astronomy*, vol. 5, 1962, p. 127-225.

MERALI Z., « *Pulsar discoverer Jocelyn Bell Burnell wins $3-million Breakthrough Prize* », *Nature News*, septembre 2018.

« *Hoyle Disputes Nobel Physics Award* », *New York Times*, mars 1975.

STEPHENSON F. R., « *The identification of early returns of comet Halley from ancient astronomical records* », dans MASON J.W., *Comet Halley. Investigations, results, interpretations*, vol. 2, Hempstead, Ellis Horwood Limited, 1990, p. 203-214.

STEPHENSON F. R. et GREEN D. A., *Historical Supernovae and their Remnants*, Oxford, Clarendon Press, 2002.

MCKIE R., « *Fred Hoyle : the scientist whose rudeness cost him a Nobel prize* », *The Guardian*, octobre 2010.

DE VAUCOULEURS G. et CORWIN JR H. G., « *S Andromedae 1885 : A Centennial Review* », *Astrophysical Journal*, vol. 295, 1985, p. 287-304.

Chapitre 17

COURTY J. M. et TREPS N., « La lumière, c'est combien de photons ? », *Dossier Pour la science*, vol. 53, octobre 2006.

GIACCONI R., « *The dawn of X-ray astronomy* », conférence Nobel, décembre 2002.

Chapitre 18

KENNEFICK D., « *Einstein Versus the Physical Review* », *Physics Today*, vol. 58, 2005, p. 43-48.

KENNEFICK D., *Traveling at the Speed of Thought : Einstein and the Quest for Gravitational Waves*, Princeton, Princeton University Press, 2007.

Chapitre 19

THORNE K. S., *The science of Interstellar*, New York, W.W. Norton & Company, 2014.

Chapitre 20

HAWKING S. W. et ELLIS G. F R., *The large-scale structure of space-time*, Cambridge, Cambridge University Press, 1973.

« Pavage de Penrose », Wikipédia, consulté le 17 décembre 2020.

QUELQUES MONOGRAPHIES ET ARTICLES HISTORIQUES MENTIONNÉS DANS LES CHAPITRES PRÉCÉDENTS

Chapitre 1

AMPÈRE A.-M., « Théorie mathématique des phénomènes électro-dynamiques », *Mémoires de l'Académie des sciences de l'Institut de France*, vol. 6, 1823, p. 175-388.

BIOT J.-B. et SAVART F., « Mémoire sur la mesure de l'action exercée à distance sur une particule de magnétisme par un fil conjonctif [Mémoire lu par MM. Biot et Savart à l'Académie des Sciences, dans la séance du 30 octobre 1820] », *Annales de Chimie et de Physique*, vol. 15, 1820, p. 222-223.

COULOMB C., « Premier mémoire sur l'électricité et le magnétisme », *Mémoires de l'Académie Royale des sciences*, vol. 88, 1795, p. 569-577.

FARADAY M., « *V. Experimental researches in electricity* », *Philosophical Transactions of the Royal Society of London*, vol. 122, 1832, p. 1-16.

FIZEAU H., « Sur une expérience relative à la vitesse de propagation de la lumière », *Comptes-rendus de l'Académie des Sciences*, vol. 29, 1849, p. 90-92.

FOUCAULT L., « Détermination expérimentale de la vitesse de la lumière ; parallaxe du Soleil », *Comtes-rendus de l'Académie des sciences*, vol. 55, 1862, p. 501-503.

FOUCAULT L., « Détermination expérimentale de la vitesse de la lumière ; description des appareils », *Comtes-rendus de l'Académie des sciences*, vol. 55, 1862, p. 792-796.

FRESNEL A., « Mémoire sur la diffraction de la lumière », *Mémoires de l'Académie des sciences de l'Institut de France*, vol. 5, 1821, p. 339-475.

HERSCHEL W., « *Investigation of the powers of the prismatic colours to heat and illuminate objects; with remarks, that prove the different refrangibility of radiant heat. To which is added, an inquiry into the method of viewing the sun advantageously, with telescopes of large apertures and high magnifying powers* », *Philosophical Transactions of the Royal Society of London*, vol. 90, 1832, p. 255-283.

HERSCHEL W., « *Experiments on the refrangibility of the invisible rays of the sun* », *Philosophical Transactions of the Royal Society of London*, vol. 90, 1832, p. 284-292.

HERTZ H., « *Ueber electrodynamische Wellen im Luftraume und deren Reflexion* », *Annalen der Physik und Chemie*, vol. 34, 1888, p. 609-623.

KOHLRAUSCH R. et WEBER. W., « *Elektrodynamische Maassbestimmungen : insbesondere Zurückführung der Stromintensitäts-Messungen auf mechanisches Maass* », *Abhandlungen der Königlich-Sächsischen Gesellschaft der Wissenschaften*, vol. 5, 1857, p. 219-293.

MAXWELL J. C., « *On Physical Lines of Forces* », *London, Edimburgh and Dublin Philosophical Magazine and Journal of Science*, partie 1, vol. 21, 1861, p. 161-175 ; partie 2, vol. 21, 1861, p. 281-291 et 338-348 ; partie 3, vol. 23, 1862, p. 12-24 ; partie 4, vol. 23, 1862, p. 85-91.

MAXWELL J. C., « *A dynamical theory of the electromagnetic field* », *Philosophical Transactions of the Royal Society of London*, vol. 155, 1865, p. 459-512.

MAXWELL J. C., *A Treatise on Electricity and Magnetism*, vol. I et II., Oxford, Clarendon Press, 1873.

RITTER J., « *Von der Herren Ritter* », *Annalen der Physik*, vol. 7, 1801, p. 527.

RITTER J., « *Versuche über das Sonnenlicht* », *Annalen der Physik*, vol. 12, 1802, p. 409-415.

RØMER O., « Démonstration touchant le mouvement de la lumière par M. Römer de l'Académie Royale des sciences », *Journal des sçavans Du lundy 7 décembre M.DC.LXX.VI*, 1676, p. 233-236.

YOUNG T., « *On the Theory of Light and Colours* », *Philosophical Transactions of the Royal Society of London*, vol. 92, 1802, p. 12-48.

YOUNG T., « *Experiments and calculations relative to physical optics* », *Philosophical Transactions of the Royal Society of London*, vol. 94, 1804, p. 1-16.

Chapitre 2

ARISTOTE., *Traité du ciel*, trad. J. Barthélémy de Saint-Hilaire, Paris, Librairie philosophique de Ladrange, 1866.

BLACK J., « *Experiments upon magnesia alba, quicklime, and some other alcaline substances* », *Essays and Observations : Physical and Literary*, vol. 2, 1756, p. 157-225.

CAVENDISH H., « *Three papers, containing experiments on factitious air* », *Philosophical Transactions of the Royal Society of London*, vol. 56, 1766, p. 14-184.

CAVENDISH H., «*Experiments on air*», *Philosophical Transactions of the Royal Society of London*, vol. 75, 1785, p. 372-384.
EMPÉDOCLE, *Fragments*, trad. A. Reymond, dans *L'Aurore de la philosophie grecque*, John Burnet, Paris, Payot & Cie, 1919.
PLATON, *Timée*, Bibliothèque de la Pléiade, t. II, trad. L. Robin, Paris, Gallimard, 2007, p. 431-524.
PRIESTLEY J., *Experiments and Observations on Different Kinds of Air*, vol. 2, Londres, Johnson, 1775.
RUTHERFORD D., *Dissertatio inauguralis de Aere fixo dicto, aut mephitico*, Edimbourg, Balfour & Smellie, 1772.
SCHEELE C. W., *Chemische Abhandlungvon der Luft und dem Feuer*, Upsala und Leipzig, Verlegt von Magn. Swederus, 1777.

Chapitre 3

MICHELSON A., «*The Relative Motion of the Earth and the Luminiferous Ether*», *American Journal of Science*, vol. 22, 1881, p. 120-129.
MICHELSON A. et MORLEY E., «*On the Relative Motion of the Earth and the Luminiferous Ether*», *American Journal of Science*, vol. 34, 1887, p. 333-345, republié dans *The London, Edimburgh and Dublin Philosophical Magazine and Journal of Science*, vol. 24, 1887, p. 449-463.

Chapitre 4

BOLTZMANN L., «*Weitere Studien über das Wärmegleichgewicht unter Gasmolekülen*», *Wiener Berichte*, vol. 66, 1872, p. 275-370.
BROWN R., «*A brief account of microscopical observations made in the months of June, July and August 1827, on the particles contained in the pollen of plants; and on the general existence of active molecules in organic and inorganic bodies*», *Philosophical Magazine*, Series 2, vol. 4, 1828, p. 161-173.
CAVENDISH H., «*Experiments on air*», *Philosophical Transactions of the Royal Society of London*, vol. 74, 1784, p. 119-153.
FITZGERALD G. F., «*The Ether and the Earth's Atmosphere*», *Science*, vol. 13, 1889, p. 390.

GOUY L.-G., « Note sur le mouvement brownien », *Journal de Physique Théorique et Appliquée*, vol. 7, 1888, p. 561-564.

HERTZ H., « *Ueber einen Einfluss des ultravioletten Lichtes auf die electrische Entladung* », *Annalen der Physik*, vol. 267,1887, p. 983-1000.

LORENTZ H. A., « *De relatieve beweging van de aarde en den aether* », *Zittingsverslag van de Koninklijke Akademie van Wetenschappen*, vol. 1, 1892, p. 74-79.

MAXWELL J. C., « *Illustrations of the dynamical theory of gases* », *The London, Edimburgh and Dublin Philosophical Magazine and Journal of Science*, vol. 19, 1860, p. 19-32.

PERRIN J., « Mouvement brownien et réalité moléculaire », *Annales de Chimie et de Physique*, vol. 18, 1909, p. 5-114.

Chapitre 6

BERGSON H., *Durée et simultanéité. À propos de la théorie d'Albert Einstein*, Paris, Librairie Félix Alcan, 1923.

LANGEVIN P., « L'évolution de l'espace et du temps », *Scientia*, vol. 10, 1911, p. 31-54.

ROSSI. B et HALL D. B., « *Variation of the Rate of Decay of Mesotrons with Momentum* », *Physical Review*, vol. 59, 1941, p. 223-228.

Chapitre 7

MINKOWSKI H., « *Space and Time* », traduction en anglais d'un discours donné lors de la 80e assemblée des physiciens allemands en septembre 1908 à Cologne, dans LORENTZ H. A., EINSTEIN A., MINKOWSKI H. et WEYL H., *The Principle of Relativity*, Mineola Dover Publications, 1952.

Chapitre 8

BROWN D., *Anges et démons*, Paris, J.-C. Lattès, 2005.

HAWKING S. W., *Une brève histoire du temps. Du Big Bang aux trous noirs*, Paris, Flammarion, 1989.

RUTHERFORD E., « *The scattering of α and β particles by matter and the structure of the atom* », *The London, Edimburgh and Dublin Philosophical Magazine and Journal of Science*, Series 6, vol. 21, 1911, p. 669-688.

Chapitre 9

NEWTON I., « *Philosophiæ naturalis principia mathematica* », 1686-1687, trad. par É. Du Châtelet, Paris, Desaint&Saillant,1759.

Chapitre 10

ARAGO F., « Planète de M. Le Verrier », *Comptes rendus hebdomadaires des séances de l'Académie des sciences*, vol. 23, 1846, p. 659-663.

FOURIER J., *Théorie analytique de la chaleur*, Paris, Firmin Didot, 1822.

GALLE G., Lettre à U.-J. Le Verrier du 25 septembre.

HILBERT D., « *Grundlagen der Physik, Erste Mitteilung* », *Nachrichten von der Koeniglichen Gesellschaft der Wissenschaften zu Goettingen, Math-physik. Klasse*, 1915, p. 395-407.

LE VERRIER U.-J., *Théorie du mouvement de Mercure*, Paris, Bachelier, 1845.

LE VERRIER U.-J., « Premier mémoire sur la théorie d'Uranus », *Comptes rendus hebdomadaires des séances de l'Académie des sciences*, vol. 21, 1845, p. 1050-1055.

LE VERRIER U.-J., *Recherches sur les mouvements de la planète Herschel (dite Uranus)*, Paris, Bachelier, 1846.

LE VERRIER U.-J., « Nouvelles recherches sur les mouvements des planètes (premier Mémoire) », *Comptes rendus hebdomadaires des séances de l'Académie des sciences*, vol. 29, 1849, p. 1-5.

LE VERRIER U.-J., « Théorie du mouvement de Mercure », dans *Annales de l'observatoire impérial de Paris*, t. 5, Paris, Mallet-Bachelier, 1859.

« *Apollo 15 Hammer-Feather Drop* », chaîne YouTube *NASASolarSystem*, 20 juillet 2015.

Newcomb S., « *Discussion and results of observations on transits of Mercury from 1677 to 1881* », *Astronomical Papers prepared for the use of the American Ephemeris and Nautical Almanac*, vol. 1, 1882, p. 367-487.

Verne J., *Autour de la Lune*, Paris, Hetzel, 1869.

Chapitre 11

Campbell W. W., « *The Crocker Eclipse Expedition from the Lick Observatory, University of California, June 8, 1918* », *Publications of the Astronomical Society of the Pacific*, vol. 30, 1918, p. 219-240.

Clairaut A., *Théorie du mouvement des comètes, dans laquelle on a égard aux altérations que leurs orbites éprouvent par l'action des planètes*, Paris, Michel Lambert, 1760.

Dyson F. W., « *On the opportunity afforded by the eclipse of 1919 May 29 of verifying Einstein's theory of gravitation* », *Monthly Notices of the Royal Astronomical Society*, vol. 77, 1917, p. 445-447.

Eddington A. S., « *The total eclipse of 1919 May 29 and the influence of gravitation on light* », *The Observatory*, vol. 42, 1919, p. 119-122.

Halley E., « *Astronomiæ cometicæ synopsis* », *Philosophical Transactions of Royal Society of London*, vol. 24, 1705, p. 1882-1889, trad. en anglais publiée dans *A synopsis of the astronomy of comets*, Londres, John Senex, 1705.

Kepler J., *De cometis libelli très*, Augsbourg, Andrea Apergeri, 1619.

Chapitre 12

Campbell W. W. et Trumpler R., « *Observations on the Deflection of Light in Passing Through the Sun's Gravitational Field, Made During the Total Solar Eclipse of September 21, 1923* », *Publications of the Astronomical Society of the Pacific*, vol. 35, 1923, p. 158-163.

Campbell W. W. et Trumpler R., « *Observations made with a pair of five-foot cameras on the light-deflections in the Sun's gravitational field at the total eclipse of September 21, 1922* », *Lick Observatory bulletin*, vol. 397, 1928, p. 130-160.

DYSON F. W., EDDINGTON A.S. et DAVIDSON C., « *A Determination of the Deflection of Light by the Sun's Gravitational Field, from Observations Made at the Total Eclipse of May 29, 1919* », *Philosophical Transactions of the Royal Society of London. Series A, Containing Papers of a Mathematical or Physical Character*, vol. 220, 1920, p. 291-333.

FREUNDLICH E., KLÜBER H.V. et BRUNN A. V., « *Ergebnisse der Potsdamer Expedition zur Beobachtung der Sonnenfinsternis von 1929, Mai 9, in Takengon (Nordsumatra). 5. Mitteilung. Über die Ablenkung des Lichtes im Schwerefeld der Sonne* », *Zeitschrift für Astrophysik*, vol. 3, 1931, p. 171-198.

New York Times, 10 novembre 1919.

Times, 7 novembre 1919.

Chapitre 13

FRIEDMANN A., « *Über die Krümmung des Raumes* », *Zeitschrift für Physik*, vol. 10, 1922, p. 377-386.

FRIEDMANN A., « *Über die Möglichkeit einer Welt mit konstanter negativer Krümmung des Raumes* », *Zeitschrift für Physik*, vol. 21, 1924, p. 326-332.

HUBBLE E., « *Cepheids in spiral nebulæ* », *The Observatory*, vol. 48, 1925, p. 139-142.

HUBBLE E., « *NGC 6822, a remote stellar system* », *Astrophysical Journal*, vol. 62, 1925, p. 409-433.

HUBBLE E., « *A spiral nebula as a stellar system : Messier 33* », *Astrophysical Journal*, vol. 63, 1926, p. 236-274.

HUBBLE E., « *A spiral nebula as a stellar system. Messier 31* », *Contributions from the Mount Wilson Observatory*, vol. 376, 1929, p. 1-55.

HUBBLE E., « *A Relation between Distance and Radial Velocity among Extra-Galactic Nebulae* », *Proceedings of the National Academy of Sciences of the United States of America*, vol. 15, 1929, p. 168-173.

HUBBLE E., *The Realm of the Nebulæ*, New Haven, Yale University Press, 1936.

HUBBLE E. et HUMASON M., « *The Velocity-Distance Relation among Extra-Galactic Nebulae* », *Astrophysical Journal*, vol. 74, 1931, p. 43-80.

HUMASON M., «*Apparent velocity-shifts in the spectra of faint nebulae* », *Contributions from the Mount Wilson Observatory*, vol. 426, 1931, p. 1-8.

LEAVITT H., « *1777 variables in the Magellanic Clouds* », *Annals of Harvard College Observatory*, vol. 60, 1908, p. 87-108.

LEAVITT H. et PICKERING E., « *Periods of 25 Variable Stars in the Small Magellanic Cloud* », *Harvard College Observatory Circular*, vol. 173, 1912, p. 1-3.

LEMAÎTRE G., « Un Univers homogène de masse constante et de rayon croissant rendant compte de la vitesse radiale des nébuleuses extragalactiques », *Annales de la Société Scientifique de Bruxelles*, vol. A47, 1927, p. 49-59.

LEMAÎTRE G., « *A homogeneous universe of constant mass and increasing radius accounting for the radial velocity of extra-galactic nebulæ* », *Monthly Notices of the Royal Astronomical Society*, vol. 91, 1931, p. 483-490.

SLIPHER V., « *Spectrographic Observations of Nebulae* », *Popular Astronomy*, vol. 23, 1915, p. 21-24.

Chapitre 14

ASPECT A., DALIBARD J. et ROGER G., « *Experimental Test of Bell's Inequalities Using Time-Varying Analyzers* », *Physical Review Letters*, vol. 49, 1982, p. 1804-1807.

ASPECT A., GRANGIER P. et ROGER G., « *Experimental Tests of Realistic Local Theories via Bell's Theorem* », *Physical Review Letters*, vol. 47, 1981, p. 460-463.

ASPECT A., GRANGIER P. et ROGER G., « *Experimental Realization of Einstein-Podolsky-Rosen-Bohm Gedankenexperiment : A New violation of Bell's inequalities* », *Physical Review Letters*, vol. 49, 1982, p. 91-97.

BELL J. S., « *On the Einstein-Podolsky-Rosen paradox* », *Physics Physique Fizika*, vol. 1, 1964, p. 195-200.

BENNETT D. P. *et al.*, « *Identification of the OGLE-2003-BLG-235/ MOA-2003-BLG-53 Planetary Host Star* », *The Astrophysical Journal Letters*, vol. 647, 2006, p. L171-L174.

BENNETT D. P. *et al.*, « *MOA-2011-BLG-262Lb : A Sub-Earth-Mass Moon Orbiting a Gas Giant Primary or a High Velocity Planetary System in the Galactic Bulge* », *The Astrophysical Journal*, vol. 785, 2014, p. 155-167.

BOND I. A. *et al.*, « *OGLE 2003-BLG-235/MOA 2003-BLG-53 : A Planetary Microlensing Event* », *The Astrophysical Journal Letters*, vol. 606, 2004, p. L155-L158.

CASSAN A. *et al.*, « *One or more bound planets per Milky Way star from microlensing observations* », *Nature*, vol. 481, 2012, p. 167-169.

CHWOLSON O., « *Über eine mögliche Form fiktiver Doppelsterne* », *Astronomische Nachrichten*, vol. 221, 1924, p. 329.

HUCHRA J. *et al.*, « *2237+0305 : a new and unusual gravitational lens* », *Astronomical Journal*, vol. 90, 1985, p. 691-696.

MAO S. et PACZYŃSKI B., « *Gravitational Microlensing by Double Stars and Planetary Systems* », *The Astrophysical Journal Letters*, vol. 374, 1991, p. L37-L40.

REFSDAL S., « *The gravitational lens effect* », *Monthly Notices of the Royal Astronomical Society*, vol. 128, 1964, p. 2953-06.

REFSDAL S., « *On the possibility of determining Hubble's parameter and the masses of galaxies from the gravitational lens effect* », *Monthly Notices of the Royal Astronomical Society*, vol. 128, 1964, p. 307-310.

UDRY S. *et al.*, « *The HARPS search for southern extra-solar planets. XI. Super-Earths (5 and 8 $M_\oplus$) in a 3-planet system* », *Astronomy and Astrophysics*, vol. 469, 2007, p. L43-L47.

VAN RAAN A. F. J., « *Sleeping Beauties in science* », *Scientometrics*, vol. 59, 2004, p.467-472.

WALSH D., CARSWELL R. F. et WEYMANN R. J., « *0957+561 A, B: twin quasistellar objects or gravitational lens?* », *Nature*, vol. 279, 1979, p. 381-384.

Chapitre 15

CHANDRASEKHAR S., « *Stellar configurations with degenerate cores* », *The Observatory*, vol. 57, 1934, p. 373-377.

EDDINGTON A., *Space, Time and Gravitation – An Outline of the General Relativity Theory*. Cambridge, Cambridge University Press, 1920.

EDDINGTON A., « *On "relativistic degeneracy"* », *Monthly Notices of the Royal Astronomical Society*, vol. 95, 1935, p. 194-206.

ÖPIK E., « *The Densities of Visual Binary Stars* », *Astrophysical Journal*, vol. 44, 1916, p. 292-302.

OPPENHEIMER J. R. et SNYDER H., « *On Continued Gravitational Contraction* », *Physical Review*, vol. 56, 1939, p. 455-459.

OPPENHEIMER J. R. et VOLKOFF G. M., « *On Massive Neutron Cores* », *Physical Review*, vol. 55, 1939, p. 374-381.

SCHWARZSCHILD K., « *Über das Gravitationsfeld eines Massenpunktes nach der Einsteinschen Theorie* », *Sitzungsberichte der Königlich Preußischen Akademie der Wissenschaften zu Berlin*, 1916, 1, p. 189-196.

SCHWARZSCHILD K., « *Über das Gravitationsfeld einer Kugel aus inkompressibler Flüssigkeit nach der Einsteinschen Theorie* », *Sitzungsberichte der Königlich Preußischen Akademie der Wissenschaften zu Berlin*, 1916, p. 424-434.

Chapitre 16

BAADE W. et ZWICKY F., « *On Super-novae* », *Contributions from the Mount Wilson Observatory*, vol. 3, 1934, p. 73-78.

BAADE W. et ZWICKY F., « *Cosmic Rays from Super-novae* », *Proceedings of the National Academy of Sciences of the United States of America*, vol. 20, 1934, p. 259-263.

BETHE H. A., « *Energy Production in Stars* », *Physical Review*, vol. 55, 1939, p. 434-456.

BIOT É., « Catalogue des Comètes observées en Chine depuis l'an 1230 jusqu'à l'an 1640 de notre ère », *Connaissance des Temps*, vol. 168, 1843, p. 44-59.

BIOT É., « Catalogue des Étoiles extraordinaires observées en Chine depuis les temps anciens jusqu'à l'an 1203 de notre ère », *Connaissance des Temps*, vol. 168,1843, p. 60-68.

BIOT É., « Recherches faites dans la grande collection des Historiens de la Chine, sur les anciennes apparitions de la Comète de Halley », *Connaissance des Temps*, vol. 168, 1843, p. 69-84.

CHADWICK J., « *The existence of a neutron* », *Proceedings of the Royal Society of London A*, vol. 136, 1932, p. 692-708.

GOLD T., « *Rotating Neutron Stars as the Origin of the Pulsating Radio Sources* », *Nature*, vol. 218, 1968, p. 731-732.

HEWISH A. *et al.*, « *Observation of a Rapidly Pulsating Radio Source* », *Nature*, vol. 217, 1968, p. 709-713.

HUBBLE E., « *Novae or Temporary Stars* », *Astronomical Society of the Pacific Leaflets*, vol. 1, 1928, p. 55-58.

LAMPLAND C. O., « *Observed Changes in the Structure of the "Crab" Nebula (N. G. C. 1952)* », *Publications of the Astronomical Society of the Pacific*, vol. 33, 1921, p. 79-84.

LUNDMARK K. A., « *Suspected New Stars Recorded in Old Chronicles and Among Recent Meridian Observations* », *Publications of the Astronomical Society of the Pacific*, vol. 33, 1921, p. 225-239.

PACINI F., « *Energy Emission from a Neutron Star* », *Nature*, vol. 216, 1967, p. 567-568.

PILKINGTON J. D. H. *et al.*, « *Observations of some further Pulsed Radio Sources* », *Nature*, vol. 218, 1968, p. 126-129.

ROSSE, Earl of, « *Observations on Some of the Nebulae* », *Philosophical Transactions of the Royal Society of London*, vol. 134, 1844, p. 321-324.

STAELIN D. H. et REIFENSTEIN E. C., « *Pulsating Radio Sources near the Crab Nebula* », *Science*, vol. 162, 1968, p. 1481-1483.

Chapitre 17

BOLTON C. T., « *Identification of Cygnus X-1 with HDE 226868* », *Nature*, vol. 235, 1972, p. 271-273.

BOLTON C. T., « *Dimensions of the Binary System HDE 226868 = Cygnus X-1* », *Nature*, vol. 240, 1972, p. 124-127.

BOWYER S. *et al.*, « *Cosmic X-ray Sources* », *Science*, vol. 147, 1965, p. 394-398.

GHEZ A. M. *et al.*, « *High Proper-Motion Stars in the Vicinity of Sagittarius A*: Evidence for a Supermassive Black Hole at the Center of Our Galaxy* », *Astrophysical Journal*, vol. 509, 1998, p. 678-686.

GIACCONI R. et GURSKY H., « *Observation of X-Ray Sources Outside the Solar System* », *Space Science Reviews*, vol. 4, 1965, p. 151-175.

GIACCONI R. *et al.*, « *Evidence for X Rays From Sources Outside the Solar System* », *Physical Review Letters*, vol. 9, 1962, p. 439-443.

GURSKY H. *et al.*, « *A Measurement of the Angular Size of the X-Ray Source Sco X-1* », *Astrophysical Journal*, vol. 144, 1966, p. 1249.

SANDAGE A. *et al.*, « *On the optical identification of Sco X-1* », *Astrophysical Journal*, vol. 146, 1966, p. 316-323.

SHAPIRO S. L. et TEUKOLSKY S. A., *Black Holes, White Dwarfs and Neutron Stars – The Physics of Compact Objets*, Hoboken, John Wiley & Sons, 1983.

WADE C. M. et HJELLMING R.M., « *Position and Identification of the Cygnus X-1 Radio Source* », *Nature*, vol. 235, 1972, p. 271-273.

Chapitre 18

ABBOTT B. P. *et al.* (LIGO Scientific Collaboration and Virgo Collaboration), « *Observation of Gravitational Waves from a Binary Black Hole Merger* », *Physical Review Letters*, vol. 116, 061102, 2016.

EDDINGTON A., « *The Propagation of Gravitational Waves* », *Proceedings of the Royal Society of London. Series A*, vol. 102, 1922, p. 268-282.

HULSE R. A. et TAYLOR J. H., « *Discovery of a pulsar in a binary system* », *The Astrophysical Journal Letters*, vol. 195, 1975, p. L51-L53.

ROBERTSON H. P., « *On the Foundations of Relativistic Cosmology* », *Proceedings of the National Academy of Sciences of the United States of America*, vol. 15, 1929, p. 822-829.

ROBERTSON H. P., « *Relativistic Cosmology* », *Reviews of Modern Physics*, vol. 5, 1933, p. 62-90.

TAYLOR J. H. et WEISBERG J. M., « *A new test of general relativity – Gravitational radiation and the binary pulsar PSR 1913+16* », *Astrophysical Journal*, vol. 253, 1982, p. 908-920.

Chapitre 19

AKIYAMA K. *et al.* (Event Horizon Telescope Collaboration), « *First M87 Event Horizon Telescope Results. I. The Shadow of the Supermassive Black Hole* », *The Astrophysical Journal Letters*, vol. 875, 2019, L1.

AKIYAMA K. *et al.* (Event Horizon Telescope Collaboration), « *First M87 Event Horizon Telescope Results. II. Array and Instrumentation* », *The Astrophysical Journal Letters*, vol. 875, 2019, L2.

AKIYAMA K. *et al.* (Event Horizon Telescope Collaboration), « *First M87 Event Horizon Telescope Results. III. Data Processing and Calibration* », *The Astrophysical Journal Letters*, vol. 875, 2019, L3.

Chapitre 20

ECO U., *Le pendule de Foucault*, Paris, Grasset, 1990.

HAWKING S. W., « *Particle creation by black holes* », *Communications in Mathematical Physics*, vol. 43, 1975, p. 199-220.

HAWKING S. W. et PENROSE R., « *The singularities of gravitational collapse and cosmology* », *Proceedings of the Royal Society of London A*, vol. 314, 1970, p. 529-548.

PENROSE R., « *Gravitational Collapse and Space-Time Singularities* », *Physical Review Letters*, vol. 14, 1965, p. 57-59.

SHAW J. B., Discours en l'honneur d'Albert Einstein prononcé le 27 octobre 1930.

Touboul P. *et al.*, «*Space test of the equivalence principle: first results of the MICROSCOPE mission*», *Classical and Quantum Gravity*, vol. 36, 225006, 2019.
Verne J., *Voyage au centre de la Terre*, Paris, Hetzel, 1864.

Chapitre 21

Penzias A. A. et Wilson R. W., «*A Measurement of Excess Antenna Temperature at 4080 Mc/s*», *Astrophysical Journal*, vol. 142, 1965, p. 419-421.

Épilogue

Adams D., *Le guide du routard galactique*, New York, Del Rey, 1995.
Boulle P., *La planète des singes*, Paris, Julliard, 1966.

QUELQUES ARTICLES DU MAÎTRE

Les œuvres complètes d'Einstein peuvent être consultées en version originale et en anglais sur le site http://einsteinpapers.press.princeton.edu.

Chapitre 4

Einstein A., «*Über einen die Erzeugung und Verwandlung des Lichtes betreffenden heuristischen Gesichtspunkt*», *Annalen der Physik*, vol. 17, 1905, p.132-148.
Einstein A., «*Über die von der molekularkinetischen Theorie der Wärme geforderte Bewegung von in ruhenden Flüssigkeiten suspendierten Teilchen*», *Annalen der Physik*, vol. 17, 1905, p. 549-560.

Chapitre 5

Einstein A., «*Zur Elektrodynamik bewegter Körper*», *Annalen der Physik*, vol. 17, 1905, p. 891-921.

Chapitre 7

Einstein A., «*Ist die Trägheit eines Körpers von seinem Energieinhalt abhängig?*», *Annalen der Physik*, vol. 18, 1905, p. 639-641.

Chapitre 10

EINSTEIN A., « *Über das Relativitätsprinzip und die aus demselben gezogenen Folgerungen* », *Jahrbuch der Radioaktivität*, vol. 4, 1907, p. 411-462.

EINSTEIN A., « *Theorie der Opaleszenz von homogenen Flüssigkeiten und Flüssigkeitsgemischen in der Nähe des kritischen Zustandes* », *Annalen der Physik*, vol. 33, 1910, p. 1275-1298.

EINSTEIN A., « *Zur allgemeinen Relativitätstheorie* », *Sitzungsberichte der Königlich Preußischen Akademie der Wissenschaften zu Berlin*, 1915, 2, p. 778-786.

EINSTEIN A., « *Zur allgemeinen Relativitätstheorie (Nachtrag)* », *Sitzungsberichte der Königlich Preußischen Akademie der Wissenschaften zu Berlin*, 1915, 2, p. 799-801.

EINSTEIN A., « *Erklärung der Perihelbewegung des Merkur aus der allgemeinen Relativitätstheorie* », *Sitzungsberichte der Königlich Preußischen Akademie der Wissenschaften zu Berlin*, 1915, 2, p. 831-839.

EINSTEIN A., « *Feldgleichungen der Gravitation* », *Sitzungsberichte der Königlich Preußischen Akademie der Wissenschaften zu Berlin*, 1915, 2, p. 844-847.

EINSTEIN A., « *Die Grundlage der allgemeinen Relativitätstheorie* », *Annalen der Physik*, vol. 47, 1916, p. 769-822.

EINSTEIN A. et GROSSMANN M., « *Entwurf einer verallgemeinerten Relativitätstheorie und eine Theorie der Grvitation. I. Physikalischer Teil von A. Einstein II. Mathematischer Teil von M. Grossmann* », *Zeitschrift für Mathematik und Physik*, vol. 62, 1913, p. 225-244 et p. 245-261.

Chapitre 11

EINSTEIN A., « *Über den Einfluß der Schwerkraft auf die Ausbreitung des Lichtes* », *Annalen der Physik*, vol. 35, 1911, p. 898-908.

Chapitre 13

EINSTEIN A., « *Kosmologische Betrachtungen zur allgemeinen Relativitätstheorie* », *Sitzungsberichte der Königlich Preußischen Akademie der Wissenschaften zu Berlin*, 1917, 1, p. 142-152.

EINSTEIN A., « *Bemerkung zu der Arbeit von A. Friedmann: "Über die Krümmung des Raumes"* », *Zeitschrift für Physik*, vol. 11, 1922, p. 326.

EINSTEIN A., « *Notiz zu der Arbeit von A. Friedmann "Über die Krümmung des Raumes"* », *Zeitschrift für Physik*, vol. 16, 1923, p. 228, https://pictures.abebooks.com/inventory/30243075140.jpg

EINSTEIN A. et DE SITTER W., « *On the relation between the expansion and the mean density of the universe* », *Proceedings of the National Academy of Sciences*, vol. 18, 1932, p. 213-214.

EINSTEIN A. et STRAUS E. G., « *The Influence of the Expansion of Space on the Gravitation Fields Surrounding the Individual Stars* », *Reviews of Modern Physics*, vol. 17, 1945, p. 120-124.

EINSTEIN A. et STRAUS E. G., « *Corrections and Additional Remarks to our Paper: The Influence of the Expansion of Space on the Gravitation Fields Surrounding the Individual Stars* », *Reviews of Modern Physics*, vol. 18, 1946, p. 148-149.

Chapitre 14

EINSTEIN A., « *Strahlungs-Emission und Absorption nach der Quantentheorie* », *Deutsche Physikalische Gesellschaft, Verhandlungen*, vol. 18, 1916, p. 318-323.

EINSTEIN A., « *Quantentheorie des einatomigen idealen Gases* », *Sitzungsberichte der Preussischen Akademie der Wissenschaften, Physikalisch-mathematische Klasse*, 1924, p. 261-267.

EINSTEIN A., « *Quantentheorie des einatomigen idealen Gases – Zweite Abhandlung* », *Sitzungsberichte der Preussischen Akademie der Wissenschaften, Physikalisch-mathematische Klasse*, 1925, p. 3-14.

EINSTEIN A., « *Lens-Like Action of a Star by the Deviation of Light in the Gravitational Field* », *Science*, vol. 84, 1936, p. 506-507.

EINSTEIN A., PODOLSKY B. et ROSEN N., « *Can quantum mechanical description of physical reality be considered complete?* », *Physical Review*, vol. 47, 1935, p. 777-780.

Chapitre 15

EINSTEIN A., « *On a stationary system with spherical symmetry consisting of many gravitating masses* », *Annals of Mathematics*, vol. 40, 1939, p. 922-936.

Chapitre 16

EINSTEIN A., « *Grundgedanken und Probleme der Relativitäts-Theorie* », discours prononcé à l'assemblée des naturalistes de Göteborg le 11 juillet 1923, https://www.nobelprize.org/uploads/2018/06/einstein-lecture.pdf (traduction en anglais).

Chapitre 18

EINSTEIN A., « *Näherungsweise Integration der Feldgleichungen der Gravitation* », *Sitzungsberichte der Königlich Preußischen Akademie der Wissenschaften zu Berlin*, 1916, 1, p. 688-696.

EINSTEIN A., « *Über Gravitationswellen* », *Sitzungsberichte der Königlich Preußischen Akademie der Wissenschaften (Berlin)*, vol. 1, 1918, p. 154-167.

EINSTEIN A., INFELD L. et HOFFMANN B., « *The Gravitational Equations and the Problem of Motion* », *The Annals of Mathematics Second Series*, vol. 39, 1938, p. 65-100.

EINSTEIN A. et ROSEN N., « *On Gravitational Waves* », *Journal of the Franklin Institute*, vol. 223, 1937, p. 43-54.

Chapitre 20

EINSTEIN A., « *Motive des Forschens* », discours pour le 60e anniversaire de Max Planck prononcé fin avril 1918.

REMERCIEMENTS

Olivia Recasens, et sans ordre particulier, Laurent Vergne, Éric Gourgoulhon, André Brahic, Franck Beaudoin, Hubert Reeves, Serge Koutchmy, Serge Jodra, Serge Brunier, Jacqueline Zorlu, Leiji Matsumoto, Jean-Pierre Chièze, Gaston Leroux, Gary Gygax, Quentin Lazzarotto, Richard Stephenson, Nathalie Deruelle… et Albert Einstein, bien évidemment.

TABLE DES MATIÈRES

Roland Lehoucq

Pourquoi le Soleil brille

Collection « Comment a-t-on su »

Postface d'Étienne Klein

Comment fait le Soleil pour briller aussi fort et depuis si longtemps ?

De nombreuses hypothèses furent avancées pour comprendre la nature et l'origine de la prodigieuse luminosité de notre étoile. Ici, on imagina que le Soleil était une boule de feu, là qu'il était bombardé de matière interplanétaire, ailleurs qu'il tirait son énergie de sa propre masse ! Et quand une explication semblait satisfaisante, comment la vérifier, par quelles habiles observations s'assurer de sa pertinence ? Ce livre raconte les grandes étapes de cette quête, et les scientifiques qui ont trouvé la cause et expliqué l'ancienneté de ce formidable éclat.

Il fallait tout le talent de l'astrophysicien Roland Lehoucq pour mettre en scène cette épopée de la connaissance qui commence au VIe siècle avant notre ère avec les Grecs Anciens, et s'achève aux dernières années du XXe siècle.

Comme les autres récits de cette collection, illustre la puissance de l'intellect humain, excité par un beau problème. Éclairant à tout point de vue !

Roland Lehoucq est astrophysicien au Commissariat à l'énergie atomique et aux énergies alternatives, il a particulièrement **œuvré** en astrophysique des hautes énergies et en cosmologie. Il enseigne à Sciences Po et à l'université Paris-Diderot.

Marc Lachièze-Rey
L'âge de l'Univers
Collection « Comment a-t-on su ? »
Postface d'Étienne Klein

Une des questions les plus vertigineuses de l'astrophysique !

Quel est l'âge de l'Univers ? Nous croyons tous connaître la réponse : 13,7 milliards d'années. Mais s'arrêter là serait se priver de l'essentiel. Ce chiffre est le fruit d'une quête passionnante où l'on retrouve Einstein, Hubble, Lemaître…, les subtilités de la physique relativiste et de la cosmologie moderne.

Définir une notion d'âge pour un système aussi complexe n'a rien d'évident. Prenez le corps humain, son âge biologique n'est pas celui des atomes qui le constituent, dont la plupart ont été fabriqués par des réactions nucléaires au cœur d'étoiles anciennes il y a des milliards d'années ! Pour l'Univers, c'est encore pire. Physiciens et cosmologues ont contourné le problème en fabriquant la notion de temps cosmique. Mais ce n'est pas une grandeur que peuvent indiquer des horloges et reconstituer sa valeur repose sur des hypothèses théoriques.

C'est pourquoi la question est encore aujourd'hui débattue.

Enfin vous découvrirez comment on peut aborder l'âge de l'Univers en se passant de la notion de temps, devenue périmée avec la physique moderne.

Alors attachez votre ceinture cosmique…

Marc Lachièze-Rey est astrophysicien et physicien théoricien, directeur de recherche émérite au CNRS. Ses travaux portent essentiellement sur les questions de cosmologie, de gravitation et d'espace-temps, auxquelles il a consacré de nombreux ouvrages de vulgarisation.

Cet ouvrage a été mis en pages par IGS-CP (16)

PEFC
10-31-3532
Certifié PEFC
Ce produit est issu de forêts gérées durablement et de sources contrôlées
www.pefc-france.org

Imprimé en France sur papiers
issus de forêts gérées durablement

Sepec Numérique

1, rue de Prony - ZA des Bruyères
01960 Peronnas

IMPRIM'VERT®

Achevé d'imprimer en décembre 2021
Numéro d'impression : N17932211190